Maya 动画设计基础与实训

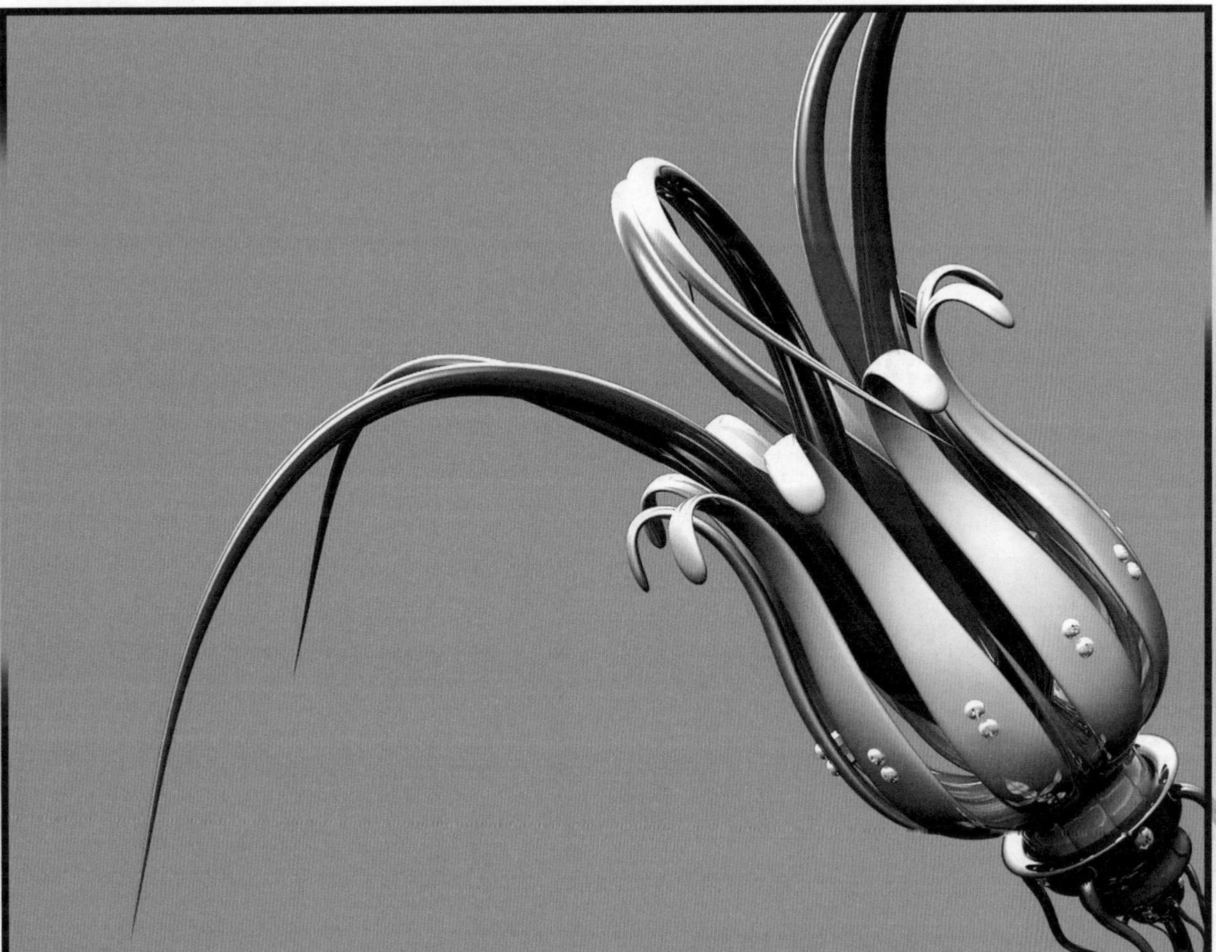

杨 涛 主编　　赵 然 刘超亮 王长志 副主编

海洋出版社

2017年·北京

内 容 简 介

主要内容：本书结合几位编者多年教学、实践经验，结合案例对 Maya 各模块进行较为详细的应用讲解，列举实例以引导初学者树立正确的制作流程观念。本实训教材共分为六个部分，内容包括：第 1 章 Maya 认知、第 2 章 Nurbs 建模、第 3 章 Polygon 建模、第 4 章角色模型的制作、第 5 章动画、第 6 章灯光材质与渲染几部分。本书可作为动画、游戏、影视专业三维建模、动画制作的相关自学教材。

本书特点：本书不再局限于以往“了解经典与模仿经典”的教学方法，而是采用“授人以渔”的方式，针对 Maya 动画设计创作过程，注重想象力和创造力的培养，开拓出独具个人风格的设计之路。

适用范围：本书理论扎实，案例生动，图文并茂，通俗易懂，适合动画设计专业人员和相关爱好者使用。

图书在版编目(CIP)数据

MAYA 动画设计基础与实训 / 杨涛主编. -- 北京：海洋出版社, 2017.8（2023.9 重印）
ISBN 978-7-5027-9879-6

Ⅰ. ①M… Ⅱ. ①杨… Ⅲ. ①三维动画软件 Ⅳ.①TP391.41

中国版本图书馆 CIP 数据核字(2017)第 179050 号

主　　编：杨　涛
责任编辑：赵　武　黄新峰
责任印制：安　淼
排　　版：海洋计算机图书输出中心　晓阳
出版发行：海洋出版社
地　　址：北京市海淀区大慧寺路 8 号（100081）
经　　销：新华书店
技术支持：（010）62100052

发 行 部：（010）62100090
总 编 室：（010）62100034
网　　址：www.oceanpress.com.cn
承　　印：鸿博昊天科技有限公司
版　　次：2023 年 9 月第 1 版第 3 次印刷
开　　本：787mm×1092mm　1/16
印　　张：11
字　　数：400 千字
定　　价：38.00 元

本书如有印、装质量问题可与发行部调换

目　录

实训案例介绍

本书的各章为顺承结构，各章的学习内容将组成一个完整的实训案例。

[实训案例基本信息]

案例名称： 画室环境三维动画展示。

客　　户： 某知名美术教育机构。该知名美术教育机构成立于2002年，是经教育局批准的合法办学机构。由美院教授、高校教师构成主要师资力量，具有较强的专业水平和教学经验。该知名美术教育机构根据清华美院、中央美院专业考试内容安排授课内容，治学严谨，具有自己独特的教学体系，创造了众多的美术高考奇迹，有力地证明了其良好的信誉和雄厚的实力，深受考生和家长的好评。该知名美术教育机构艺术氛围浓厚，多次被评为市级教育先进榜样，是东北地区著名的美术教育品牌。

制作目的： 为更好地展示该美术教育机构的规模与实力，吸引更多的学子步入艺术殿堂，该美术教育机构决定向社会进行公开广告宣传。

内　　容： 将在建的新画室以三维动画的形式进行展示。要表现出新建画室的宽敞、整洁、优良环境和其他能够体现美术专业的元素；要表现出该美术教育机构的美术专业素质与文化素质，能够吸引更多的潜在学员来接受专业训练。

[基本构思]

由于三维动画的制作过程较为复杂，所以前期与客户的沟通十分重要，返工与重复劳动将消耗大量的人力、物力。与客户协商、确定方案并规划好工作进度是非常重要与必要的。

定　　位： 根据案例介绍所得到的内容，已知客户方是一所以美术专业培训为主的教育机构。正值画室扩建，为吸引更多的美术爱好者来接受专业培训而推出这条广告动画。为了能使客户吸引到更多的学员，根据客户所提供的资料，在动画展示中将突出“优良的环境”与“较强的美术专业”这两个特点。

搜集、分析资料： 一般画室的内容如图0-1、图0-2。

图 0-1　画室

图 0-2　画室

由于本案例是新建画室，创造出一个干净、整洁的培训环境就显得尤为重要。为体现出专业画室的功能性，需要在室内制作出美术专业相关的具体内容。

[设计思路]

在基本方案思路清晰了之后，下面要进入到具体实施阶段。首先需要对本案例的制作内容进行设计。

为体现出美术专业画室的特点，动画展示的内容中需要制作画室房屋、静物台、衬布、玻璃器皿、电器、水果等静物，画架、桌子、椅子、门、窗等相关配套设施。参考如图 0-3。

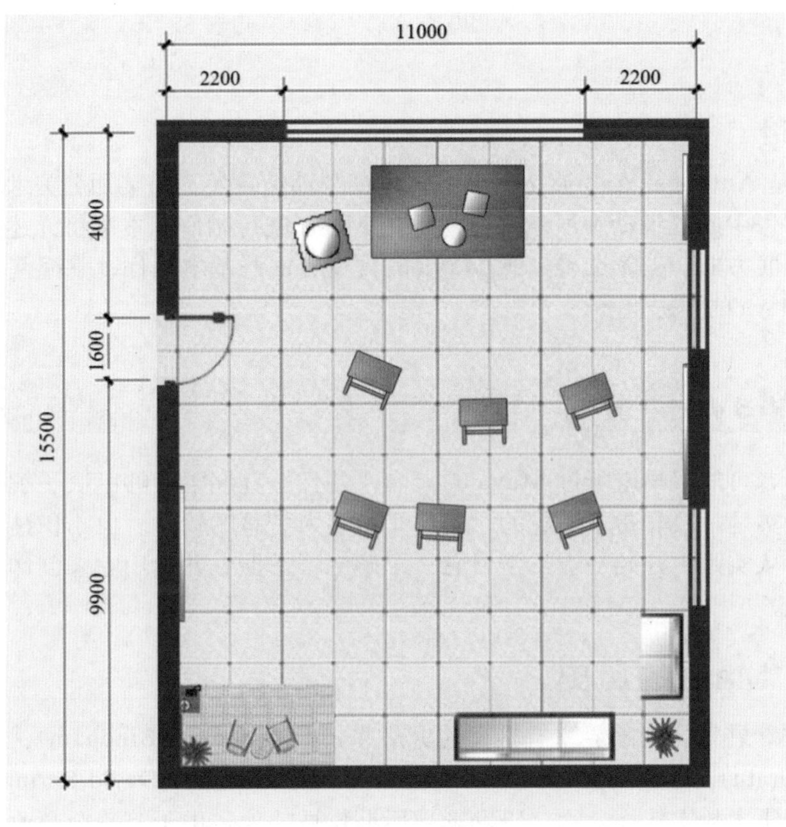

图 0-3　画室平面图

制作内容设计好后，在镜头的表现形式上也要进行设计。长镜头能够更多地交待出细节。在本实训案例中将采用一个节奏较慢的摇镜头来把画室内的所有内容一览无余的展示在观众面前。如有需要，读者可根据第 6 章内容自行制作更多的镜头来使用。

摇镜头将要交待的内容如图 0-4。

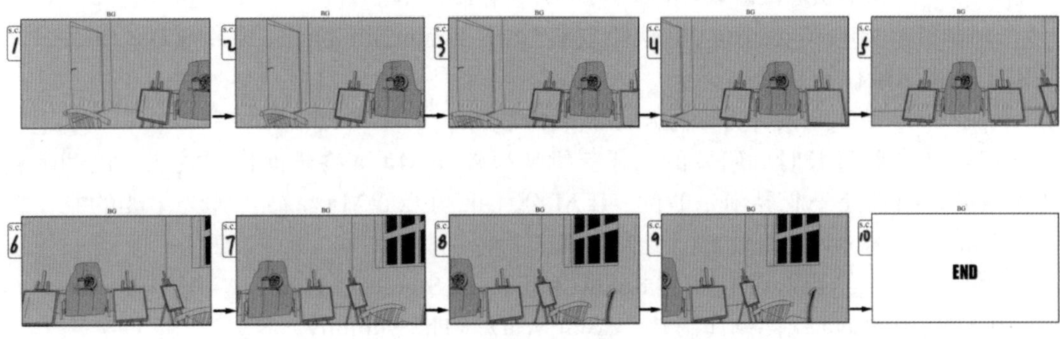

图 0-4　动画展示案例分镜头

第1章

Maya认知

[简述]

Maya 是 Autodesk 公司旗下著名三维建模与动画软件。为某知名美术教育机构制作的宣传广告中的三维动画展示部分将采用 Maya 进行制作。本章将详述 Maya 的历史与未来发展方向，引领读者熟悉 Maya 的视窗界面与基本操作，掌握基本的创建方法，感受 Maya 的精彩世界。

1.1 Maya简介

很多读者可能很早就听过 Maya 的大名，并且一直期望能够尽快了解和驾驭这款软件，这确实是一个非常了不起的、集结了很多人智慧的软件。但不积跬步无以致千里，让我们从实践中开始一点点学习它、了解它、掌握它并运用它来创作出自己的三维动画作品。

1.1.1 Maya的历史

1983 年，在数字图形界享有盛誉的史蒂芬先生（Stephen Bindham）、奈杰尔先生（Nigel McGrath）、苏珊女士（Susan McKenna）和大卫先生（David Springer）在加拿大多伦多创建了数字特技公司。研发影视后期特技软件，由于第一个商业化的程序是有关 anti _ alias 的，所以公司和软件都叫 Alias.

1984 年，马克 · 希尔韦斯特先生（Mark Sylvester）、拉里 · 比尔利斯先生（Larry Barels）、比尔 · 靠韦斯先生（Bill Ko-vacs）在美国加利福尼亚创建了数字图形公司，由于爱好冲浪，成为 Wavefront.

1995 年，Alias 与 Wavefront 公司正式合并，成立 Alias-Wavefront 公司。参与制作电影《玩具总动员》《鬼马小精灵》《007 黄金眼》等影片。

1996 年，Alias-Wavefront 的软件专家 Chris Landrenth 创作了短片《The End》。并获得了奥斯卡最佳短片提名。

1997 年，在工业设计方面推出了新版本软件：Alias Studio 8.5 等。

1998 年，经过长时间研发的一代三维特技软件 Maya 终于面世，它在角色动画和特技效果方面都处于业界领先地位。ILM 公司采购大量 Maya 软件作为主要的制作软件。Alias-Wavefront 的研发部门受到奥斯卡的特别奖励。

1999 年，Alias-Wavefront 将 Studio 和 Design Studio 移植到 NT 平台上。

ILM 利用 Maya 软件制作影片：《Star War》《The Mummy》等。

2000 年，Alias-Wavefront 公司推出 Universal Rendering，使各种平台的机器可以参加 Maya 的渲染。Alias-Wavefront 公司开始把 Maya 移植到 Mac OSX 和 Linux 平台上。

2001 年，Alias-Wavefront 发布 Maya 在 Mac OSX 和 Linux 平台上的新版本。Square 公司用 Maya 软件作为唯一的三维制作软件创作了全三维电影《Final Fantasy》。Weta 公司采用 Maya 软件完成电影《The Load of The Ring》第一部。 任天堂公司采用 Maya 软件制作 GAMECUBETM 游戏《Star War Rogue Squadron II》。

2003 年，Alias-Wavefront 公司发布 Maya 5.0 版本。美国电影艺术与科学学院奖评选委员会授予 Alias-Wavefront 公司奥斯卡科学与技术发展成就奖。

2004 年，Alias 公司向全球发布 Motion Builder 6.0 软件。 Alias 公司发布 Alias Studio Tools ™ 12 工业设计软件。Alias 与 Weta 公司确定战略商业合作关系。

2005 年，Alias 公司被 Autodesk 公司收购，且发布 Maya 8.0 版本。此后 Autodesk Maya 每年都会推出新版本。

1.1.2 Maya的发展方向和趋势

很多三维设计人员应用 Maya 软件，因为它可以提供完美的 3D 建模、动画、特效和高效的渲染功能。另外 Maya 也被广泛地应用到了平面设计（二维设计）领域。Maya 软件的强大功能正是那些设计师、广告主、影视制片人、游戏开发者、视觉艺术设计专家、网站开发人员们极为推崇的原因。Maya 将他们的标准提升到了更高的层次。

Maya 主要应用的商业领域：

（1）3D 图像设计技术已经成为了我们生活的重要部分。这些都让无论是广告主、广告商和那些房地产项目开发商都转向利用 3D 技术来表现他们的产品。而使用 Maya 无疑是最好的选择。因为它是世界上被使用最广泛的一款三维制作软件。Maya 的特效技术加入到了设计中，大大的增进了平面设计产品的视觉效果。同时 Maya 的强大功能可以更好的开阔平面设计师的应用视野，让很多以前不可能实现的效果，能够更好的、出人意料的、不受限制的表现出来。

他们主要应用在平面设计领域的范围有：

①包装设计；

②销售及市场营销领域；

③印刷物广告；

④培训及证书的设计；

⑤产品可视化及动画；

⑥在线发布信息和打印目录。

（2）电影特技。目前 Maya 更多的应用于电影特效方面。从众多好莱坞大片对 Maya 的特别眷顾，可以看出 Maya 技术在电影领域的应用越来越趋于成熟，见图 1-1。以下为近年来 Maya 参与制作的部分影片：

102 DALMATIANS

A.I. ARTIFICIAL INTELLIGENCE

THE LORD OF THE RINGS: THE FELLOWSHIP OF THE RING（指环王 - 王者归来）

THE LORD OF THE RINGS: THE TWO TOWERS（指环王 - 双塔骑兵）

THE MATRIX（黑客帝国）

SPIDER-MAN（蜘蛛侠）

STAR TREK: NEMESIS（星际迷航）

STAR WARS: EPISODE I - THE PHANTOM MENACE（星球大战）

STAR WARS: EPISODE II - ATTACK OF THE CLONES（星球大战）

X-MEN（x 战警）

风云 2

未来警察

诸神之战

图 1-1　Maya 参与制作的影片

1.2 Maya界面

Maya 标准界面如图 1-2。

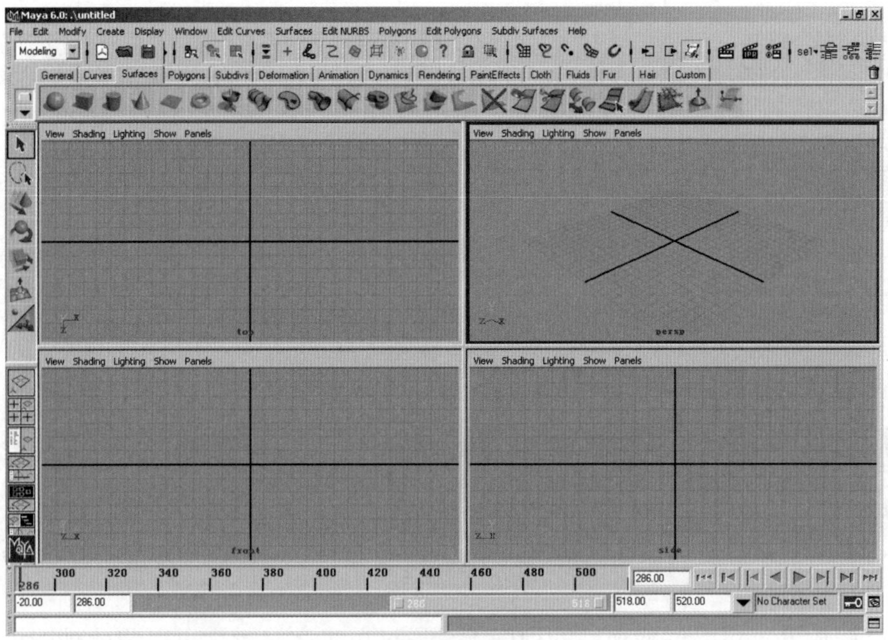

图 1-2 Maya 界面

Maya 浮动菜单如图 1-3。

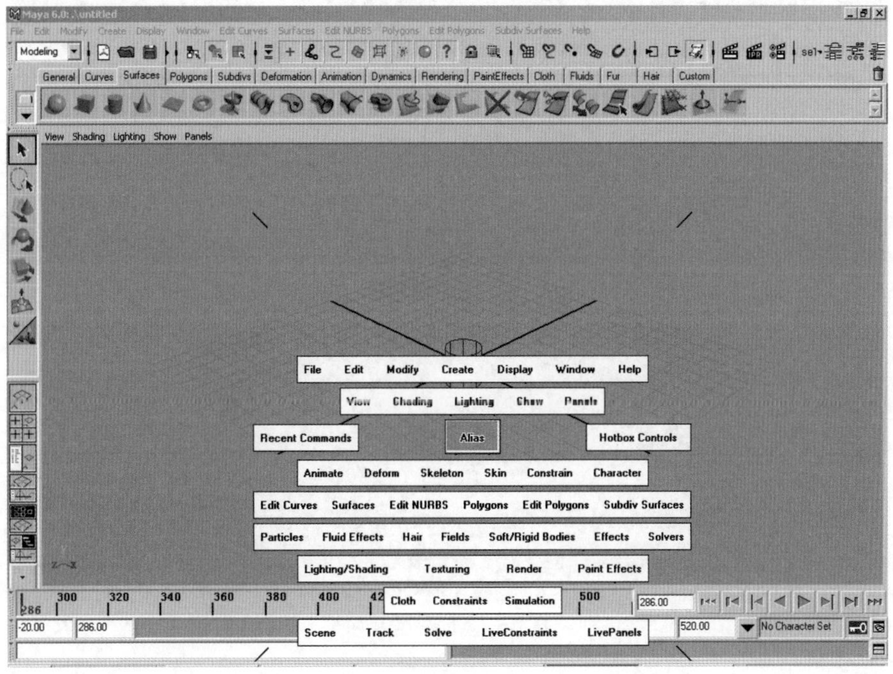

图 1-3 浮动菜单

1.2.1 界面布局

双击桌面上 Maya 图标，打开 Maya。出现在我们面前的是一个 Maya 典型工作界面。像大部分三维软件一样，Maya 提供标准的四视图的观察方式，如图 1-4。

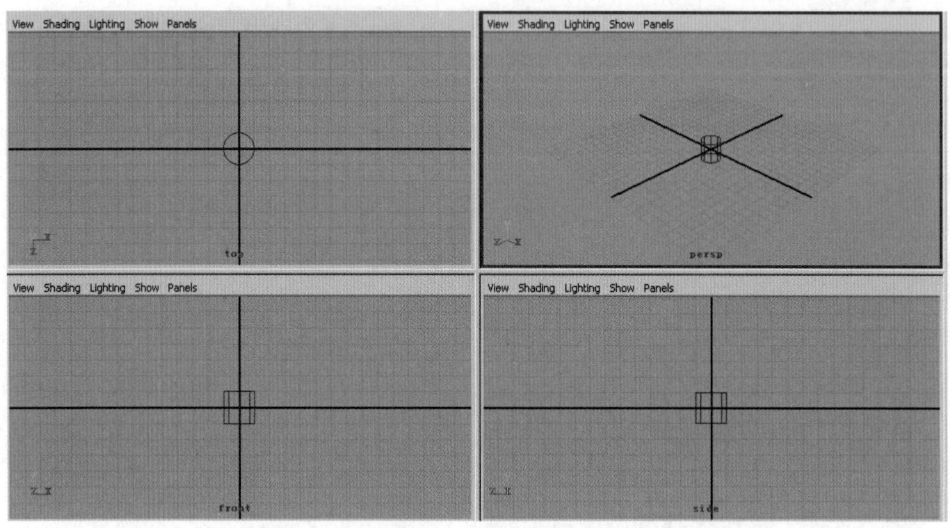

图 1-4 Maya 视图

将鼠标放置于想要单独观察的视图上，通过单击空格键你可以将此视图单独扩大显示，如图 1-5。

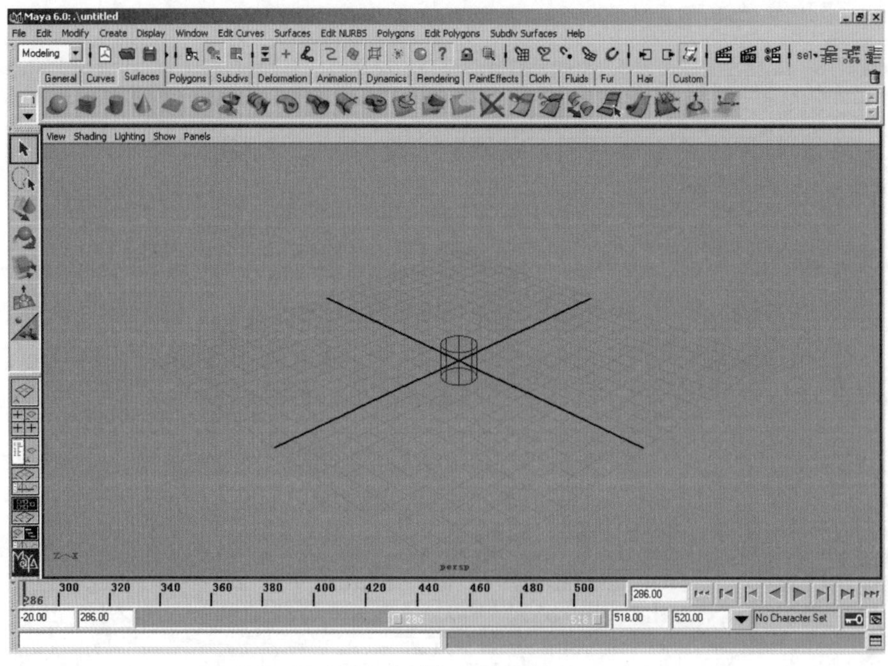

图 1-5 Maya 透视图

在整个 Maya 动画制作流程中，无论是对场景整体的管理，还是对物体个体的操作都是以层级为基础的，从模型、材质到动画、最终渲染，无一例外。因此如何认识并且正确运用层级管理对于Maya用户是很重要的。Maya为完善层级管理提供了很多功能强大的工具。在这里主要对Outliner（大纲）进行讲解。

1.2.2 大纲视图

启动大纲视图（Outline）。

Outline有三种开启方式：

- 选择主菜单中Window > Outliner使用单独窗口显示，如图1-6。
- 单击Maya视图布局的图标在Maya工作面板中结合Maya视图共同显示，如图1-7。
- 在Maya工作区中通过选择Panels > Panel > Outliner，如图1-8。

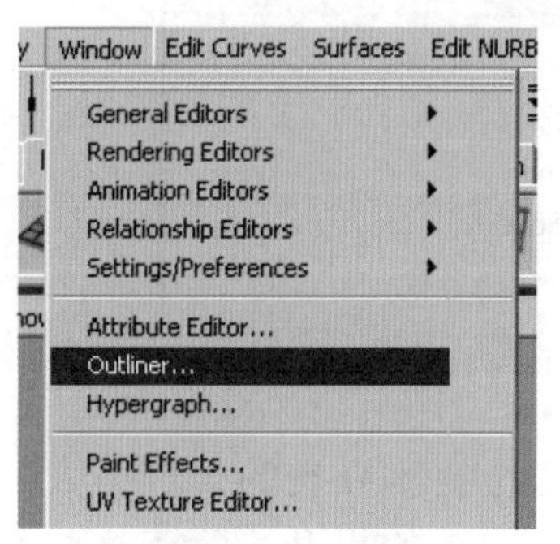

图1-6 大纲菜单

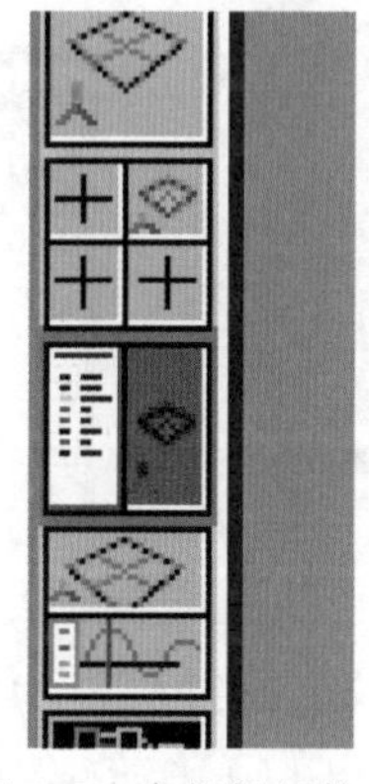

图1-7 大纲视图按钮

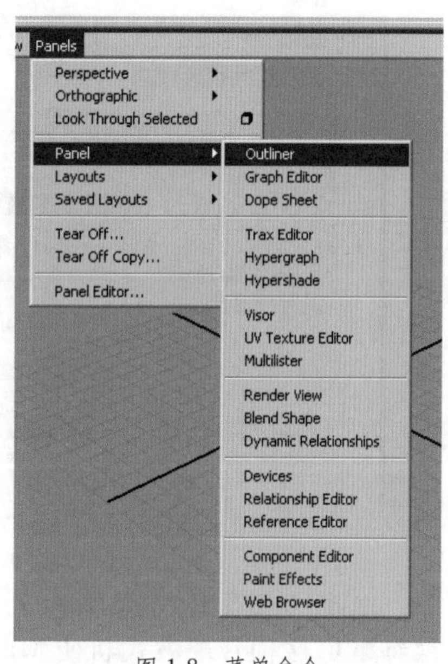

图1-8 菜单命令

启动Outliner，创建一个多边形球体，检查Outliner面板，如图1-9。可以发现在Outliner中Maya对场景物体使用了一种节点叠加的管理方式。点击pSphere1（转换节点）旁边的加号，如图1-10，在pSphere1下方出现了一个pSphereShape1，这是pSphere1的形体节点（如果这个节点没有出现，选择Display，在弹出的浮动菜单中选择Shape）。在这两个节点之间可以看到有一条表示两者从属关系的灰色折线。这表示形体节点是转换节点的子对象。在场景中继续创建一个多边形圆柱体。按住Shift键，依次选择圆柱体和球体。在主菜单中选择Edit，在弹出的浮动面板中选择Parent（父子级关系），或者在圆柱体与球体仍处在选择状态时直接点击键盘上的P键。再次检查Outliner面板，如图1-11，在pSphere1的下方出现了pCylinder1节点，同时灰色的连线表示pCylinder1是pSphere1的子对象，而pCylinderShape1是pCylinder1的子对象。单击Show，在弹出的浮动菜单中选择Objects > Cameras（摄影机），如图1-12。检查Outliner面板如图1-13。多边形物体的节点全部不再显示了，面板中只保留了摄影机节点。

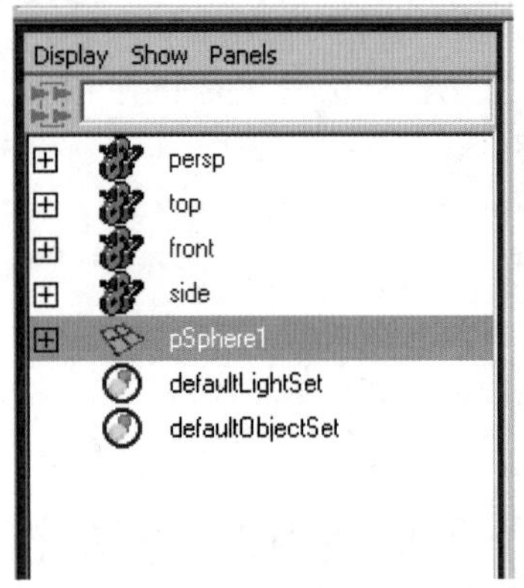

图 1-9　大纲视图 1

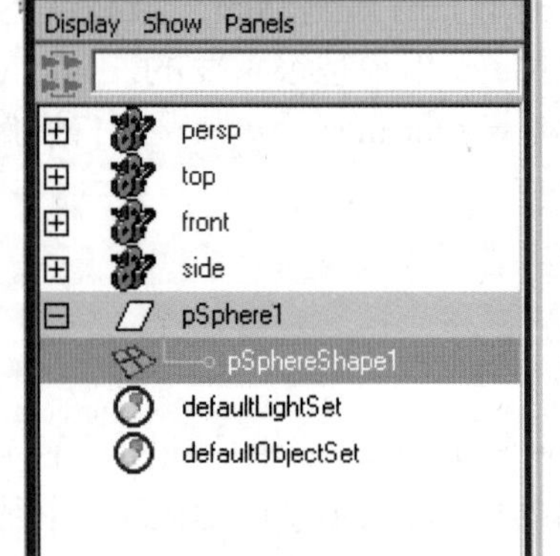

图 1-10　大纲视图 2

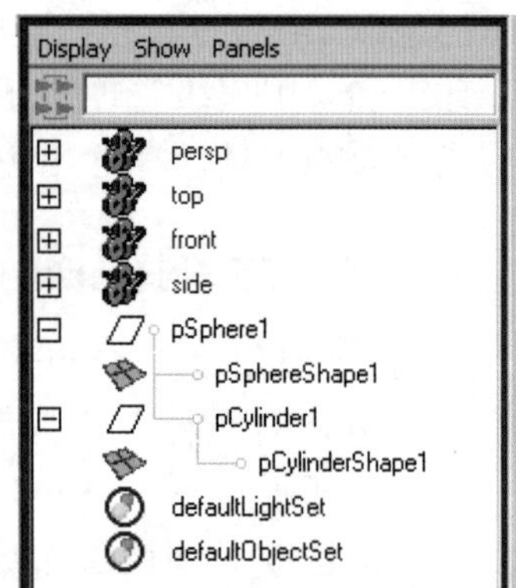

图 1-11　大纲视图 3

图 1-12　菜单命令

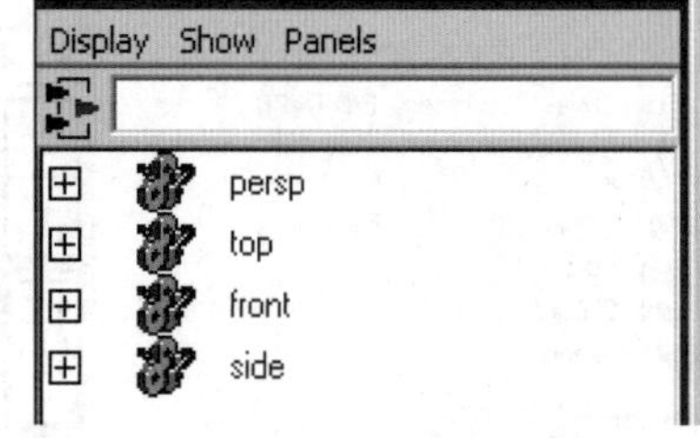

图 1-13　大纲视图 4

由此可以看出，Outliner 对场景文件实行着个体层级与整体分类的管理方式。熟练掌握这种管理方式将使 Maya 用户的工作效率有比较明显的提升。除了这些，Outliner 还提供了属性、关联等各种层级模式，这里不再一一解释。

1.2.3　Maya的快捷操作

对于用户来说，在软件繁杂的界面中寻找各种命令无疑是件极其影响工作效率的事情。因此，绝大多数软件都会为自己的用户提供可以进行快速选择的热键功能。Maya 的快捷操作在节省用户操作时间、提高工作效率上非常独特。首先，Maya 为用户提供了一种名为 Hotbox（热盒）功能。按住空格键，在 Maya 视图中会出现一个浮动菜单，如图 1-14。

这个浮动菜单包括了主菜单中全部公共菜单以及几大工作模块中的编辑菜单。在按住空格键的同时，鼠标右键点击由四条短线标识出的上、下、左、右四个区域，可以依次激活视图布局、蒙板、编辑器以及 UI 元素四个快捷菜单。通过点击浮动命令，用户可以在各种元素全部关闭的情况下在视图中快速选择自己想执行的命令。

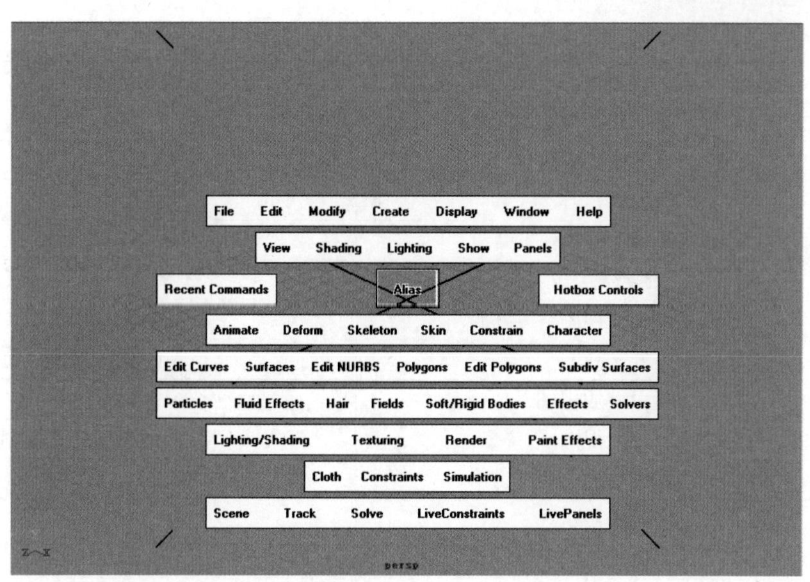

图 1-14 浮动菜单

其次，Maya 针对每个单独的对象提供了右键快捷菜单的功能。在视图中创建一个 Cone（多边形圆锥），在视图中单击鼠标右键。在箭头的周围会出现物体元素选择蒙板以及一个下拉菜单。这个右键快捷菜单包含了有关物体选择蒙板、输入、输出、当前行为状态、绘制属性、UV 集、材质属性、烘培等大量可编辑属性节点。通过右键快捷菜单，Maya 用户可以快速的对操作对象进行编辑。不只是多边形物体，Maya 中几乎所有的对象都可以执行右键菜单的编辑操作。菜单的内容会根据不同类型的对象有所不同。

最后，Maya 还支持着较为全面的快捷按键操作。下面是一张有关 Maya 部分常用快捷键的参照表格：

功　能		快捷键
变换工具	选择	Q
	移动	W
	旋转	E
	缩放	R
	显示操纵杆	T
	当前使用工具	Y
	增大操作手柄显示	+
	减小操作手柄显示	-
显示控制	显示属性编辑器与通道盒	Ctrl+A
	激活视图内显示所有物体	A
	激活视图内显示选择物体	F
	全部视图内显示所有物体	Shift+A
	全部视图内显示激活物体	Shift+F
	单一视图多视图相互切换	空格键

续表

功　能		快捷键
菜单	显示动画模块	F2
	显示模型模块	F3
	显示动力学模块	F4
	显示渲染模块	F5
	显示主菜单	Ctrl+M
视图控制	平移视图	Alt+ 鼠标中键
	旋转视图	Alt+ 鼠标左键
	自由缩放视图	Alt+ 鼠标右键
	放大视图	Ctrl+Alt +鼠标左或右键
	缩小视图	Ctrl+Alt +鼠标中键
对像显示	低质显示	1
	中质显示	2
	高质显示	3
	网格显示	4
	实体显示	5
	材质显示	6
	灯光显示	7
蒙板	物体子物体切换选择	F8
	选择点	F9
	选择边	F10
	选择面	F11
	选择UV	F12
捕捉	捕捉到曲线	C
	捕捉到网格	X
	捕捉到点	V
编辑	取消操作	Z
	重做操作	Shift+Z
	重复操作	G
	复制	Ctrl+D
	创建组	Ctrl+G
	创建父子关系	P
	打断父子关系	Shift+P
文件管理	新建场景	Ctrl+N
	打开场景	Ctrl+O
	保存场景	Ctrl+S
	退出文件	Ctrl+

这里所列出的只是部分 Maya 快捷按键。还有很多关于编辑器、动画等功能模块的快捷键，希望读者在以后的学习中认真掌握。

1.2.4 菜单选项

1. Menu Bar 主菜单栏

File Edit Modify Create Display Window Edit Curves Surfaces Edit NURBS Polygons Edit Polygons Subdiv Surfaces Help

图 1-15 菜单栏

Maya 的菜单栏包含六类公共菜单：

File（文件管理菜单），主要进行工程目录的创建和文件的管理。

Edit（编辑菜单），主要用于对场景以及各类子物体的编辑。

Modify（修改菜单），主要针对被编辑物体提供一些通用修改手段。

Create（创建菜单），主要用于创建各类几何体、灯光、摄影机、曲线等基本物体。

Display（显示菜单），主要提供工作区与物体显示状态的工具。

Window（视窗菜单），这是一个涵盖工具范围较广的菜单，它包括了各类编辑器、文件管理窗口等实用工具。

除了这六类公共菜单以外，在不同的功能模块下，菜单栏中还会出现相对应的编辑菜单。

2. Statues Line 状态行

图 1-16 状态行

状态行是 Maya 工作区中比较重要的一个工具。它主要的目的是以所执行功能划分工作区域，以图标的形式提供快捷操作。在状态行中主要包括：模块选择、文件管理、物体选择、捕捉、历史、渲染、反馈等七个工作区，同时状态行还提供了 Channel Box/Layer Editor（通道盒 / 层编辑器）、Tool Setting（工具设置）、Attribute Editor（属性编辑器）等三项 UI 元素的快捷启动方式。

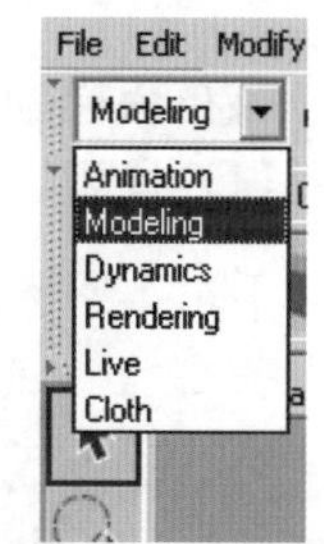

图 1-17 模块列表

模块选择区提供对 Maya 内部动画模块、模型模块等几大功能模块的快速切换。

文件管理区则是设置了新建、打开、保存三项文件管理基本功能的快捷方式。

物体选择区相对于其他几个工作区比较复杂，分别包括选择物体属性范围 Objects 、选择物体级别、选择物体层级子元素等三项由大到小的蒙板选择方式，通过对这三项选择方式的调节，用户可以对场景内的物体进行快速分类选择。

捕捉区主要是设置物体创建与编辑时各种捕捉功能。

历史区则提供了对工作过程中各项操作历史记录的创建功能。

渲染区主要提供了标准渲染、IPR（交互渲染）、Render Global（渲染设置）三项渲染基本工具的快捷启动图标。

3. Shelf 工具架

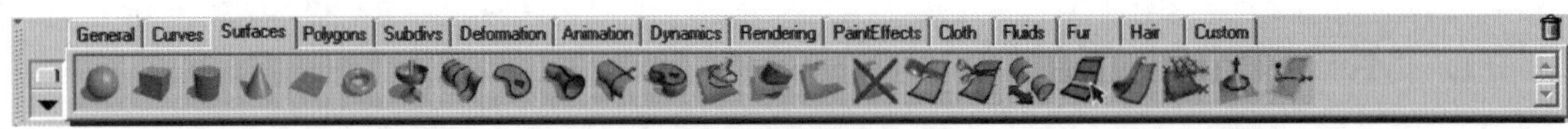

图 1-18　工具架

Shelf（工具架）是一个可以自己订制快捷选择图标的工具，它几乎可以将 Maya 全部工具都制作成图标选择方式并进行分类管理。下面是 Nurbs（曲面建模）与 Polygon（多边形建模）的工具在工具架中的分类：NURBS ；Polygon 。除了各类 Maya 内部的工具外，各种 Maya　Mel 语句也可以被制作成命令工具放在工具架中。

制作一束花朵，如图 1-19。

图 1-19　花朵效果

该花朵模型是使用菜单栏的 Maya 自带笔刷进行制作。

（1）找到“Visor”选项，如图 1-20。

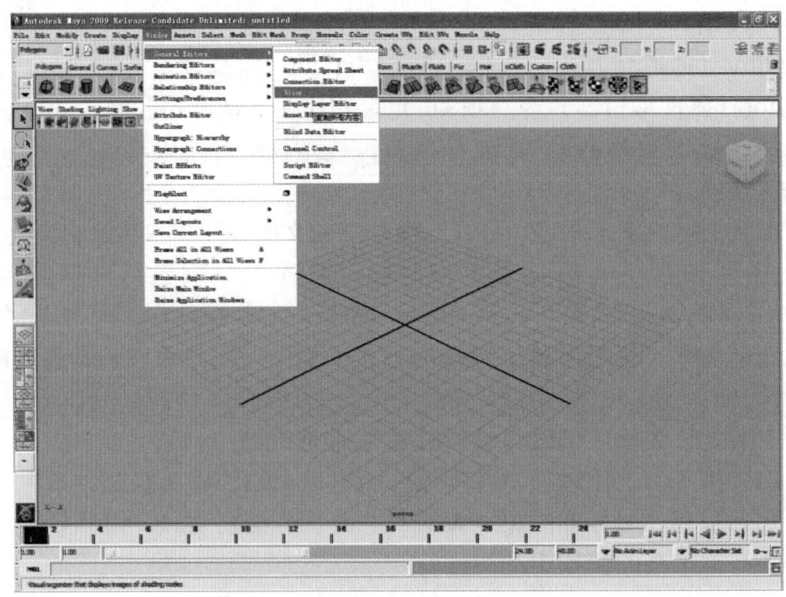

图 1-20　Visor

（2）找到“flowers”选项，查看缩略图，并找到自己喜欢的花朵样式，如图 1-21。

图 1-21　样本列表

（3）鼠标点击自己喜欢的花朵样式，缩略图程黄色圈选，如图 1-22。

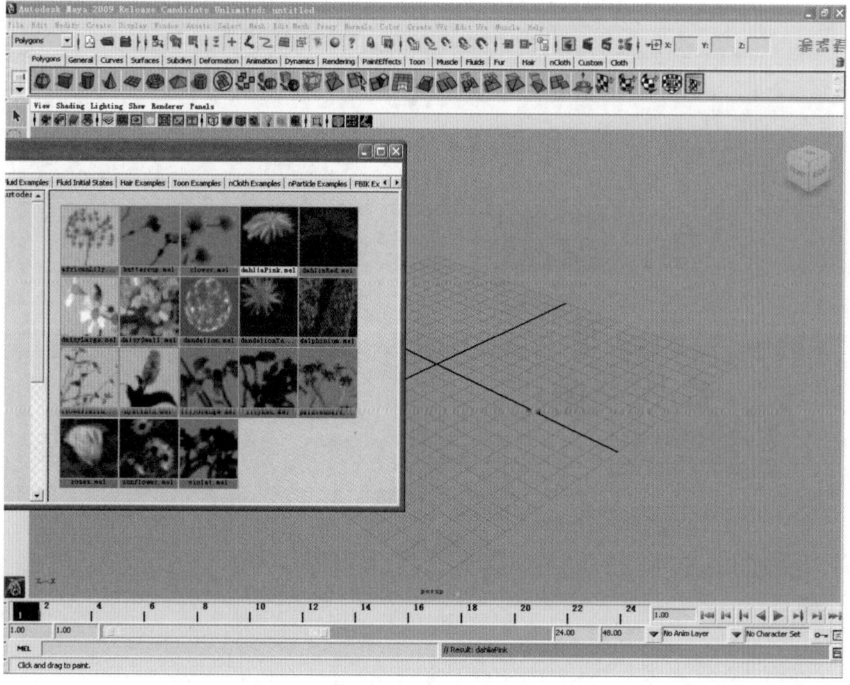

图 1-22　选中样本

（4）选择自己喜欢的花朵样式，鼠标在场景中变成铅笔形式，在场景中随意拖动，勾画出花朵图案，如图 1-23。

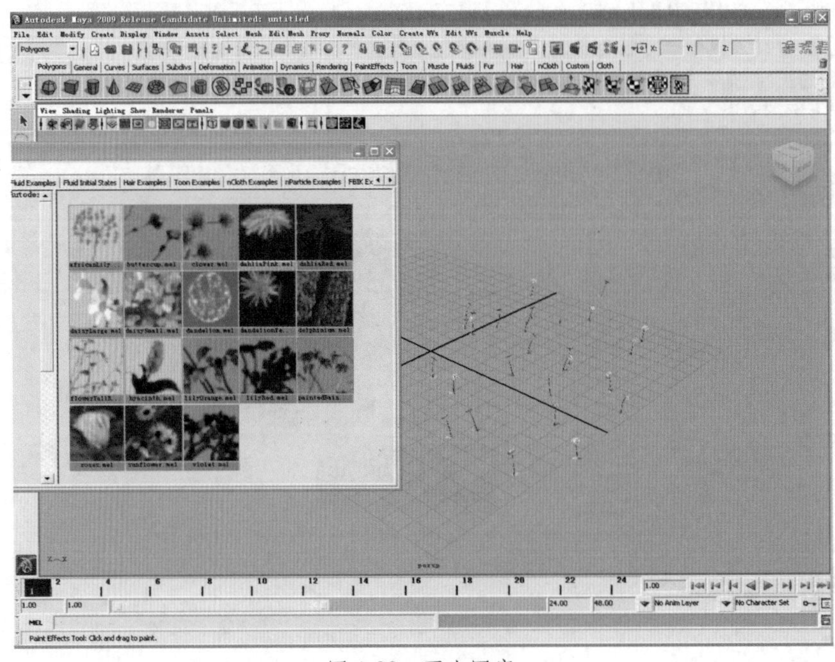

图 1-23　画出图案

（5）鼠标变成铅笔样式，并且中间呈红色圆圈，此圆圈是用于调整笔刷大小的开关，按住键盘上字母“b”键，可以调整笔刷的大小，如图 1-24。

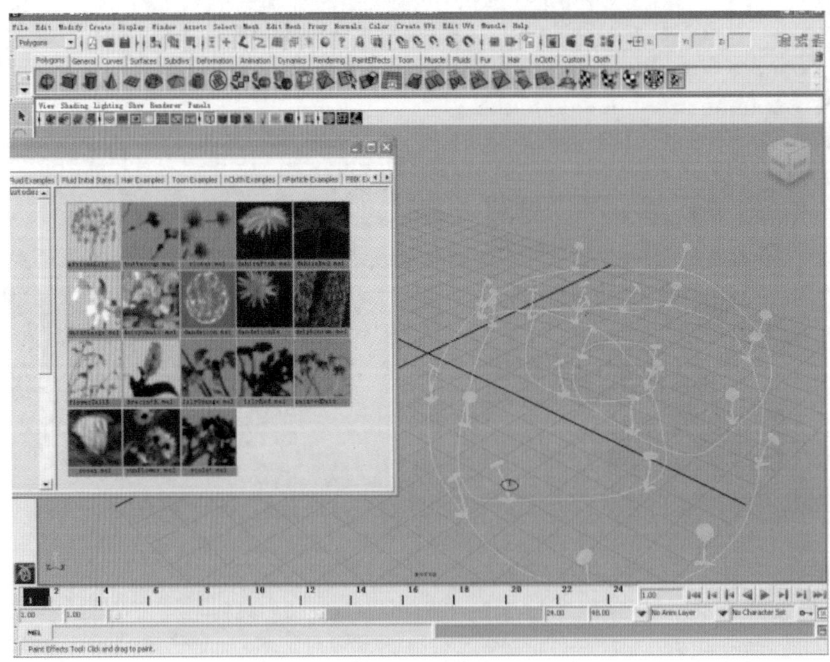

图 1-24　调整笔刷

（6）最终得到效果如图 1-25。

图 1-25　花朵效果

1.2.5　工具栏选项

- Tool Box 工具箱。工具箱的作用同 Shelf（工具架）有很大的不同，它主要是集中了选择工具、套索（自由选区）工具、位移、旋转、缩放、软选工具、显示多重操纵器工具以及各种常用视图布局方式。
- Time Line 时间线。时间线是 Maya 用于动画时间控制的工具，它主要与时间范围滑块结合使用，如图 1-26。

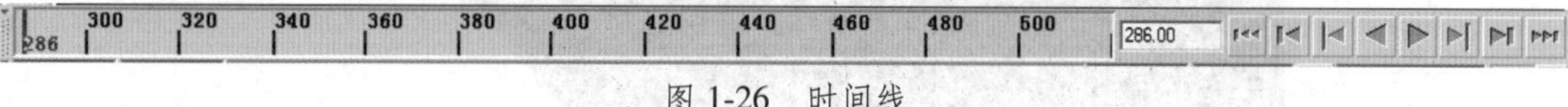

图 1-26　时间线

- Range Slider 时间范围行，如图 1-27。

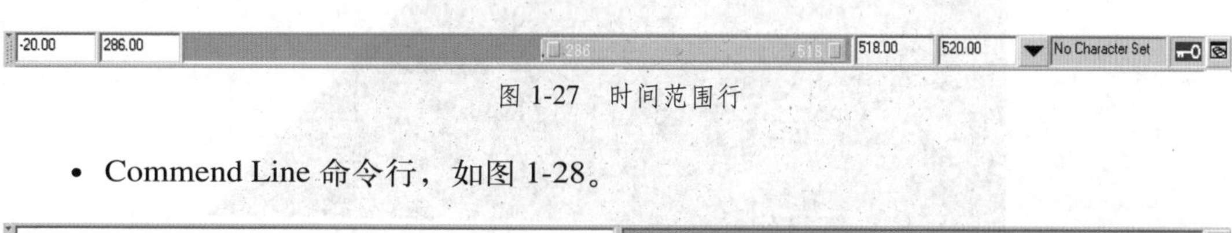

图 1-27　时间范围行

- Commend Line 命令行，如图 1-28。

图 1-28　命令栏

命令行包括两个部分，一个是左侧的白色区域，用于输入命令，一个是右侧的灰色区域，用于显示当前操作所使用的命令。在左侧区域中，通过输入 Maya 自身的 MEL 语言创建命令可以起到扩展 Maya 操作功能的作用。而右侧的区域则会显示 Maya 执行命令的结果以及相关信息。如果某些命令的执行出现问题，Maya 会在此区域中提示解决途径，因此这是一个在操作过程中要养成使用习惯的工具。

- 帮助行 Help Line，如图 1-29。

Select Tool: select an object

图 1-29　帮助行

帮助栏，顾名思义，是显示正在执行命令相关使用帮助信息的工具。在使用某项步骤繁复的命令时，可能会出现记不住下一步该做什么的情况，这时候要记得检查帮助栏，帮助栏会对所应当继续执行的操作进行提示。这个工具与命令栏一样，是一个要尽量养成习惯去使用的工具。

除去这些工具条以外，在 Maya 工作区的右侧还有三个可交替切换的工具条：Channel Box/Layer Editor（通道盒 / 层编辑器）、Attribute Editor（属性编辑器）和 Tool Setting（工具设置），这三项工具的快捷启动图标在讨论 Status Line（状态栏）曾提到过。在 Maya 中，所有的物体都有一定的属性，而这些属性就是通过 Channel Box（通道盒）与 Attribute Editor（属性编辑器）表现出来并加以编辑。因此，理解通道盒和属性编辑器对于 Maya 用户是很重要的。

- Channel Box 通道盒。Channel Box 默认情况下都是打开的，如果当你开启 Maya 时它没有打开，在 Status Line（状态栏）中通过点击图标启动 Channel Box。

制作一面旗帜，效果如图 1-30。

图 1-30　旗帜效果

该模型是使用菜单栏的polygon木块中的plane命令，结合移动及旋转工具进行制作。

找到“Polygon”模块下的plane选项，如图1-31。

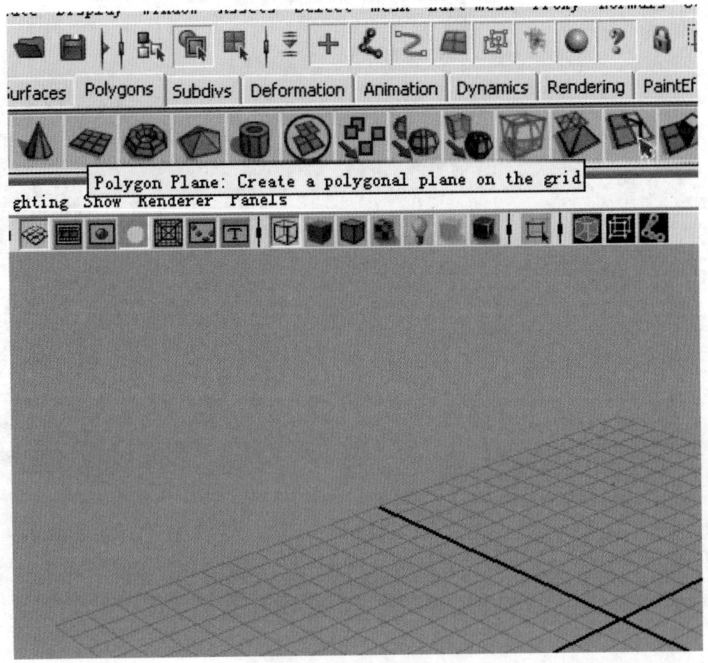

图 1-31　创建 Polygon

在场景中创建一个面片，如图1-32。

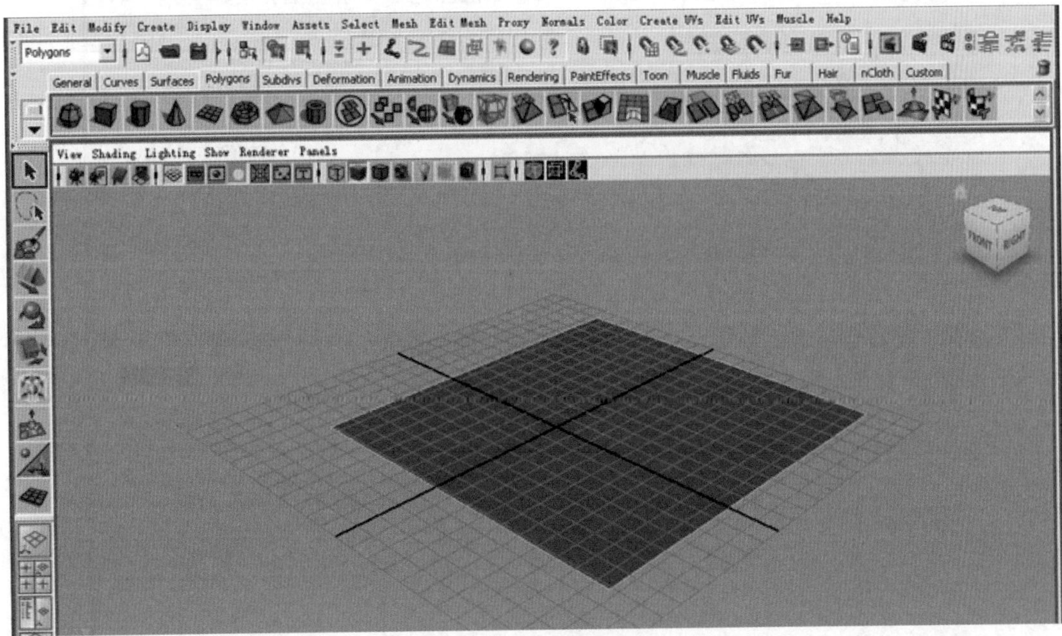

图 1-32　创建面片

使用旋转工具，对面片进行旋转，角度在90—180°之间，如图1-33。

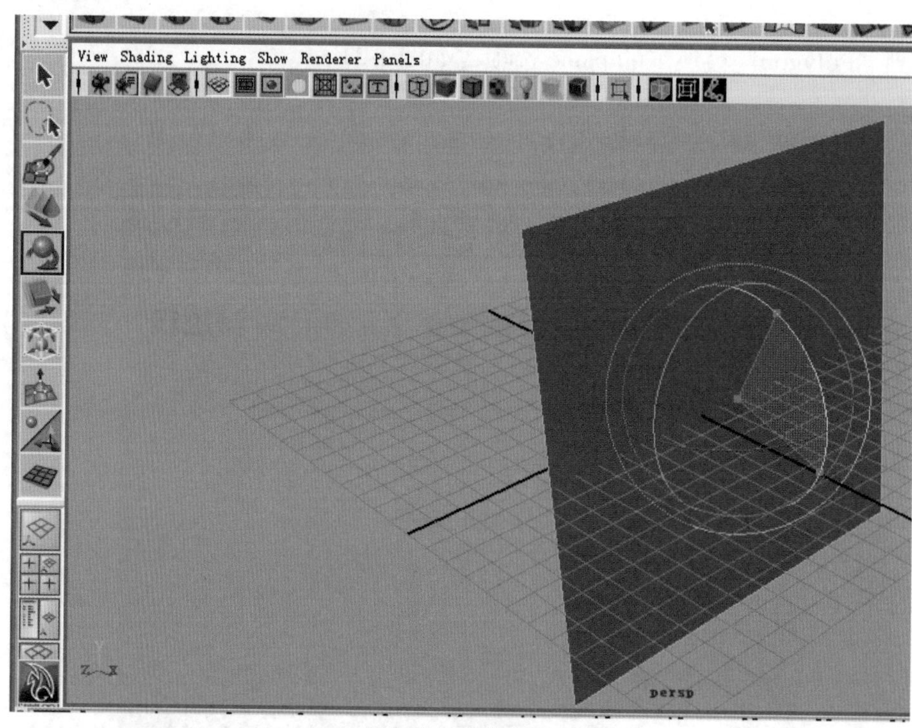

图1-33　旋转平面

使用属性工具，对旗帜添加细分，如图1-34。

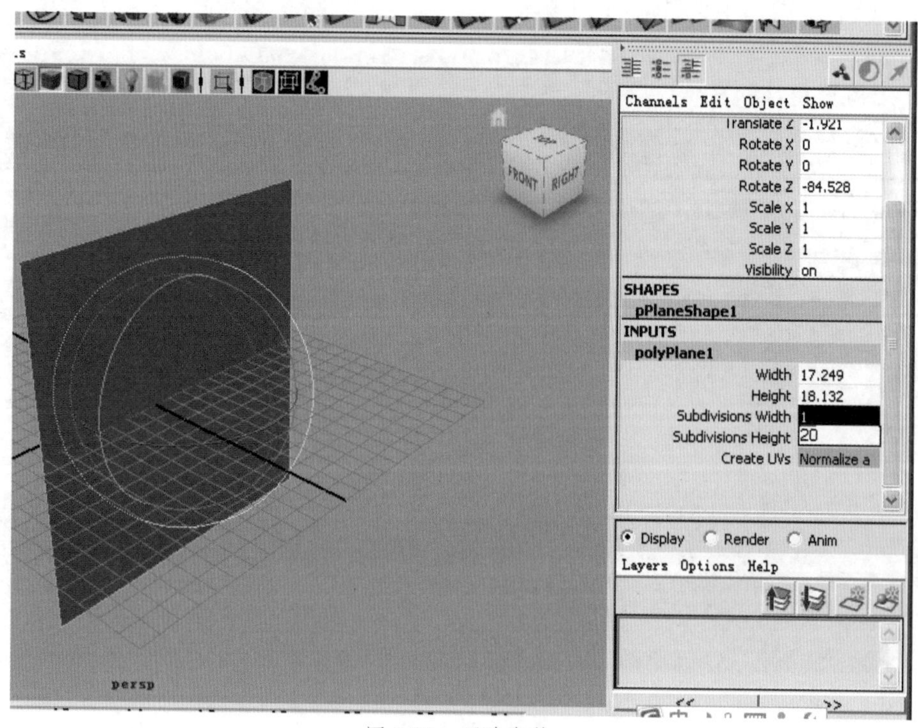

图1-34　更改参数

按住鼠标右键，进入点编辑模式，如图 1-35。

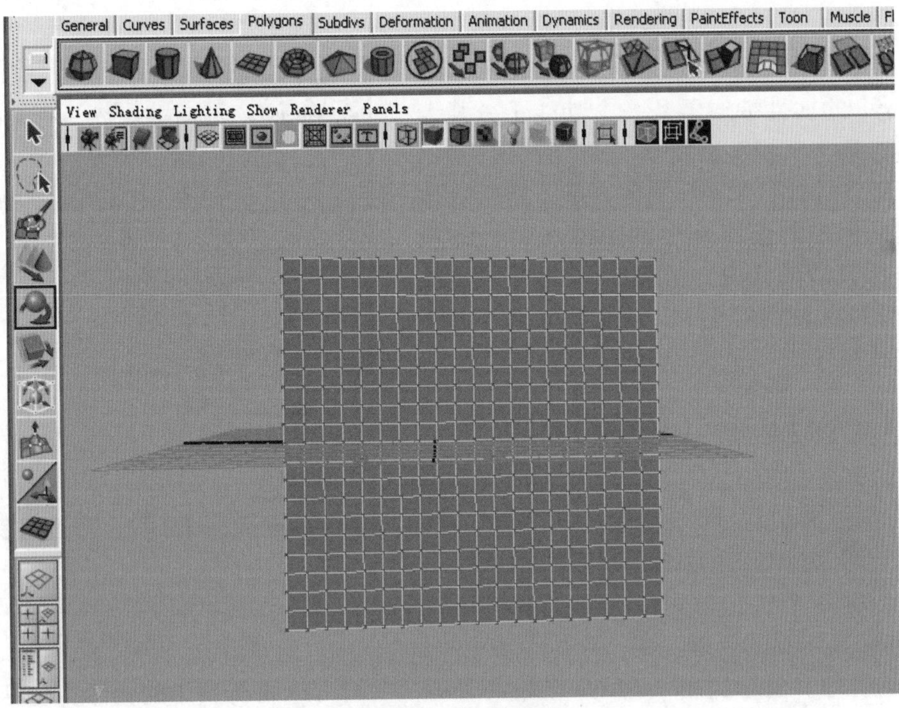

图 1-35　进入点模式

使用工具调整点的位置，使图片最终成旗帜图案，如图 1-36。

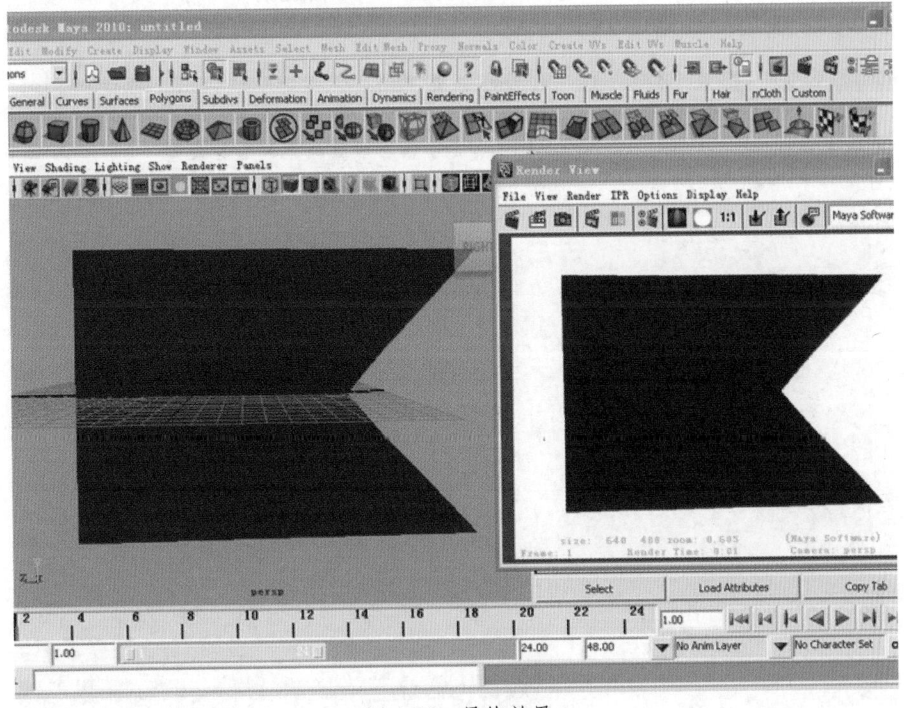

图 1-36　最终效果

1.2.6 扩展参数栏

1. Maya 的属性编辑器

Maya 的属性编辑器是一个功能十分强大的实用工具。从模型、材质、灯光到摄影机、粒子，几乎所有的 Maya 物体，甚至每个物体在创建过程中的操作历史都可以在属性编辑器中进行属性的修改、编辑。因此对属性编辑器的掌握和使用对于 Maya 用户来讲至关重要，如图 1-37。

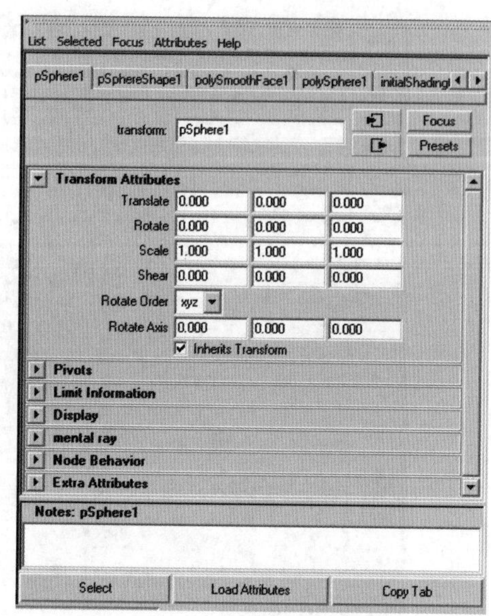

图 1-37　属性编辑器

2. Layer Editor（层编辑器）

鼠标单击图标启动 Layer Editor（层编辑器），选择顶端的三个图标中位于中间的那个，独立显示层编辑器面板。在这里可以看到，有两个层管理方式可供选择，一个是 Display 显示层的管理，另一个则是 Render 渲染层的管理。显示层用于 Maya 场景的管理，用户可以将场景中的物体，包括模型、灯光、摄影机、粒子等元素根据需要分类保存在不同的层中，从而实现对大型场景规范管理。

制作烟火。该效果是使用菜单栏的 Maya 自带笔刷进行制作。

找到 Visor 选项，如图 1-38。

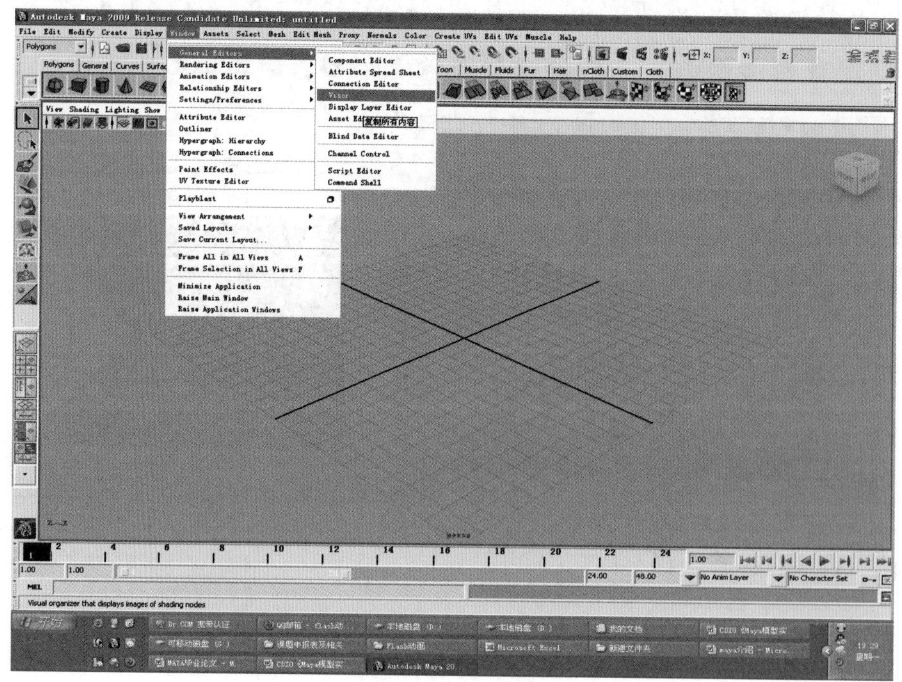

图 1-38　菜单

找到“fire”选项，查看缩略图，并找到自己喜欢的烟火样式，如图 1-39。

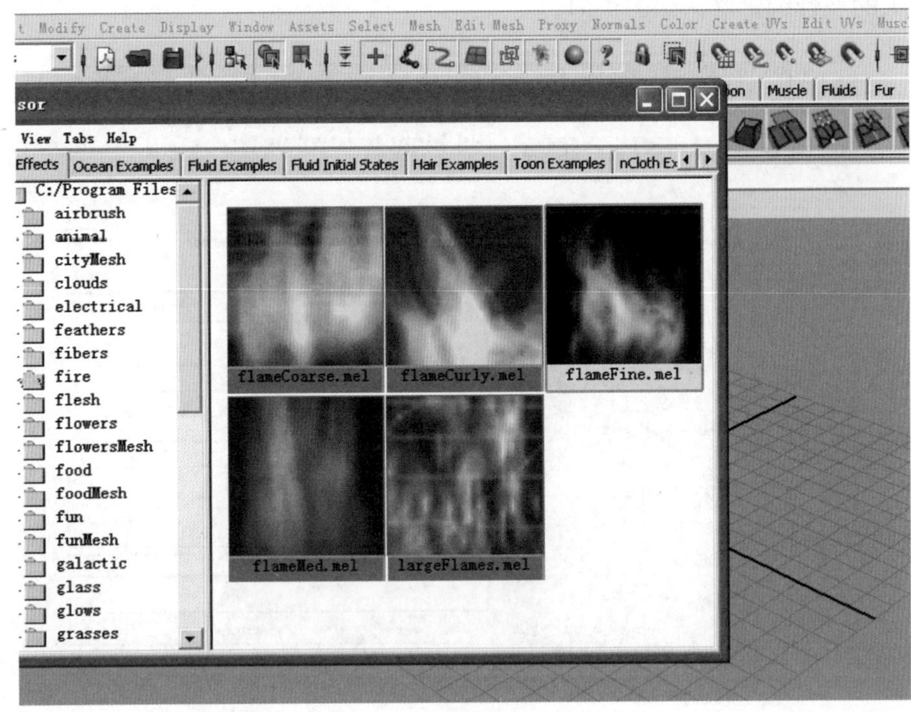

图 1-39　样式

在场景中使用笔刷调整烟火的位置，如图 1-40。

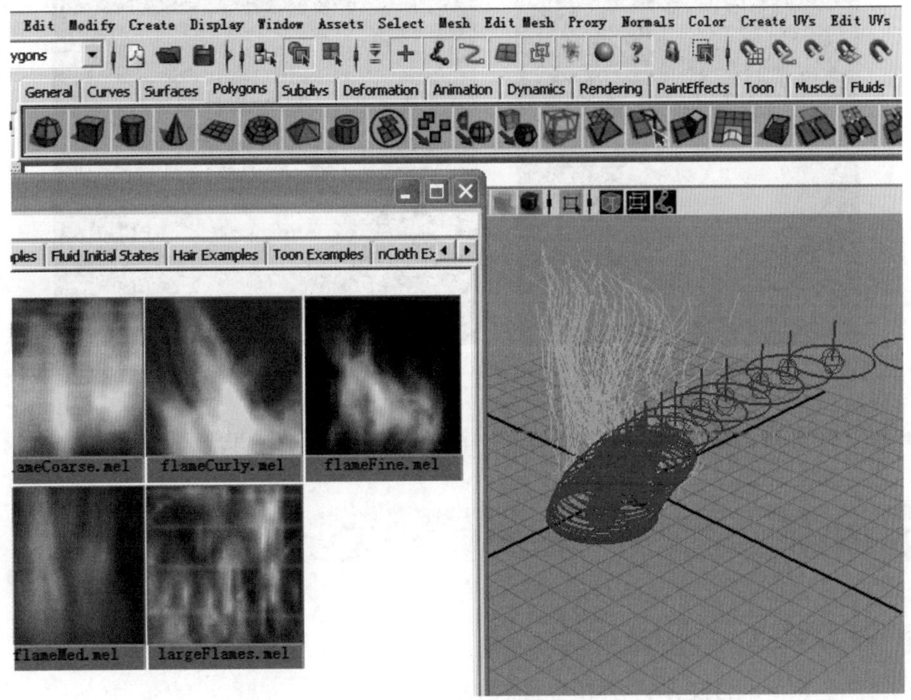

图 1-40　绘制“火焰”

创建完成烟火后，使用选择工具选择场景中的烟火，使用快捷方式“ctrl+A”键，打开烟火的属性编辑器，如图 1-41。

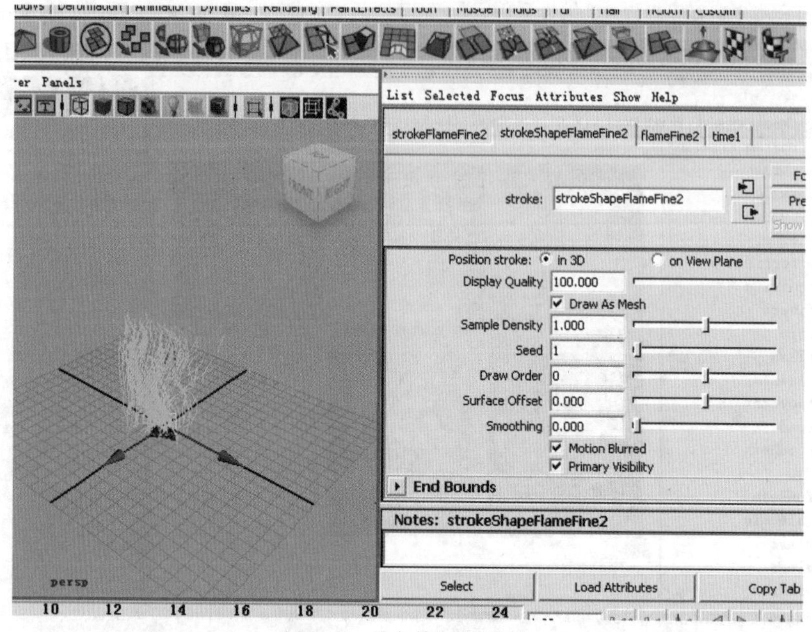

图 1-41 “火焰”的属性

通过调整属性编辑器上面各个参数的滑竿，查看场景中烟火形式的变化，如图 1-42。

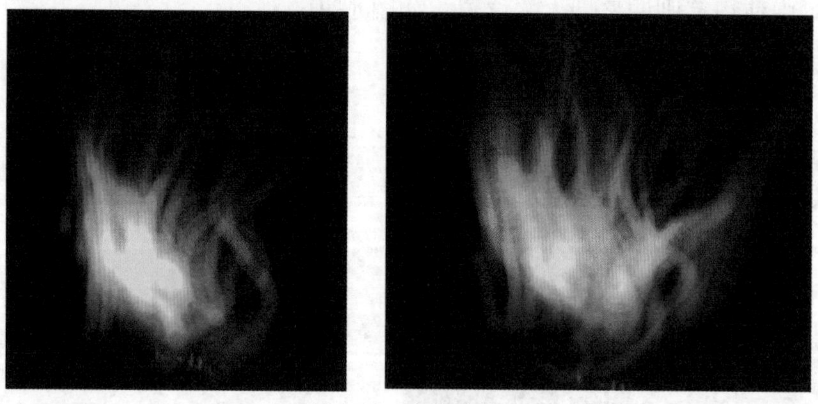

图 1-42 火焰效果

分别在不同的参数下渲染视图，查看渲染结果，并对结果进行分析。

1.3 小结

1. 能力要点

（1）掌握 Maya 的操作方法和界面控制。

（2）掌握花朵、树林的制作方法。

（3）掌握旗帜的制作方法。

（4）掌握烟花的制作方法。

2. 课后练习

根据本章所学知识，熟悉 Maya 界面并掌握 Maya 的基本操作方法。利用 Visor 选项下的笔刷工具制作出花朵、汉堡等物品，如图 1-43、图 1-44。

图 1-43　花朵练习

图 1-44　汉堡练习

第2章

Nurbs建模

[简述]

Nurbs 是一种通过绘制曲线来生成模型的方法。在本章的教学中，注重对曲线的绘制和生成模型后的再编辑过程。本章主要探讨曲线的创建、编辑和模型的生成、编辑，从而实现复杂模型的创建。使学习者能够了解、掌握这种建模方法。

[实训] 三维静物模型的设计与制作

本章的案例是制作一组三维静物模型。静物参考如图 2-1。

图 2-1　静物参考图

静物画，即以相对静止的物体为主要描绘题材的绘画。静物是大多数绘画爱好者临摹、创作的一种体裁。静物画的对象多为食品、炊具、餐具、水果、蔬菜、花卉，以至书籍、乐器、灯具、骷髅、死去的动物或动物标本等。画幅一般不大。通常以油画、水粉、水彩或素描为描绘手段。在静物的摆放上，要有疏密关系，有聚有散，前后穿插，从每个角度看过去要呈现出不等边三角形的构图，摆放时近处俯视静物时不能成一条直线。在制作实训案例时，模型的位置摆放也要遵循上述原则。静物素描如图 2-2、图 2-3，静物色彩如图 2-4、图 2-5。

图 2-2 静物素描 1

图 2-3 静物素描 2

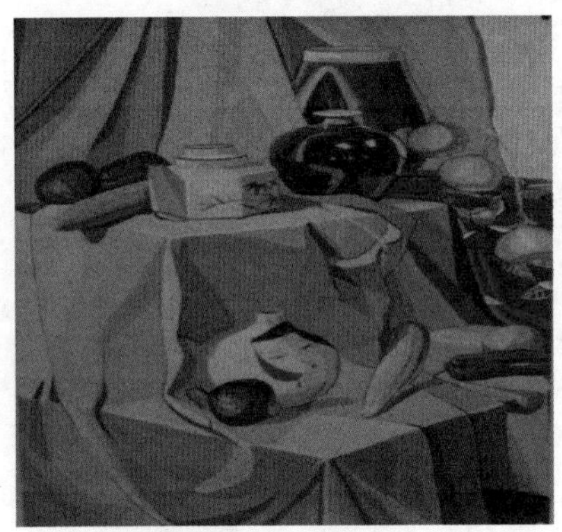
图 2-4 静物色彩 1

图 2-5 静物色彩 2

在本章的实训中，将参考图 2-1 中的静物形态，制作出一组三维的静物模型来。

在图 2-1 中，可以看到这组静物是由水果、托盘、电水壶、酒杯、瓷瓶、衬布和造型复杂一些的汽车轮胎组成的。

在创建模型之前，一般先要观察一下制作的目标，分析其基本结构以找到正确的制作方法。

酒杯、瓷瓶、托盘。这一类物品可以归为类圆柱体。其基本结构和圆柱比较类似。这样可以通过绘制一条曲线作为这一类物品的横截面，再将曲线按某一条轴为中心旋转一周来形成模型，即 Revoles（旋转成形）。

衬布。这类物品的造型比较随意，没有固定的结构。可以通过绘制多条不规则曲度的曲线，并将这些曲线连接成面形成模型，即 Loft（放样）。

电水壶。造型比前两个稍复杂一些。壶体部分可以用类圆柱的方法制作，壶盖部分可以用画线放样的方法制作，壶的把手部分则用一个横截面按某条轨迹来形成，即 Extrude（挤压）。

轮胎的造型要更复杂一些。此模型适合接受能力较强、对 Nurbs 建模方法掌握比较熟练的读者，可以作为本章实训案例的扩展部分。具体制作思路将在案例制作过程中体现。

本章中若无特别说明，模块设定栏均为“Surfaces”，工具栏均为“Surfaces”。

2.1 酒杯模型的制作

完成案例“酒杯”的制作。效果图如图 2-6。

图 2-6 酒杯模型

2.1.1 绘制酒杯的轮廓线

（1）首先，将 Maya 视图切换到 Front 或 Side 视图。（这是为了和稍后执行的命令轴向一致。）使用 EP 曲线工具，如图 2-7。

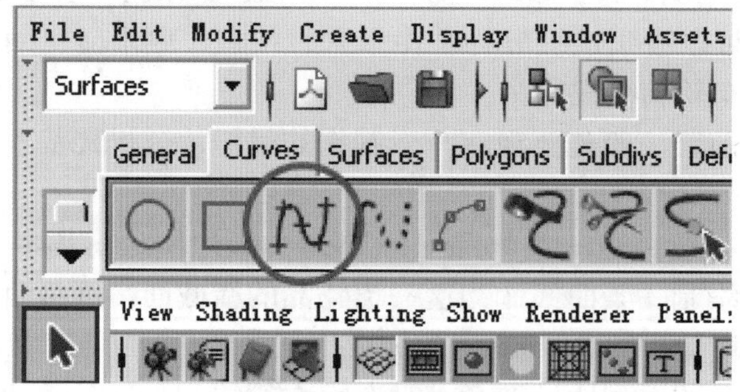

图 2-7 EP 曲线工具

在 Front 视图创建曲线。注意，为保证将来模型没有开口，应将曲线的起始点和结束点都锁定在世界坐标系的 y 轴上。可以使用快捷键 x 来开启捕捉栅格点开关，帮助把曲线点捕捉在 y 轴上。按下 x 键就打开了捕捉开关，松开时就关闭了开关，如图 2-8。

图 2-8 捕捉开关

选择 EP 曲线工具，按住 x 键在 Front 视图中创建一个点，再松开 x 键来创建其他的点。在如图 2-9 所示的位置上，创建出 16 个点来形成一条曲线。当然也可以根据实际情况来安排点的个数。

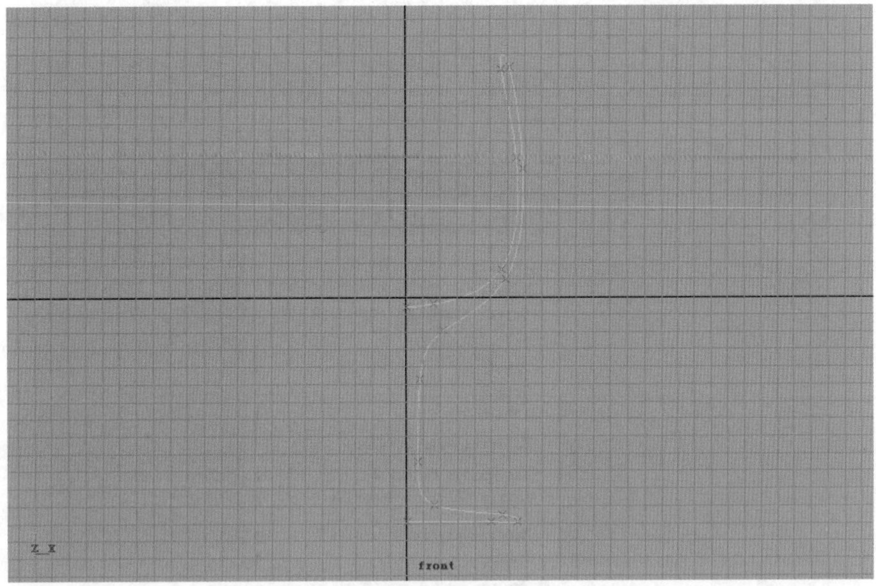

图 2-9 创建点

在创建最后一个点时也要按住 x 键，最后按 Enter 键来结束整条曲线的创建。曲线形状如图 2-10 所示。

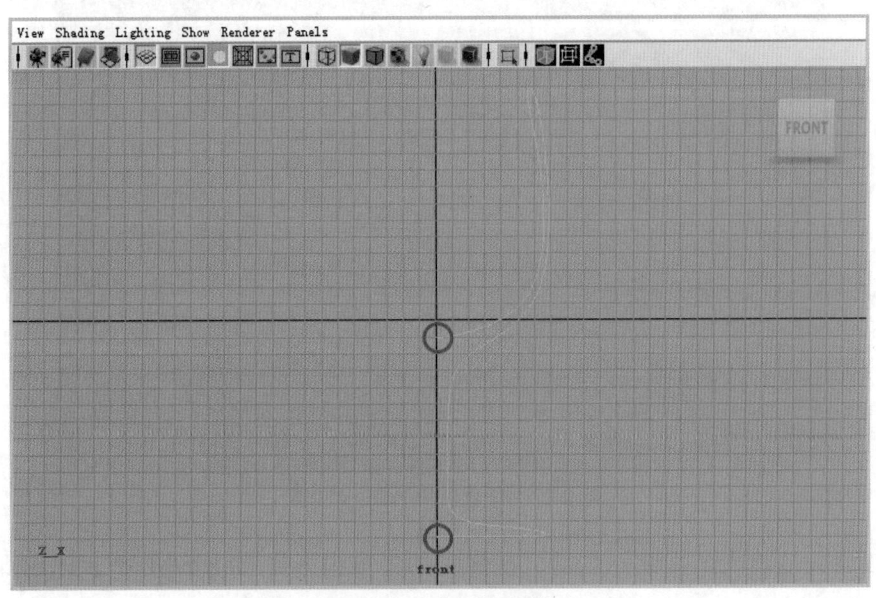

图 2-10 绘制曲线形状

（2）调整曲线。如果觉得曲线的形状不太理想的话，可以在曲线上点击右键进入到曲线的 Edit Point 或 Control Vertex 级别，如图 2-11。

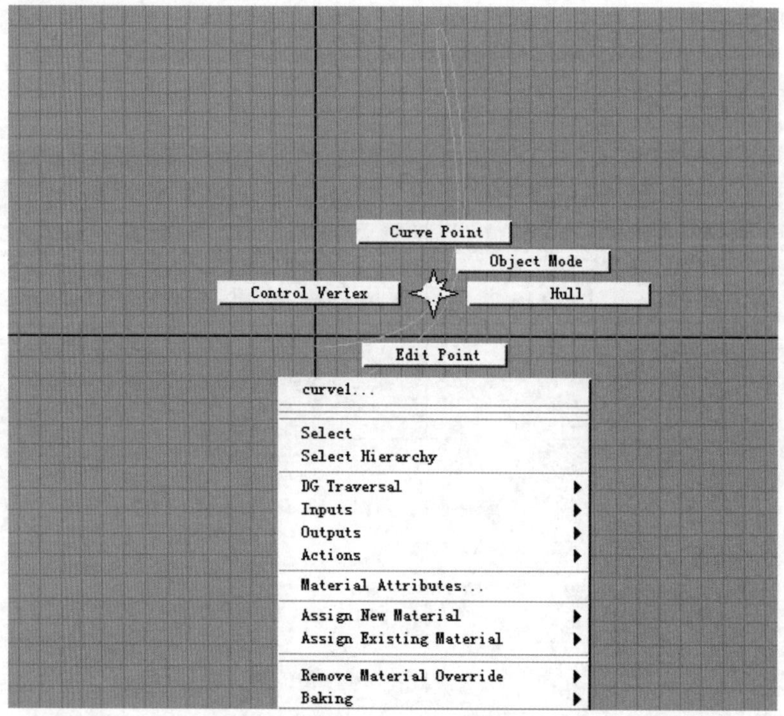

图 2-11　进入子级别

通过使用移动工具调整点的位置，来修改曲线的形状，如图 2-12。

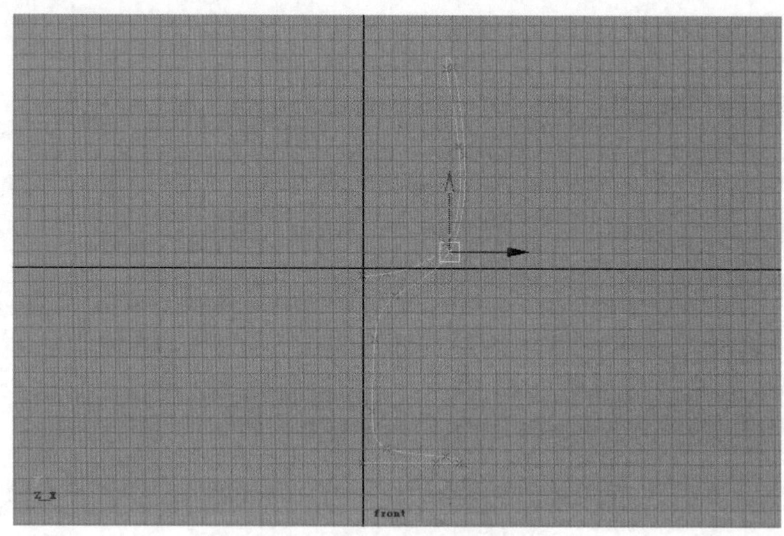

图 2-12　修改 Edit Point 的位置

修改完成后再次单击鼠标右键，在弹出的菜单中选择 Object Mode，退出点级别。

2.1.2　生成酒杯模型

（1）选择曲线，再执行 Surfaces 菜单下的 Revolve 命令，如图 2-13。

生成的模型如图 2-14。

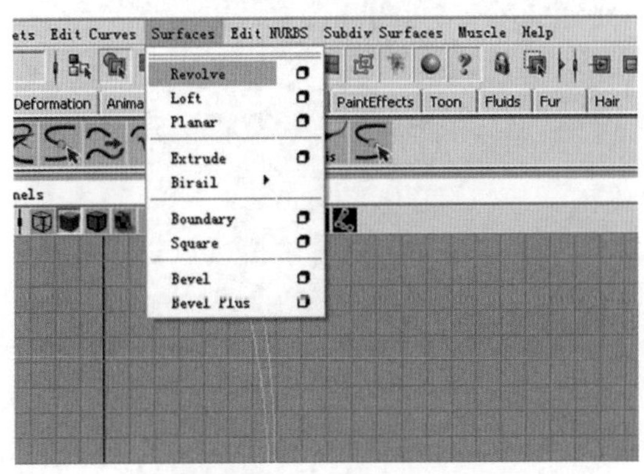

图 2-13 Revolve 命令

图 2-14 生成模型

(2) 整理模型。现在曲线和模型的位置是重叠的，如果误选中曲线并进行任何操作的话都会影响到模型。这是由于 Maya 会保存模型建造历史的原因。可以利用这一点，通过调整曲线来继续修改模型。或者选中模型后，通过 Edit 菜单下的 Delete by Type → History 命令来删除模型的建造历史，这样曲线将不再对模型有影响作用，如图 2-15。

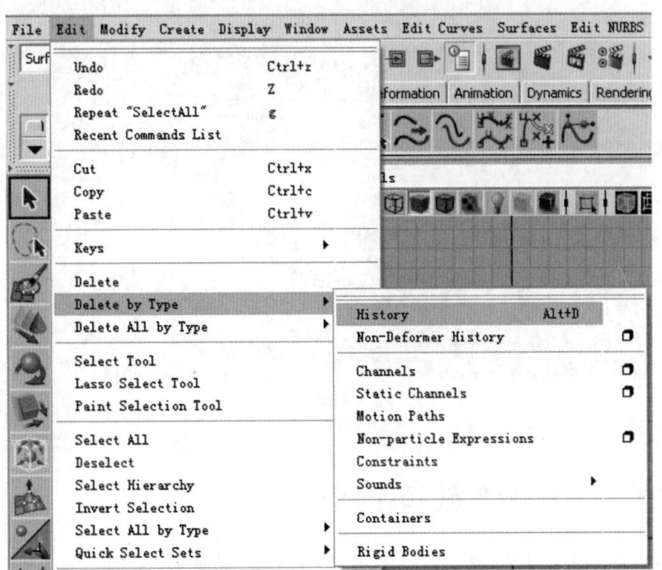

图 2 15 删除历史命令

如果造型仍不够理想，可以选中模型，进入到 Control Vertex 级别，使用移动工具直接调整模型上的点，可以继续来修改模型的造型，如图 2-16。

最后执行 File 菜单下的 Save 命令，将"酒杯"模型保存为"goblet.mb"。

读者可参考以上范例，独立制作类圆柱形模型，如饮料瓶、水杯、陶罐、盘子等，如图 2-17。

图 2-16　调整形状

图 2-17　例图

2.2 窗帘模型的制作

完成案例“窗帘”的制作。效果图如图 2-18。

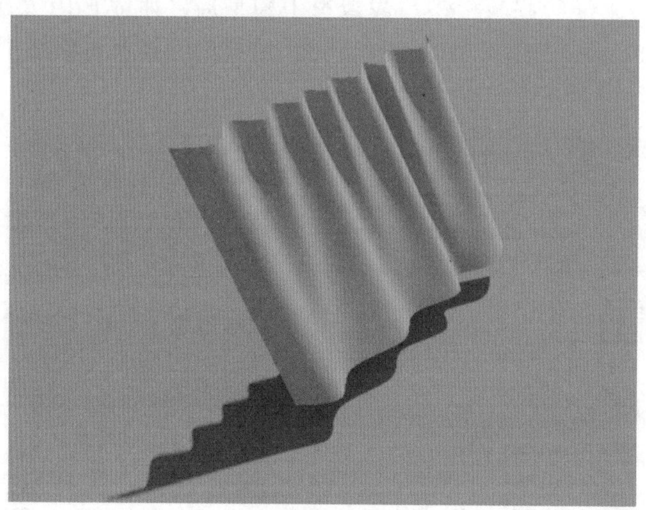
图 2-18　窗帘模型

2.2.1　绘制窗帘的横截面曲线

（1）首先，按下空格键 + 鼠标右键，将 Maya 视图切换到 Top 视图，如图 2-19。

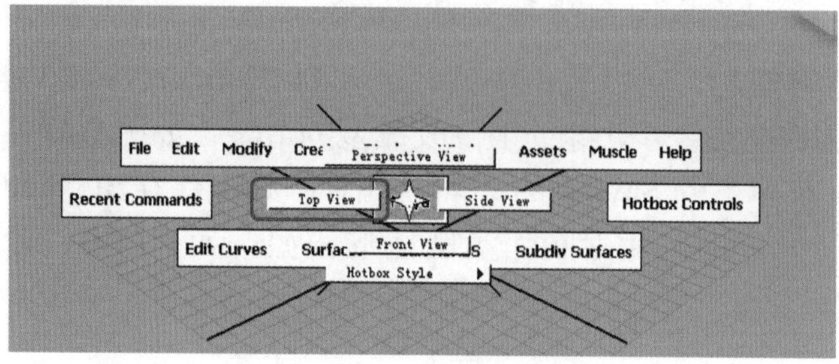

图 2-19　切换视图

在 Top 视图里使用 EP 曲线工具画出曲度不同的线，如图 2-20。

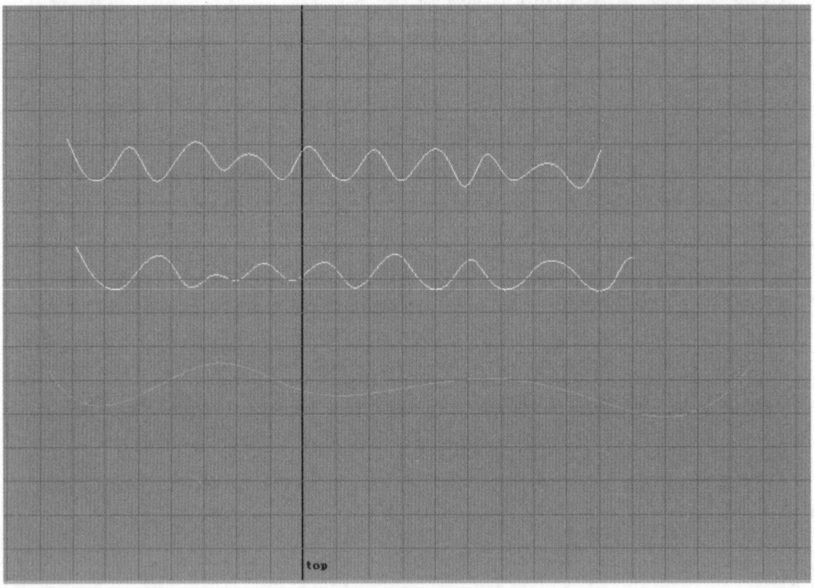

图 2-20　创建三条曲线

由于曲线都处在同一水平面上，可以使用快捷键 w（移动工具）将曲线在 y 轴上错开，位置如图 2-21。

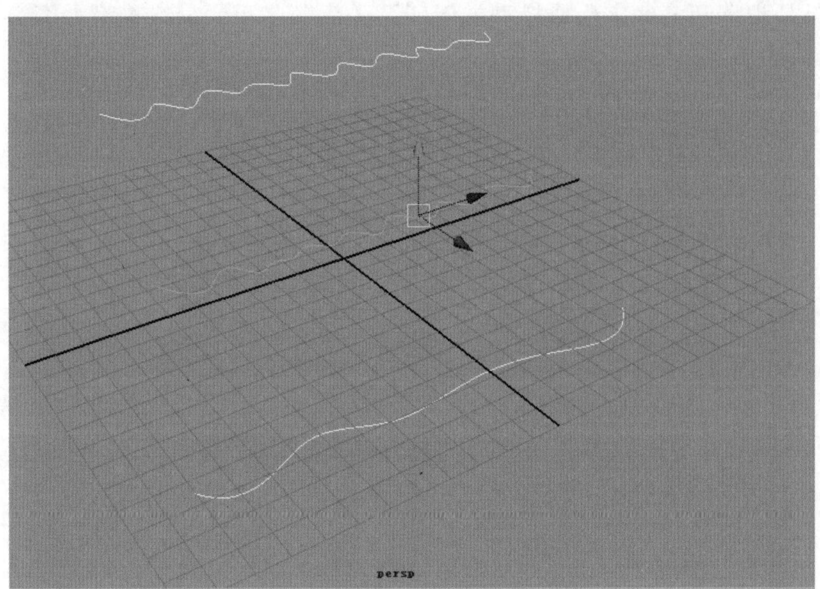

图 2-21　移动曲线位置

（2）由于在创建曲线时为了曲度不同，构成每条线的点的个数可能会不一致。为了能使生成后的模型在 UV 布线上更合理，可以选择曲线执行 Edit Curves → Rebuild Curves 命令。打开命令的参数设置，将曲线段数 Nurmber of Spans 统一设置为 24，如图 2-22。

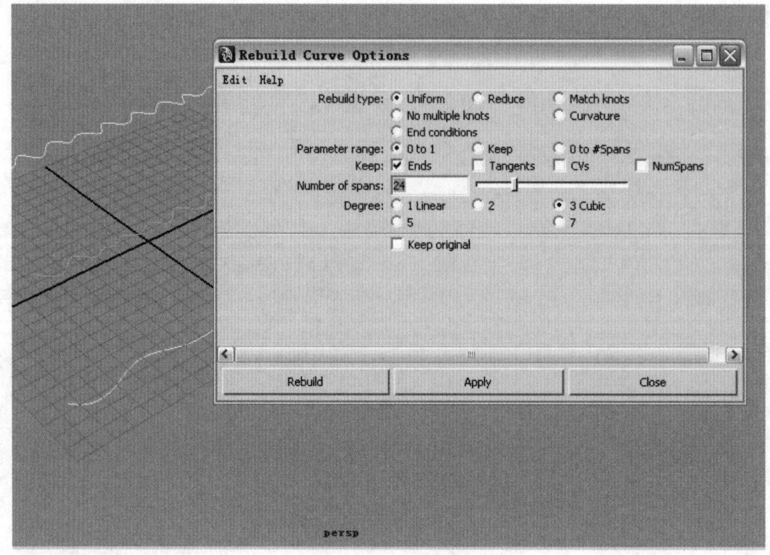

图 2-22 设置参数

2.2.2 生成窗帘模型

按由上到下的顺序依次选择三条曲线，然后执行 Surfaces → Loft 命令。注意，Loft 命令会根据选择多条线的顺序来生成不同的模型，在这个例子里应由上至下进行选择。如果是根据两条线来生成模型就无所谓先后顺序了。最终模型如图 2-23 所示。

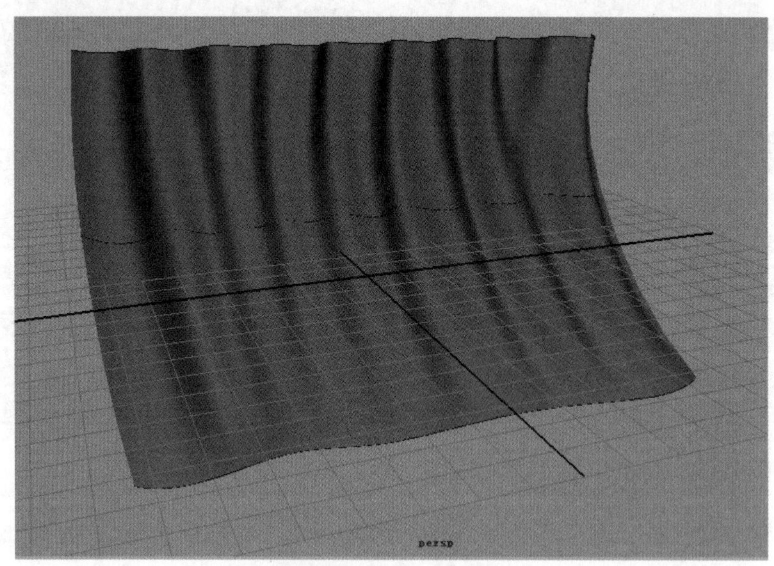

图 2-23 最终模型

在没有删除历史记录的情况下，仍然能够使用前面学习过的方法，通过调整曲线来进一步修改模型，或直接调整模型上的点。请参照上一个例子。

最后执行 File 菜单下的 Save 命令，将“窗帘”模型保存为“curtain.mb”。

参考以上范例，读者可制作出与范例类似的不规则状布料模型，如旗帜、衬布等，如图 2-24。

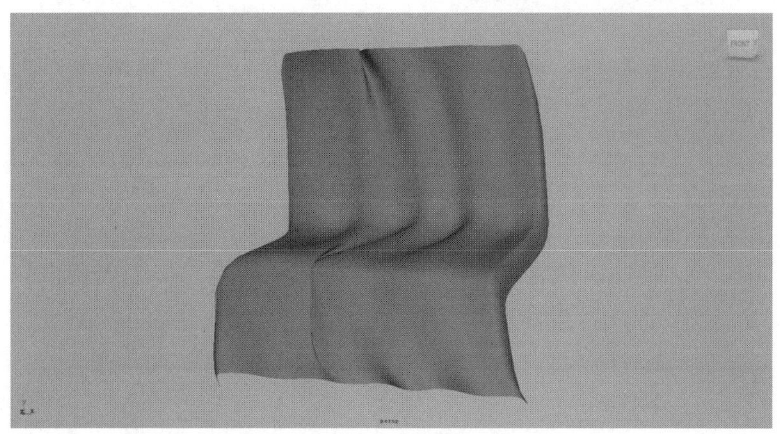

图 2-24 例图

2.3 压力水壶模型的制作

完成案例“压力水壶”的制作。效果图如图 2-25。

图 2-25 压力水壶模型

2.3.1 制作壶体

（1）首先，将 Maya 视图切换到 Front 视图。使用 EP 曲线工具画出一条壶体的轮廓线，如图 2-26 所示。

注意，曲线的起始点要锁定在 y 轴上、倒角的造型。

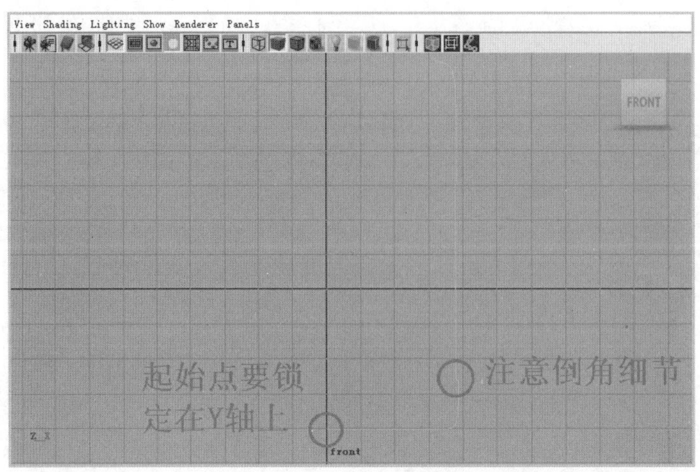

图 2-26 绘制曲线

选择曲线，执行 Surfaces → Revolve 命令，如图 2-27。
生成壶体模型，如图 2-28。

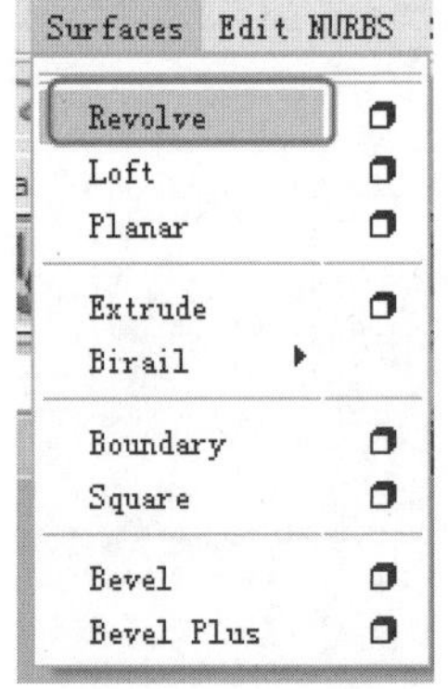

图 2-27 菜单命令

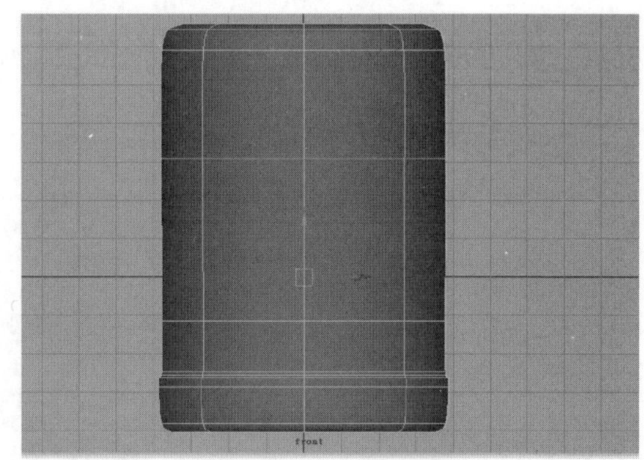

图 2-28 生成模型

（2）在 Top 视图中，在壶体模型上单击右键，进入 Control Vertex 级别，选择壶体模型的部分 Control Vertex（控制点），沿 z 轴向后稍移动一点，形成壶的正面较平的形状，如图 2-29、图 2-30。

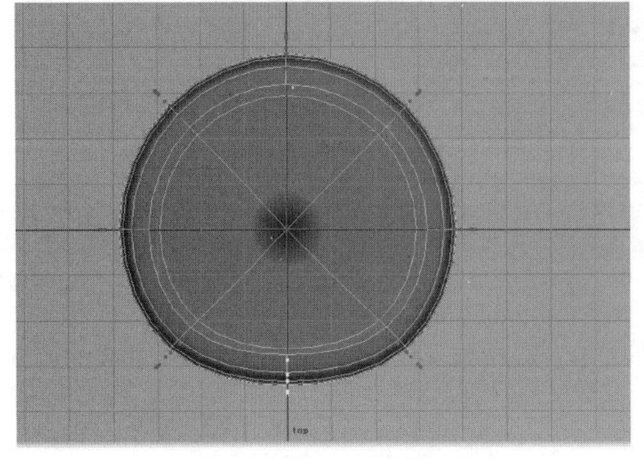

图 2-29 移动部分 Control Vertex 1

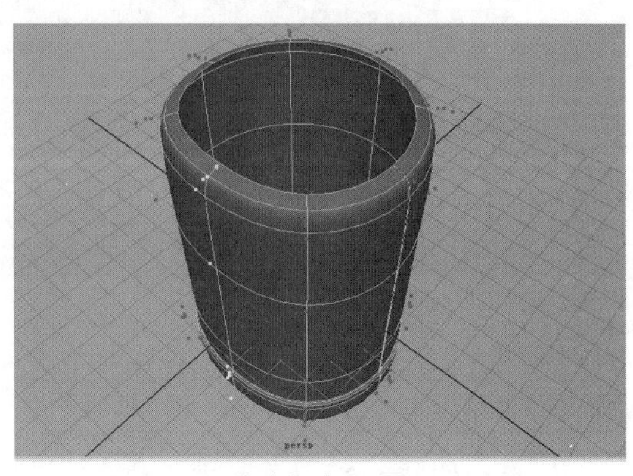

图 2-30 移动部分 Control Vertex 2

选中模型，执行菜单命令 Edit → Delete By Type → History，删除历史记录。曲线可以删除或使用快捷键 Ctrl+H 隐藏。

2.3.2 制作壶盖

（1）找到菜单命令 Create → Nurbs Primitives → Interactive Creation, 并将 Interactive Creation 命令前面的√取消。这样做的目的是取消 Nurbs 模型的交互式创建方式，让所有的 Nurbs 模型被创建出来时都以世界坐标系为中心位置。在 Top 视图，使用 Curves 工具架下的 Circle 工具，创建出一个圆环，如图 2-31。

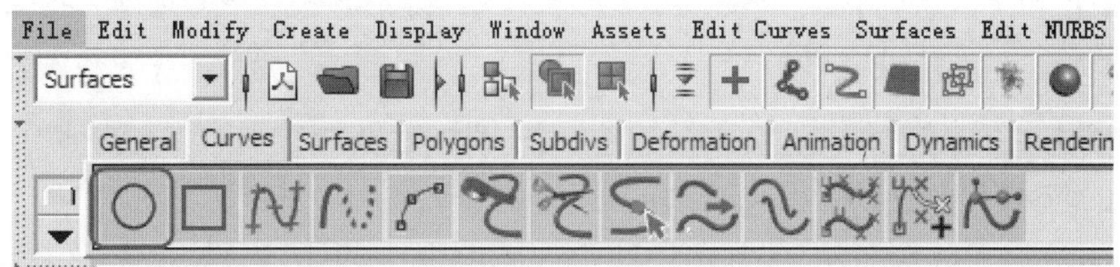

图 2-31 Circle 工具

根据已有的壶体模型，使用缩放工具对 Circle 进行适当缩放。为了更方便区分对其进行重命名。双击右侧通道盒圆环的名字，修改为 Circle01，如图 2-32。

利用右侧通道栏的记录历史，更改 Circle01 的段数为 16，如图 2-33。

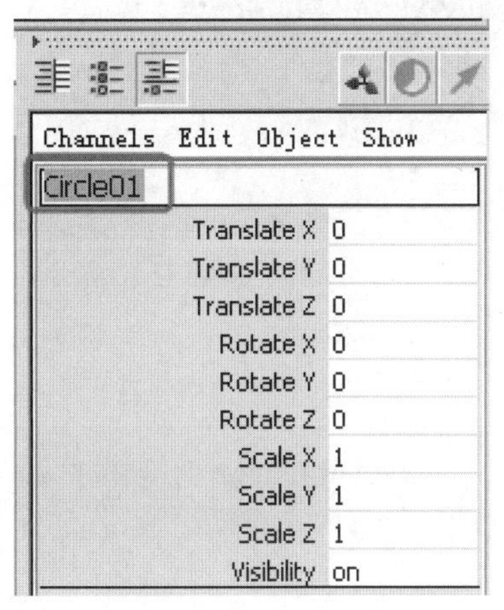

图 2-32 重命名

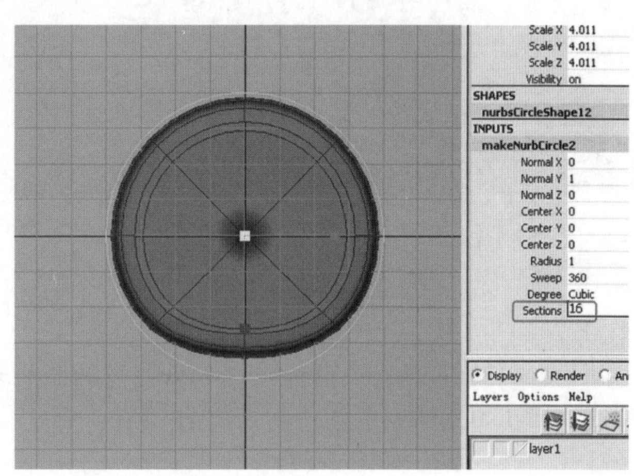

图 2-33 修改历史

在 Cricle01 上单击右键，进入 Edit Point 级别。使用移动工具修改部分 Edit Point（编辑点）的位置，形成图 2-34 的形状。

（2）切换到 Side 视图，使用 EP 曲线工具画一条曲线，如图 2-35 所示，并重命名为 Cruves01。

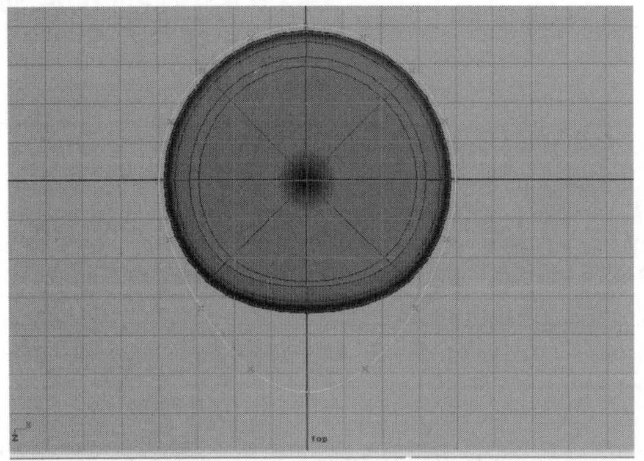

图 2-34 修改部分 Edit Point（编辑点）的位置

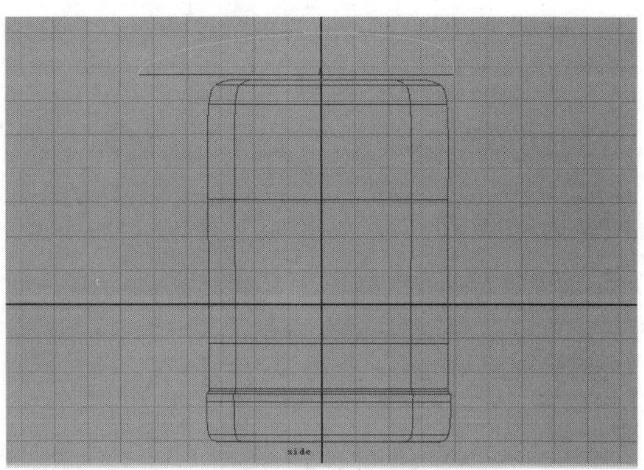

图 2-35 绘制曲线

再切换到 Front 视图，画出一条如图 2-36 所示的曲线，命名为 Curves02。注意，Curves02 的起始点要配合使用 x 键锁定在 y 轴上。

（3）在 Persp 视图中，将最先创建的 Circle01 使用快捷键 Ctrl+D 复制出一条 Circle02，留作备用。进入到 Circle01 的 Edit Point 级别，选中三个 Edit Point（编辑点），如图 2-37。

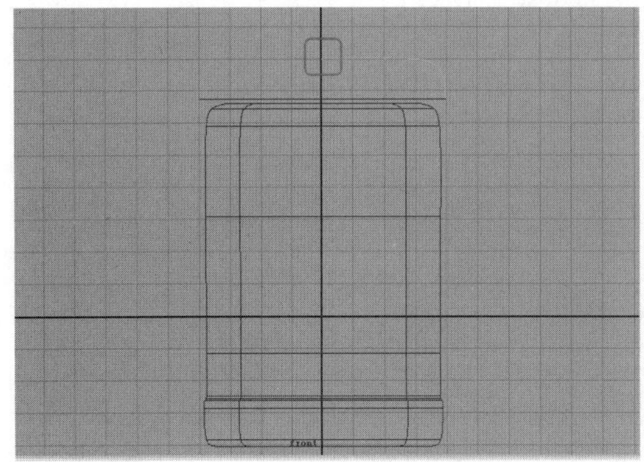

图 2-36 绘制曲线

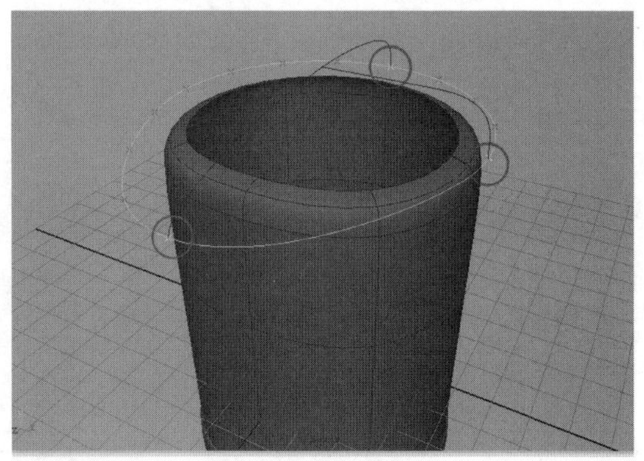

图 2-37 选中三个 Edit Point（编辑点）

找到 Edit Curves → Detach Curve（打断曲线）命令，将 Detach Curve 命令的参数 Keep Original（保留原始物体）取消，执行 Apply 命令。这样就将原来的一个 Circle01 分成了三条曲线，如图 2-38。

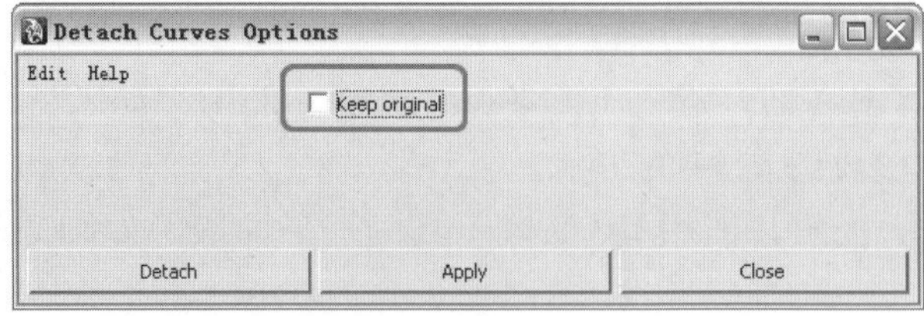

图 2-38 设置参数

选择 Cruves01，单击右键进入到 Curve Point 级别，在如图 2-39 所示位置单击后，执行 Edit Curves → Detach Curve 命令，将 Cruves01 分成了两段，如图 2-40。

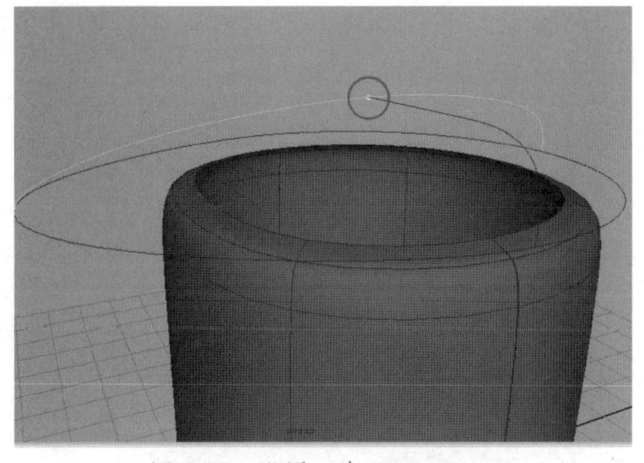

图 2-39　设置一个 Curve Point

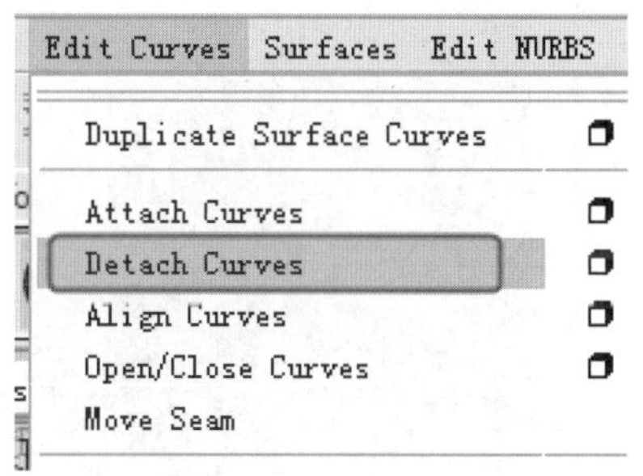

图 2-40　执行命令

（4）为布线合理，选择刚才所有打散的曲线，执行 Edit Curves → Rebuild Curves（重建曲线）命令。将 Number Of Spans 统一设置为 8 段，如图 2-41。

按图 2-42 所示顺序选择三条曲线，执行 Surfaces → Boundary 命令，形成曲面。

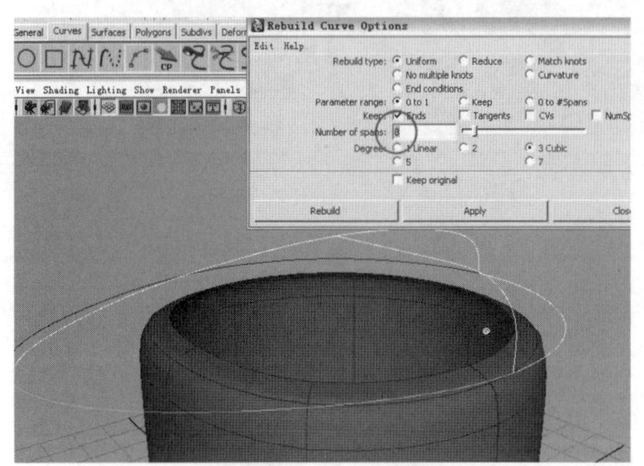

图 2-41　设置参数

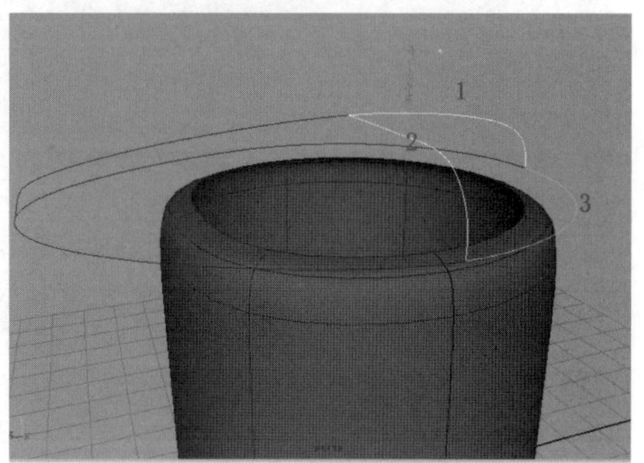

图 2-42　选择曲线

再按图 2-43 所示顺序选择三条曲线，重复上一步命令生成新的曲面。

结果如图 2-44。

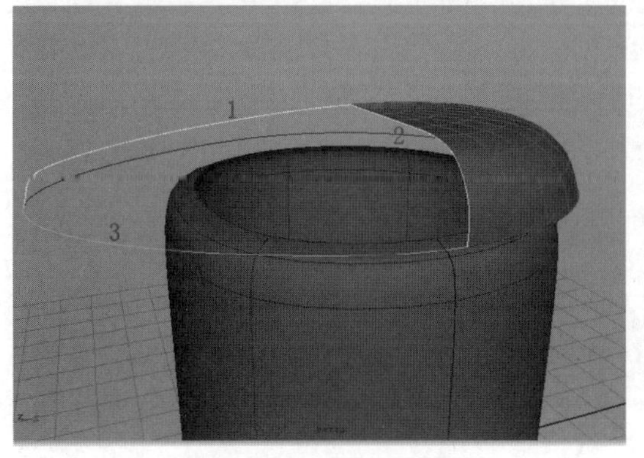

图 2-43　选择曲线

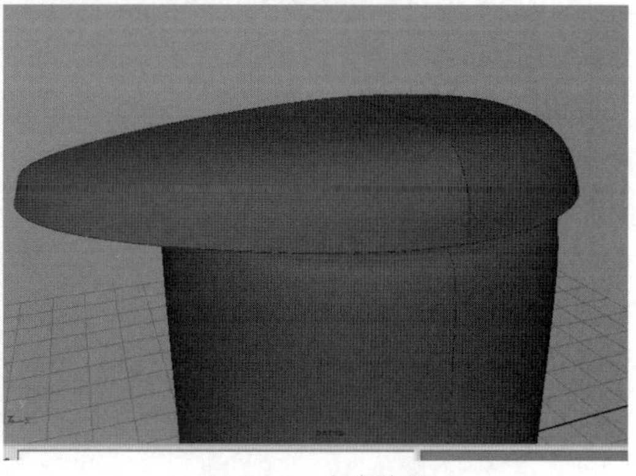

图 2-44　生成结果

（5）选择新生成的两个曲面，执行 Edit Nurbs → Attach Surfaces 命令，将两个曲面结合成一个曲面，参数如图 2-45。

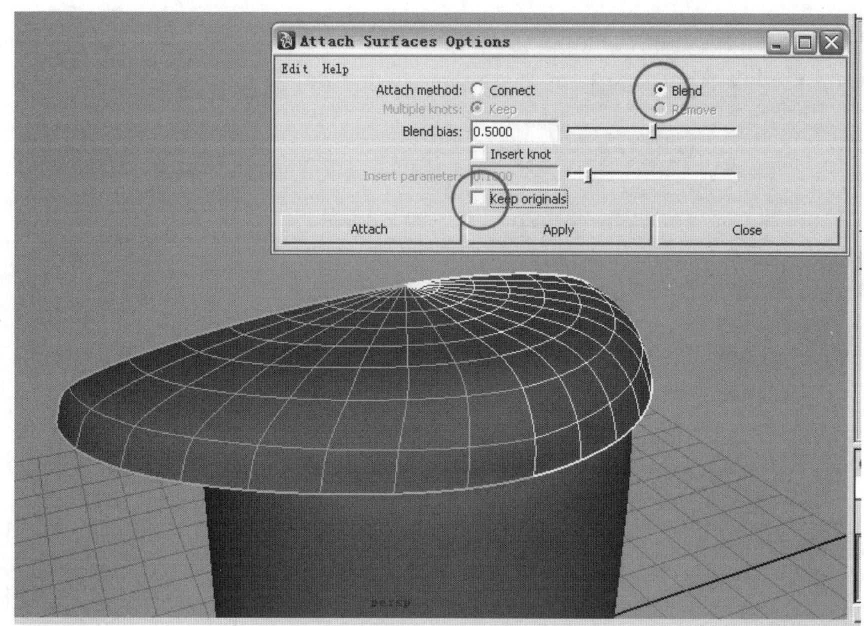

图 2-45　设置参数

保持选中曲面的状态，使用快捷键 Ctrl+D 进行复制。将新复制出的曲面进行镜像，在右侧通道栏更改 Scale X 参数为 -1 即可，如图 2-46。

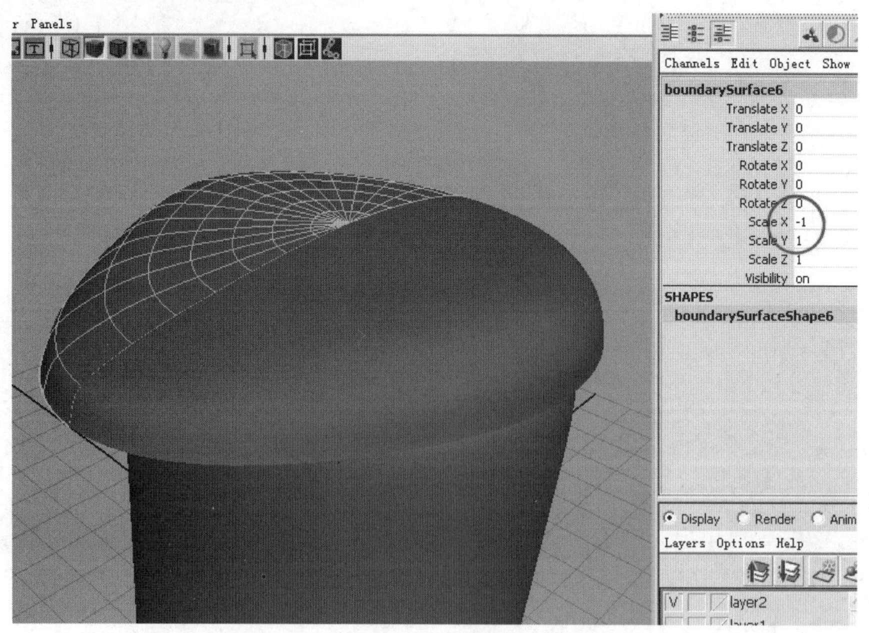

图 2-46　复制镜像

最后将顶盖部左右两个大的曲面再执行一次 Edit Nurbs → Attach Surfaces 命令。

（6）将备用的 Circle02 放在合适的位置上，在 Side 视图中调整曲线的形状如图 2-47，并选中图中所示的两个 Edit Point 执行 Edit Curves → Detach Curve 命令，将曲线打断。

选中两条打断的曲线再执行 Surfaces → Loft 命令，形成一个新的曲面。

（7）按照图 2-48 所示，选中上盖模型的一条 Isoparm 线，和 Circle02 刚被打断的一条曲线，执行 Loft 命令。

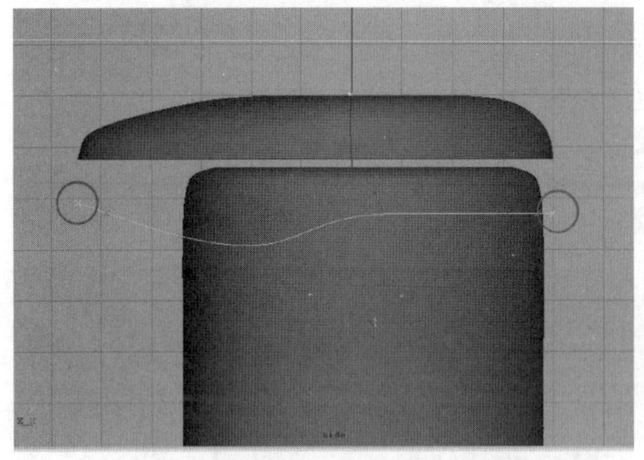

图 2-47　调整形状并选中两个 Edit Point

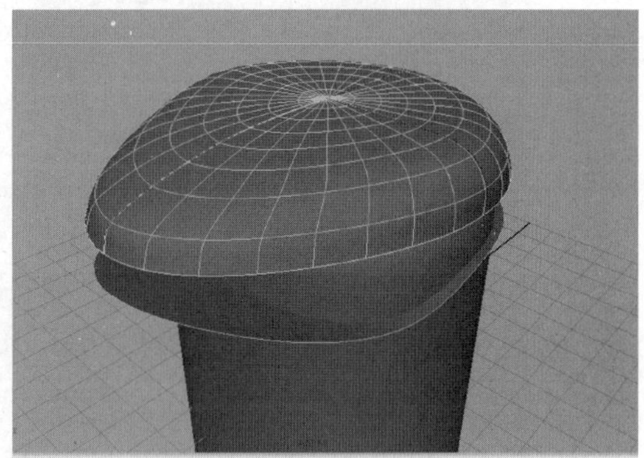

图 2-48　选中线

将新生成的曲面在 Side 视图中进行适当的缩放调整，和相邻的两个曲面保留有一点空隙，如图 2-49。

选中上盖模型和侧面模型对应位置的两条 Isoparm 数，如图 2-50 所示。

执行 Edit Nurbs → Surface Fillet → Freeform Fillet 命令，形成一个倒角曲面。下部接缝部分做同样处理。

（8）选中如图 2-51 所示的三个曲面，Ctrl+D 进行复制。

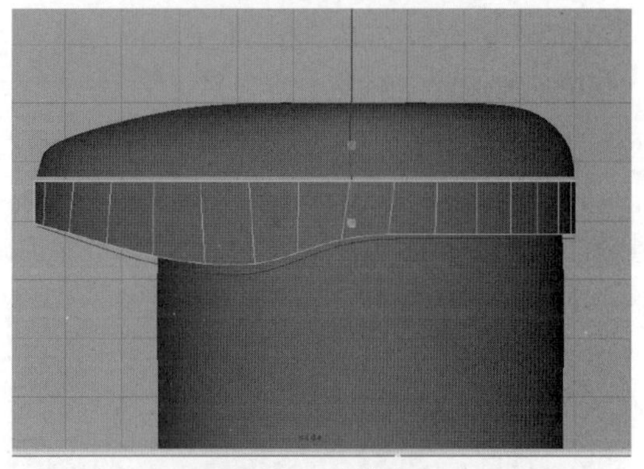

图 2-49　缩放曲面

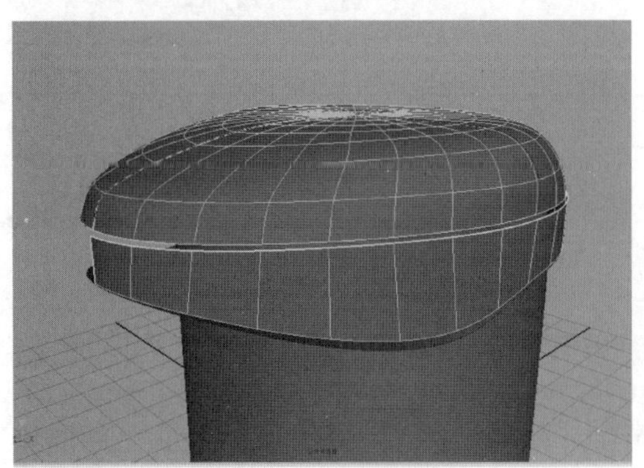

图 2-50　选中线

图 2-51　选中曲面

在右侧的通道栏更改 Scale X 值为 -1 进行镜像，如图 2-52。

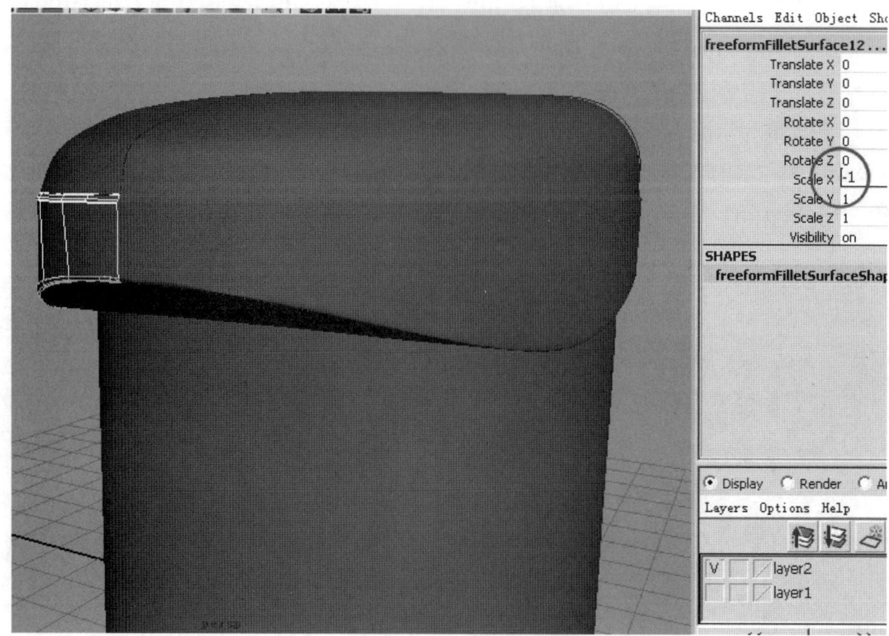

图 2-52 复制镜像

(9) 在 Front 视图中使用 EP 曲线工具创建一条如图 2-53 所示的曲线。注意，起始点要锁定在 y 轴上。

选中曲线做 Surfaces → Revolve 命令，生成新的模型。在模型上单击右键进入到 Isoparm 级别，选中如图 2-54 所示的 Isoparm 线，执行 Edit Nrubs → Detach Surface 命令，将模型打断。

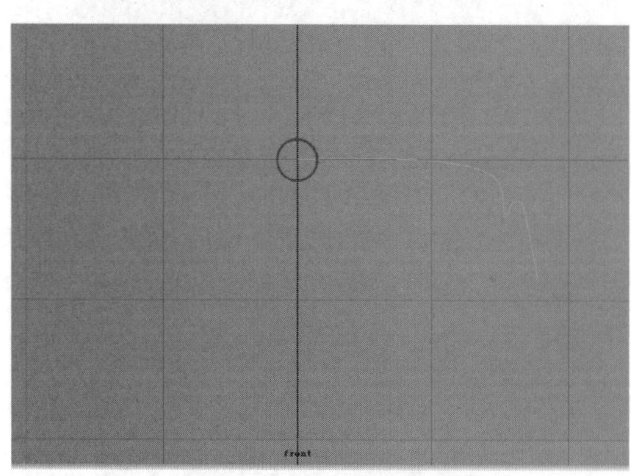

图 2-53 创建曲线

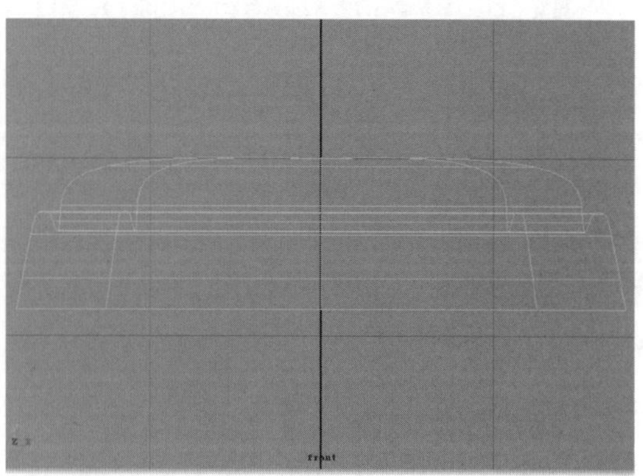

图 2-54 选中 Isoparm 线

(10) 选中被打断模型的最下面一条 Isoparm 线，按住 shift 键加选下面的模型，如图 2-55。

执行 Edit Nurbs → Project Cruve On Surface 命令，将 Isoparm 线映射到下面的模型上。Project Cruve On Surface 命令参数，如图 2-56 所示。

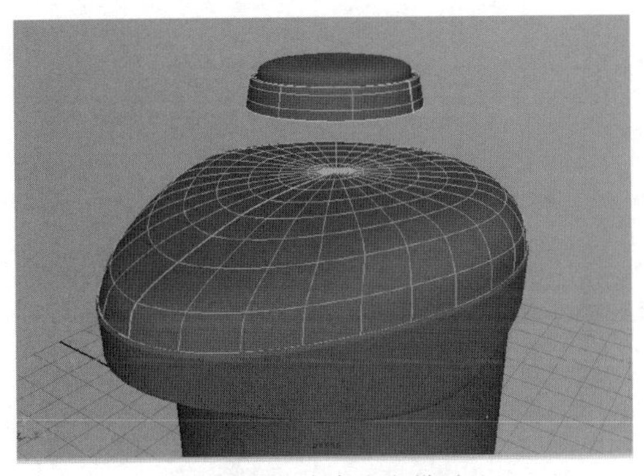

图 2-55　选中线和模型

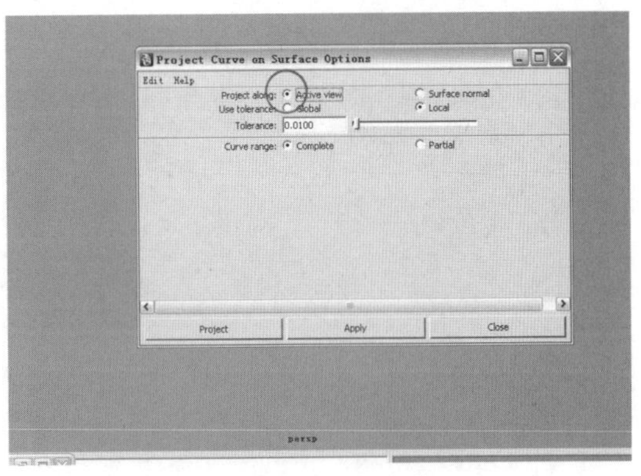

图 2-56　设置参数

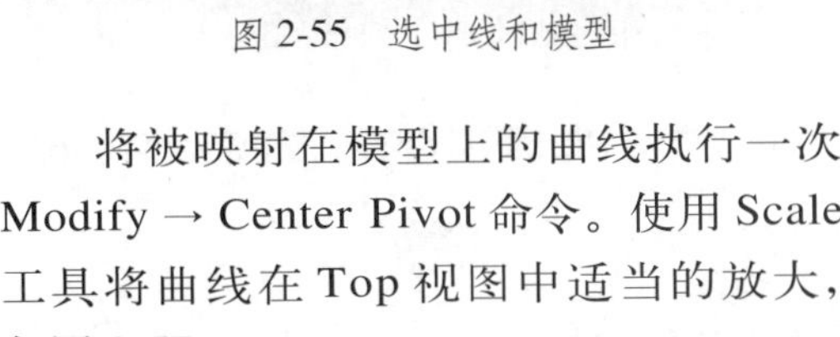

将被映射在模型上的曲线执行一次 Modify → Center Pivot 命令。使用 Scale 工具将曲线在 Top 视图中适当的放大，如图 2-57。

仔细观察上盖模型部分会发现模型上有一条比较粗的线，这是 Nurbs 模型的起始位置，如图 2-58。映射在模型上的曲线在这里会被打断。

为了和被打断的映射曲线相对应，选中如图 2-59 所示模型的两条 Isoparm 线执行 Edit Nrubs → Detach Surface 命令进行打断。

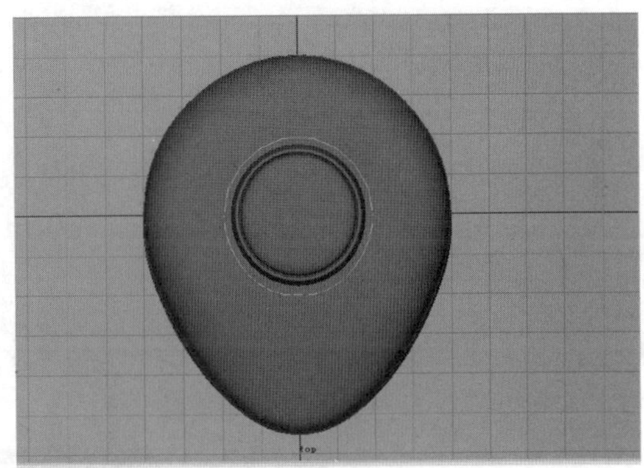

图 2-57　放大曲线

图 2-58　模型上的粗线

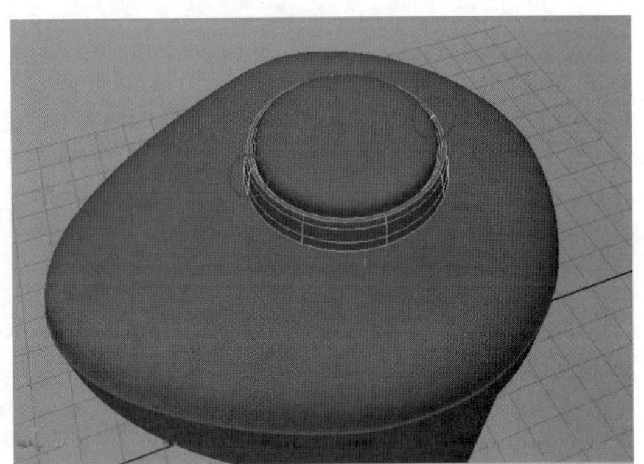

图 2-59　选中 Isoparm 线

再选中一条模型的 Isoparm 线和一条模型上的映射曲线，如图 2-60 所示。执行 Edit Nurbs → Surface Fillet → Freeform Fillet 命令。

（11）将新生成的曲面进行镜像复制，方法参照前面。镜像后可能会发现两侧的曲面并不能完全对称，会有开口现象。选中如图 2-61 所示对应位置的两条 Isoparm 线，再执行 Attach Surface 命令，将两个曲面进行结合。

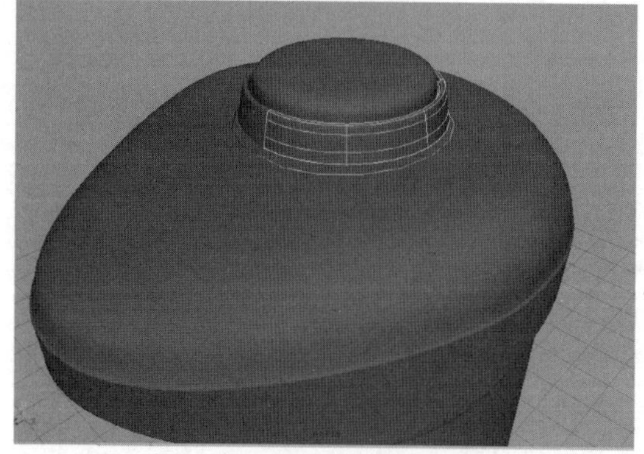

图 2-60　选中线

图 2-61　选中 Isoparm 线

再选中结合后的曲面，执行 Edit Nurbs → Open Close Surfaces 命令，参数如图 2-62。

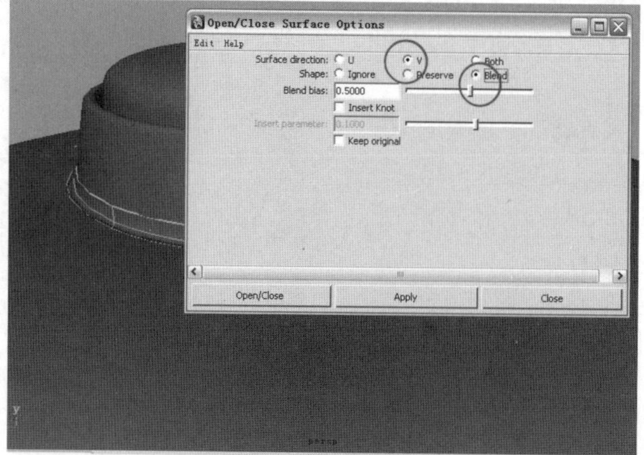

图 2-62　设置参数

2.3.3　制作把手

（1）创建一个 Nurbs Cylinder，参数和位置如图 2-63 所示。

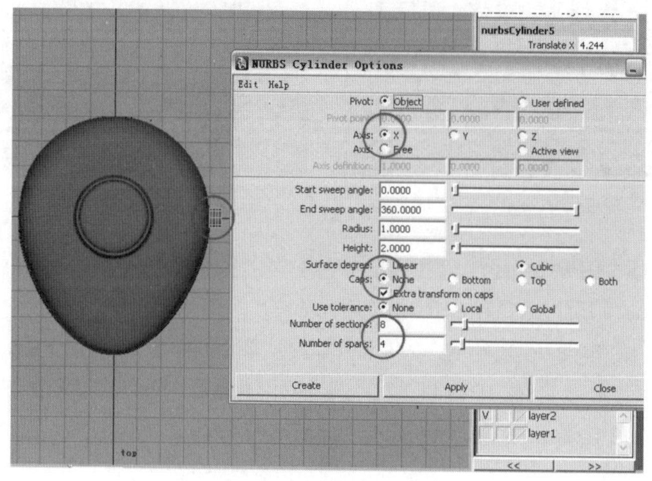

图 2-63　位置和参数

选中 Cylinder（圆柱）模型最右侧的一排 Control Vertex（控制点），使用 Scale 工具适当的缩小，如图 2-64。

选中圆柱的一条 Isoparm 线，如图 2-65。

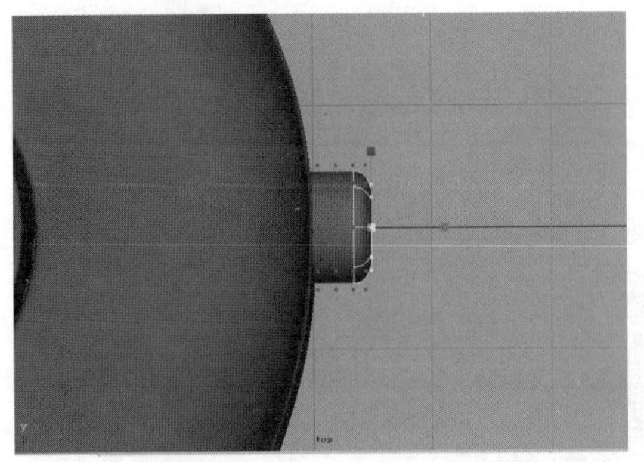

图 2-64 调整 Control Vertex（控制点）

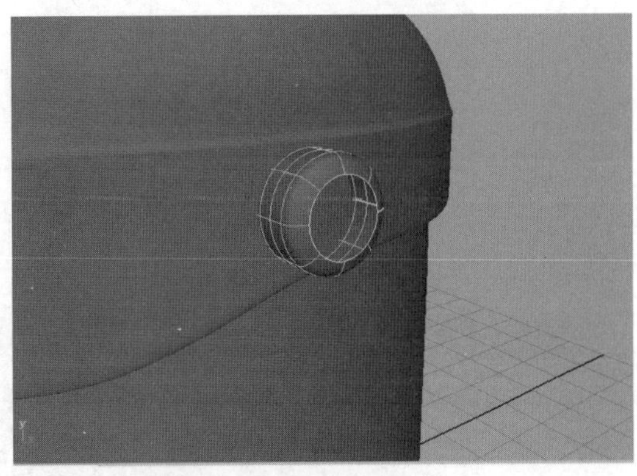

图 2-65 选中 Isoparm 线

执行 Surfaces → Planar 命令，形成一个平面，结果如图 2-66。在壶体模型的另一侧作同样的创建处理。

（2）在 Front 视图中创建一个新的 Circle，并使用前面学过的方法，通过移动曲线的 Edit Point 来修改形状如图 2-67。

在 Top 视图中使用 EP 曲线工具创建一条曲线，如图 2-68。

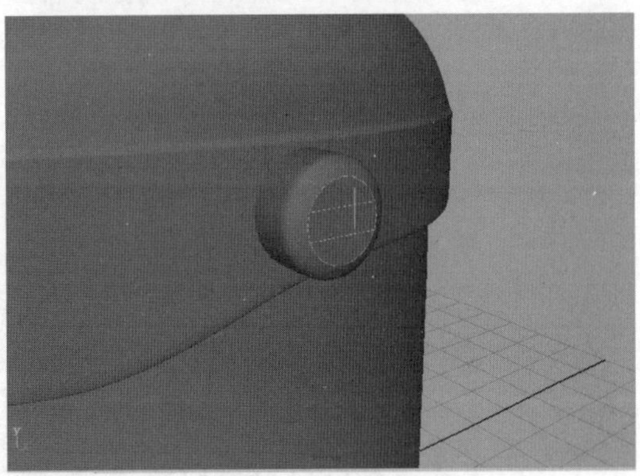

图 2-66 生成平面

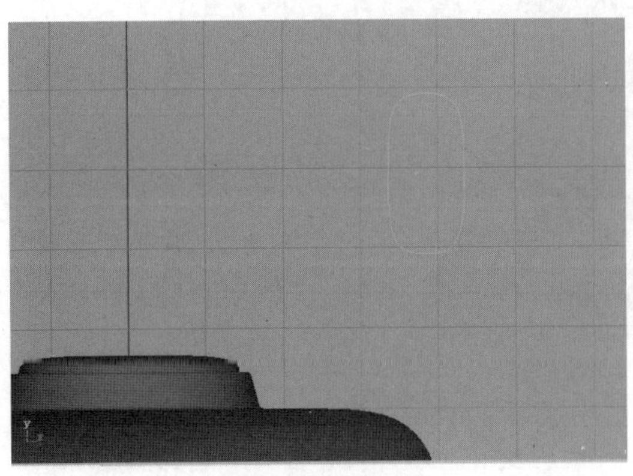

图 2-67 修改形状

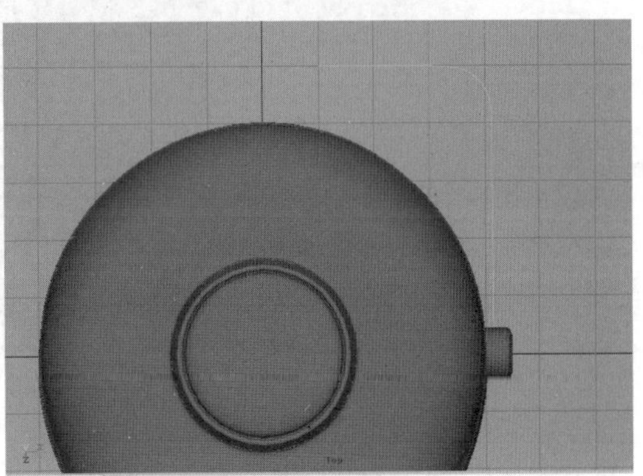

图 2-68 创建曲线

先选择修改好的 Circle 再选曲线，执行 Surfaces → Exrtude 命令，挤压出把手杆的基本形状，命令参数如图 2-69。

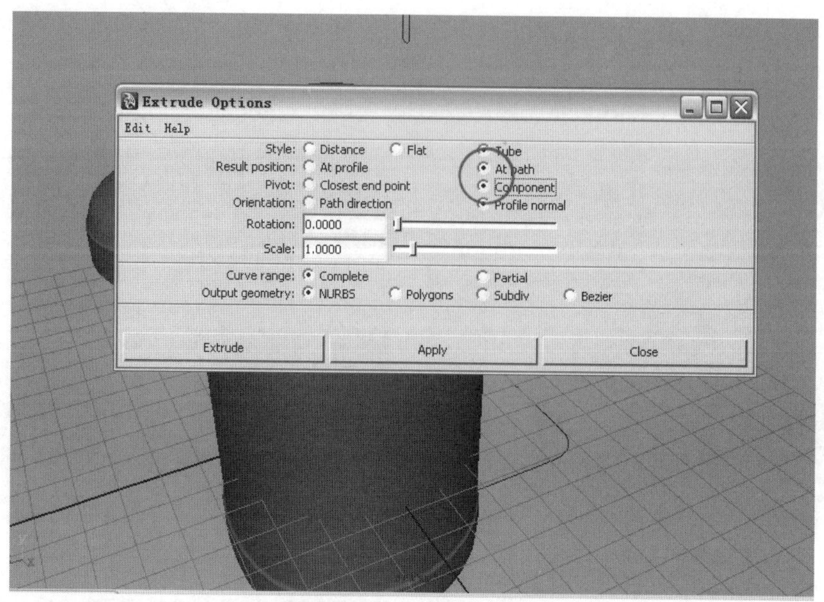

图 2-69 设置参数

结果如图 2-70。

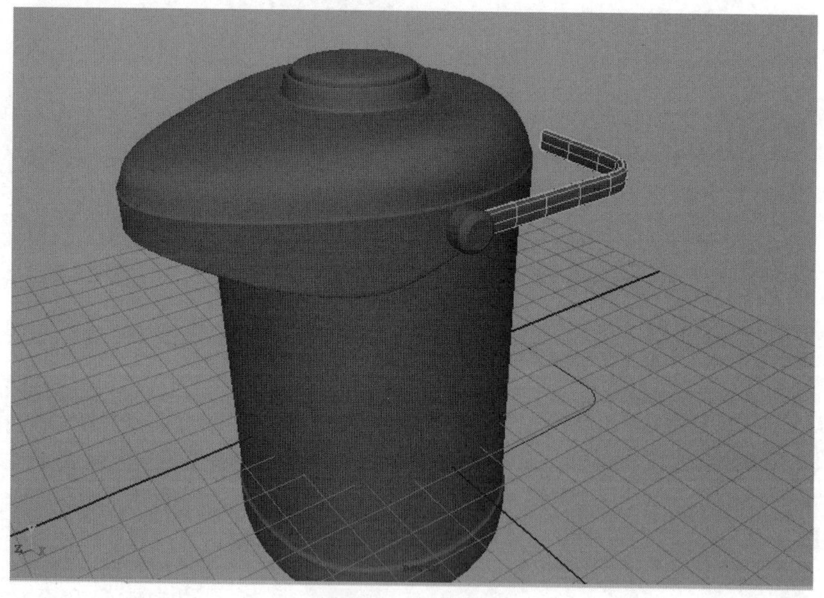

图 2-70 生成模型

根据前面学过的知识，已经知道在没有删除历史记录的情况下仍然可以通过调整 Circle 或曲线来修改把手杆模型的形状。

在壶体模型的另一侧作同样的把手模型创建。

（3）在 Top 视图创建两条曲线，注意起始点要锁定在 y 轴上，结束点也要尽量在一个垂直线上，可以借助 x 键来完成，方法参考前面的案例。两条曲线位置、形状如图 2-71。

选中两条曲线，执行 Edit Curve → Rebuild Curve 命令，设置 Number Of Spans 为12段。在 Side 视图创建一条曲线，如图 2-72。为方便稍后进行的对齐操作，可以把这三条曲线暂时命名为 1、2、3。

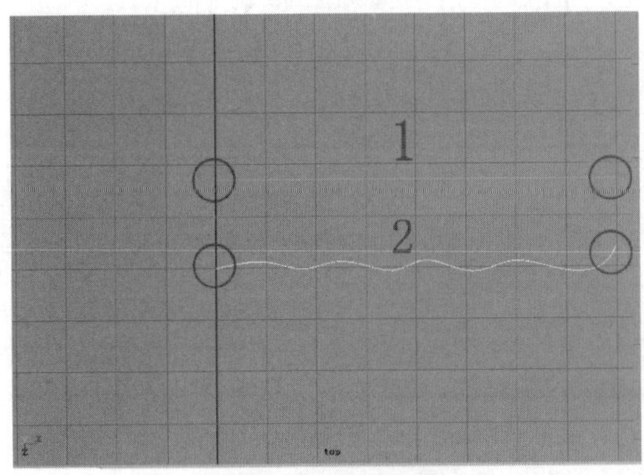

图 2-71 创建两条曲线

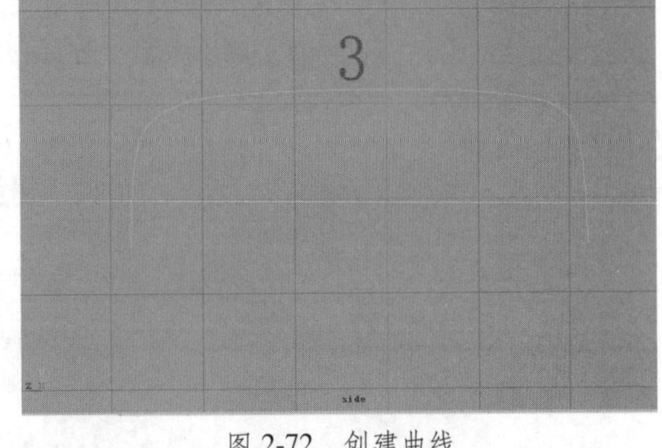

图 2-72 创建曲线

（4）分别选中曲线 1 和 3 并进入到它们的 Edit Point 级别。先选择曲线 3 的一个 Edit Point 顶点，按住 Shift 键加选曲线 1 的一个 Edit Point 顶点，如图 2-73。

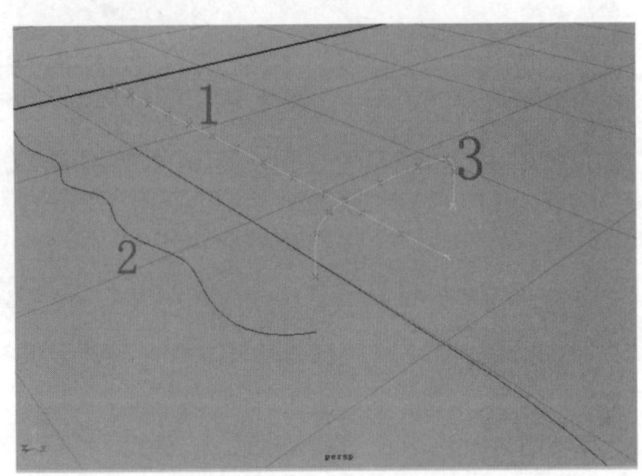

图 2-73 选择两条曲线上的 Edit Point

执行 Modify → Snap Align Objects → Point To Point（点对点对齐）命令。注意选择的顺序，先选择的曲线会对齐到后选择的曲线上。再选中曲线 2 和 3 并进入到它们的 Edit Point 级别，先选择曲线 3 的一个顶点，按住 Shift 键加选曲线 1 的一个顶点，重复上一个命令把它们对齐。结果如图 2-74。

（5）先选择曲线 3，按住 Shift 键再加选曲线 1 和曲线 2，执行菜单命令 Surfaces → Birail → Birail 1 Tool（双轨成形 1），生成模型如图 2-75 所示。

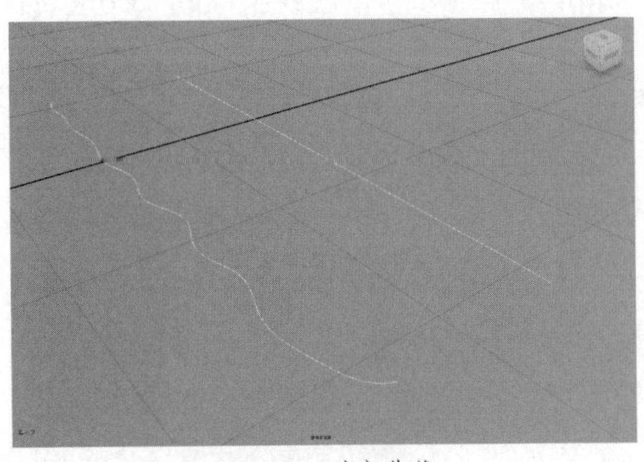

图 2-74 对齐曲线

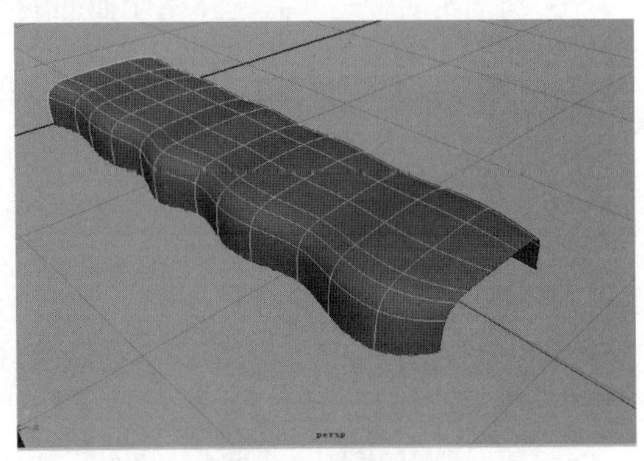

图 2-75 生成模型

也可以先执行 Surfaces → Birail → Birail 1 Tool（双轨成形 1）命令，鼠标的形态会变成尖角状态，单击曲线 3（作为横截面）再单击曲线 1 和 2（作为两条路径）生成新的曲面。**注意，此命令要求必须将三条曲线的顶点对齐**。

新生成的曲面其实只是把手的四分之一，其他部分可以通过镜像复制来生成。选择刚生成的曲面模型执行 Ctrl+D 进行复制，将新复制出来的曲面在通道栏的 Scale Y 上改为 -1，并将两个曲面使用 Attach Surfaces 命令进行结合。将结合后的曲面执行 Ctrl+D 进行复制，将新复制出来的曲面在通道栏的 Scale X 上改为 -1，如图 2-76。

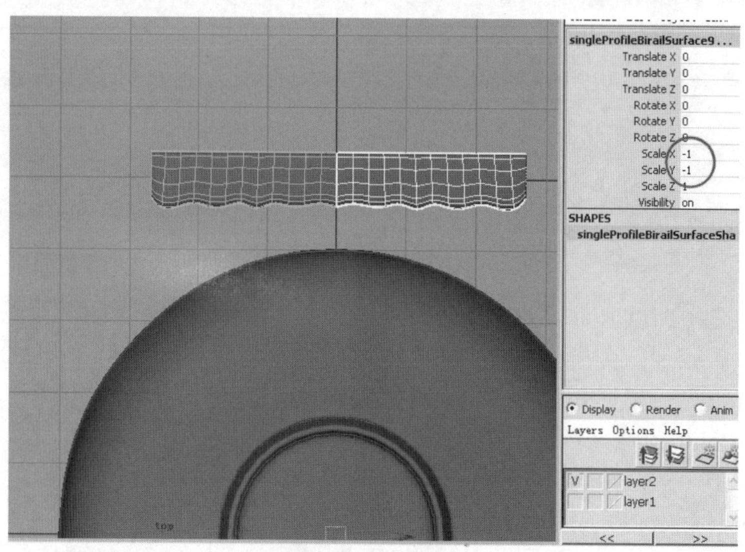

图 2-76　镜像模型

再将两个曲面执行 Attach Surfaces 命令进行结合。选中模型并删除其历史。

选择把手曲面最右侧的 Isoparm 线执行 surface → Planar 形成一个平面。如图 2-77。

将平面在原地适当的缩小并调整位置。注意，新生成的平面其轴心可能不在模型自身的中心而在世界坐标系的中心。可以通过执行 Modify → Center Pivot 这个命令将其轴心恢复到模型自身的中心。

分别单击右键进入并选择把手曲面的 Isoparm 线级别和新生成的平面的 Trim Edge 级别，如图 2-78。

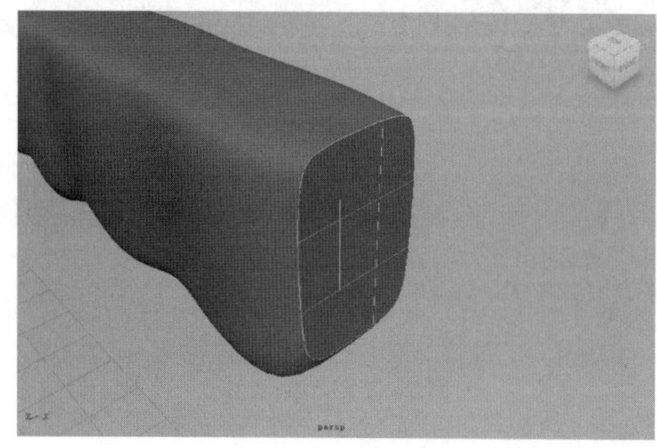

图 2-77　生成平面

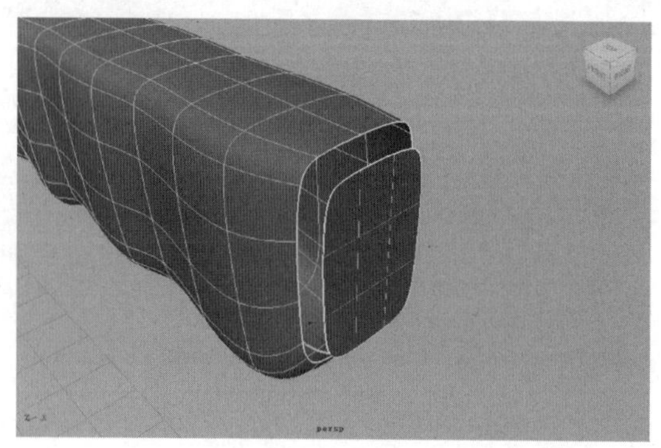

图 2-78　选择 Isoparm 与 Trim Edge

执行 Edit Nurbs → Surfacd Fillet → Freedom Fellet 形成倒角曲面。如图 2-79 所示。

把手的另一侧作同样处理。

选择所有把手模型并 Ctrl+G 结成一个组，通过 Modify → Center Pivot 命令将轴心恢复到模型组的中心，并结合旋转工具、移动工具将其放到与把手杆模型相匹配的位置上，再进行适当的位置调整，使整个模型看起来更自然，如图 2-80 所示。

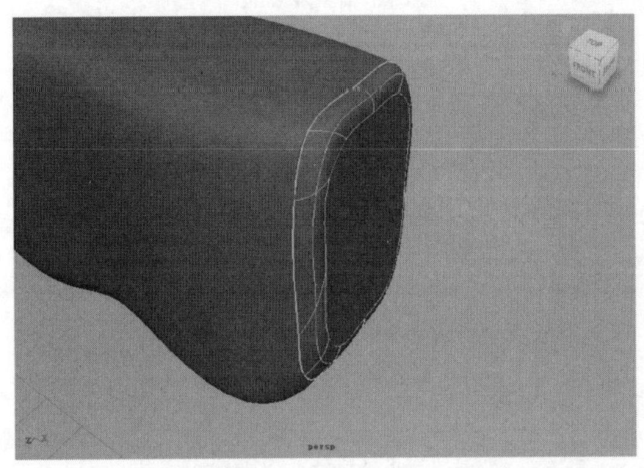

图 2-79　生成倒角曲面

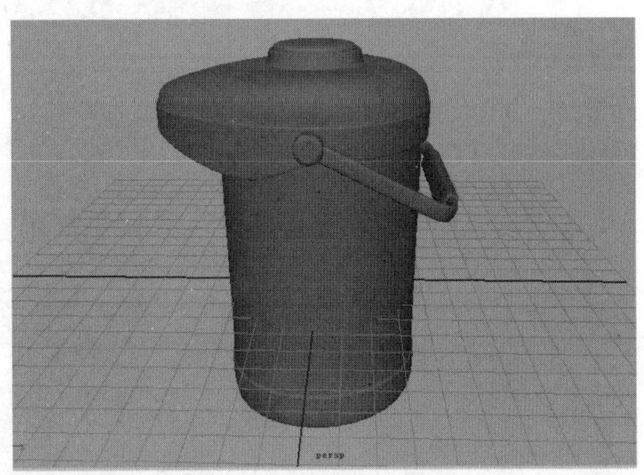

图 2-80　整理把手模型

2.3.4　制作细节

（1）制作出水口。执行菜单命令 Create → NURBS Primitives → Cylinder，参数和位置如图 2-81 所示。

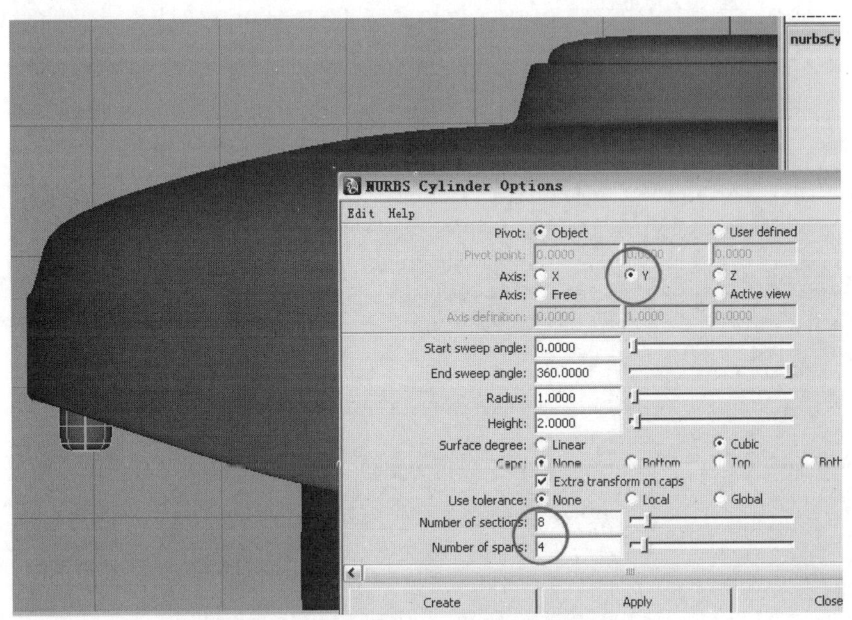

图 2-81　创建 Cylinder 和参数设置

选中 Cylinder（圆柱）模型最下面的一排 Control Vertex（控制点），使用 Scale 工具适当的缩小。

（2）选择壶体模型和壶盖底面模型，执行 Edit Nurbs → Intersect Surfaces（相交曲面）命令，在两个模型相交的地方生成一条交界线，如图 2-82。

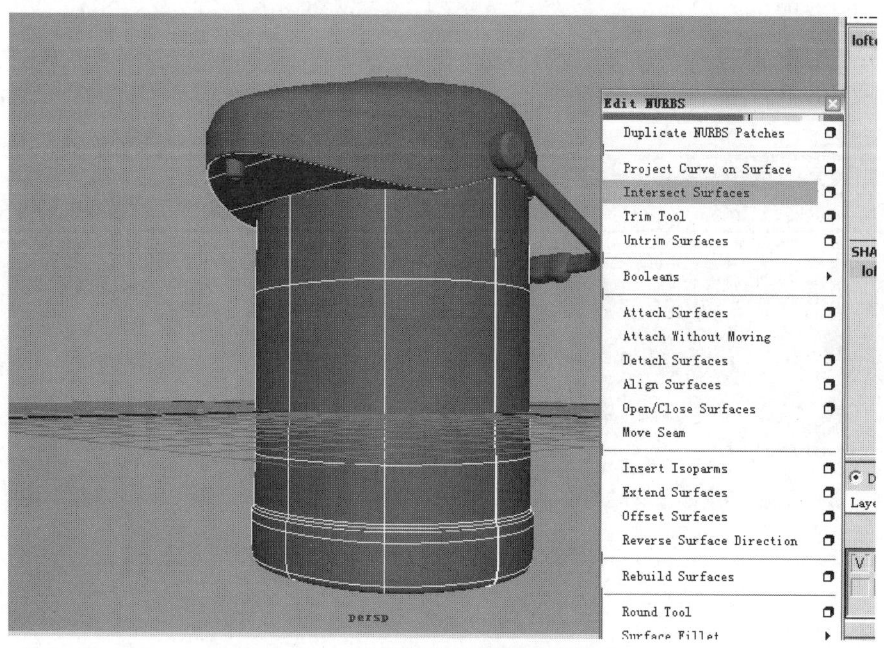

图 2-82　选择相交部分的模型

选择出水口模型和壶盖底面模型重复上一个命令。

（3）选择壶盖底面模型，执行 Edit Nurbs → Trim Tool（剪切工具）命令，当鼠标形态变成尖角状态时在模型上需要保留的地方单击然后按回车键，如图 2-83。

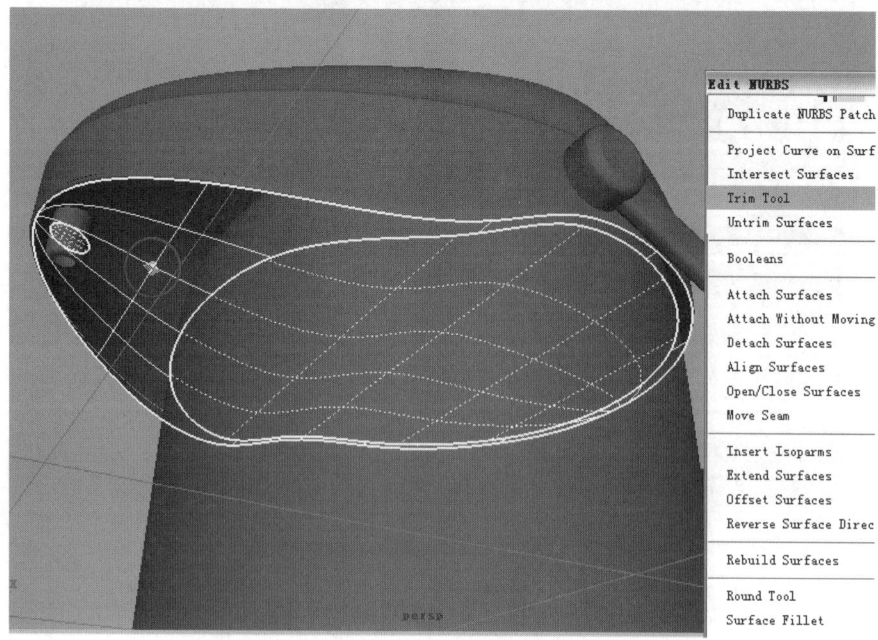

图 2-83　剪切模型

（4）选择壶体模型，点击右键进入其 Isoparm 线级别，从已有的 Isoparm 线处拖拽出一条新的线，可以配合 Shift 键添加多条 Isoparm 线，如图 2-84。

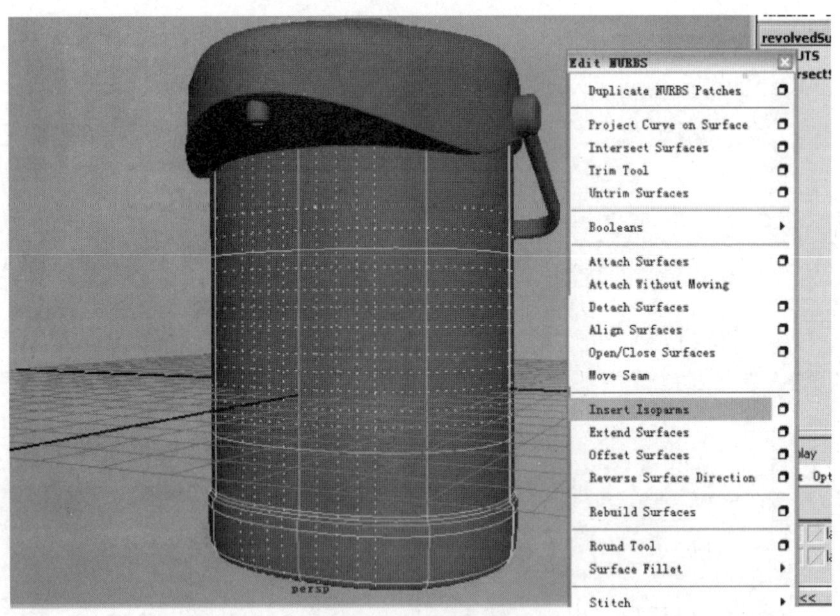

图 2-84　增加 Isoparm 线

（5）当这些线在模型上为虚线时需要使用 Edit Nurbs → Insert Isoparms（插入参数线）命令进行添加。这个步骤是为稍后进行的布尔运算来提高壶体模型的局部精度。

（6）创建一个新的 Nurbs Shpere 并修改其 Spans 段数为 12。利用移动、缩放工具调整其位置、形态，使其与壶体模型有部分交叉，但球体上的粗线部分要避开。注意，使用移动工具时不要在 x 轴上拖拽以避免 Shpere 偏离中心位置，如图 2-85。

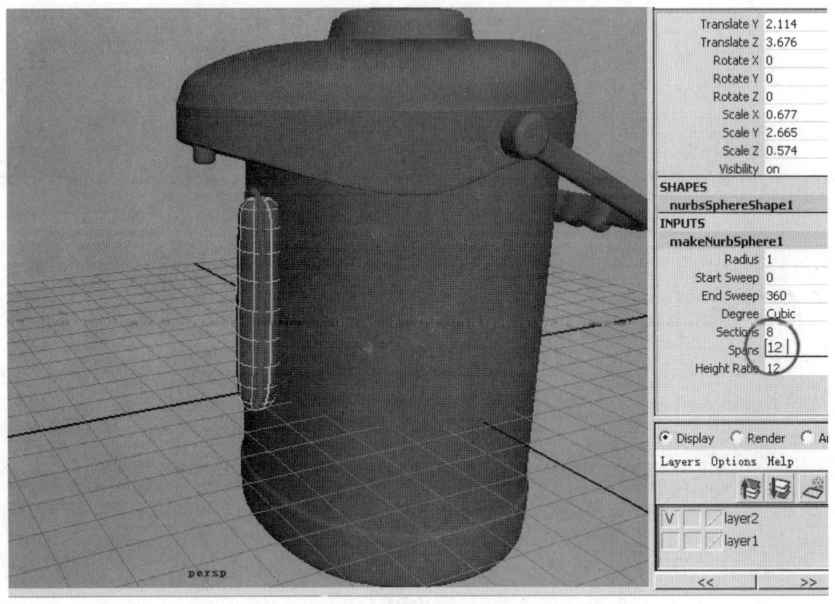

图 2-85　创建 Shpere 模型并调整其形态与位置

执行命令 Edit Nurbs → Booleans → Difference Tool（布尔运算→差集运算），当鼠标变成尖角状态时先单击壶体模型，按回车键，再单击 Nurbs Shpere，按回车键。运算完成，如图 2-86 所示。

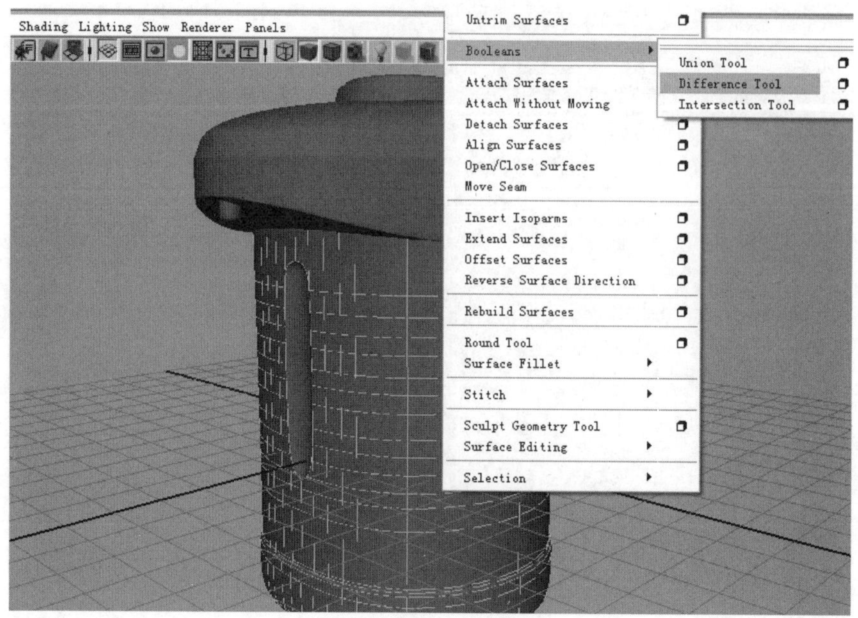

图 2-86　执行布尔运算

（7）整理模型。先执行命令 Edit → Delete All By Type → History，删除所有模型的历史；点击视窗菜单 Show，取消 Nurbs Curves 前面的✓，将所有曲线暂时不显示，如图 2-87。

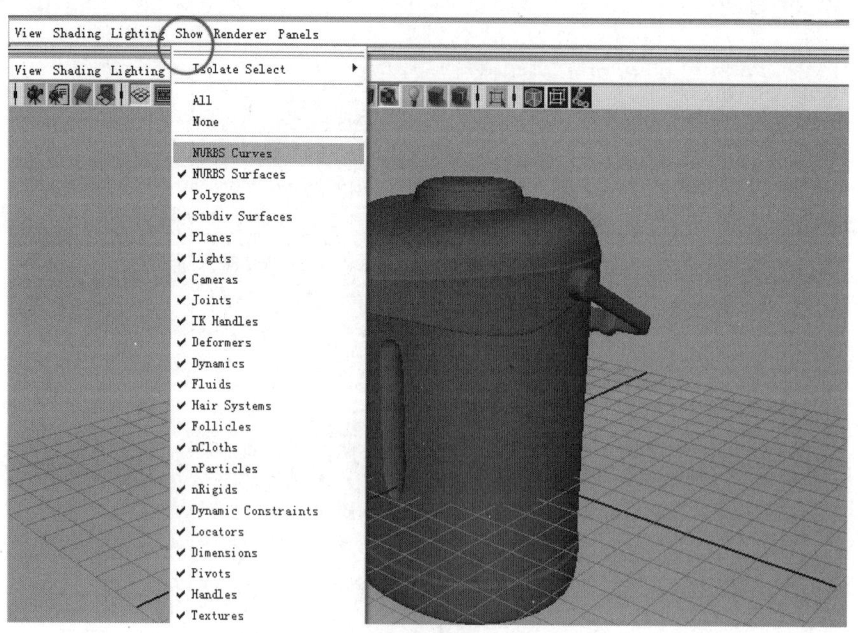

图 2-87　取消 NURBS Curves 的显示

框选所有的模型 Ctrl+G 结成一个组，可以在右侧通道栏单击该组，命名为 Pot；点击 Window 菜单 Outliner，打开大纲视图，选中除 Pot 组以外的所有曲线和临时组，删除，如图 2-88 所示。

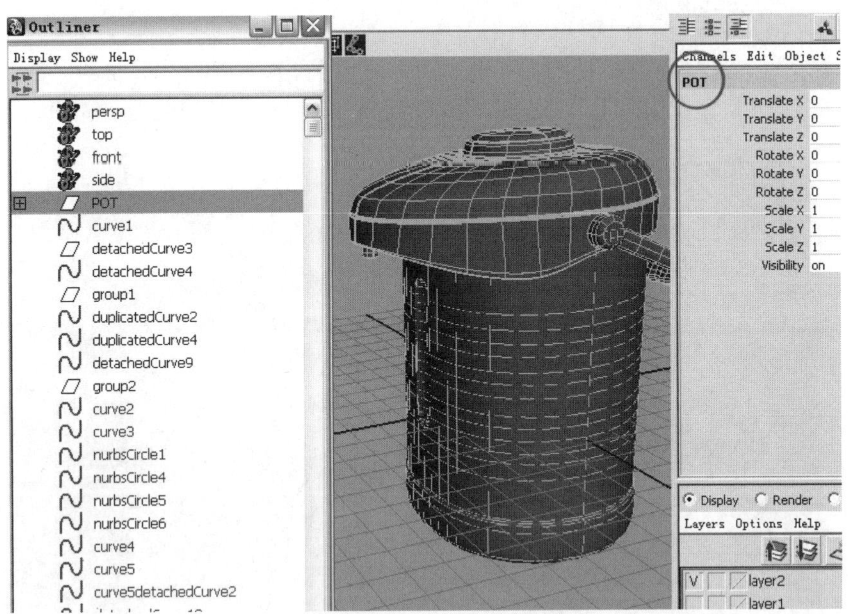

图 2-88　删除无用节点

整个模型全部制作完毕，最终结果如图 2-89。

图 2-89　最终模型

最后执行 File 菜单下的 Save 命令，将模型保存为“pot.mb”。

2.4 车轮模型的制作

2.4.1 制作轮毂

（1）在 Front 视图中使用 EP 曲线工具画出如图 2-90 所示曲线。（注意曲线的起始点一定要在 x 轴上，可以通过按下 x 键打开捕捉栅格点开关来辅助。）

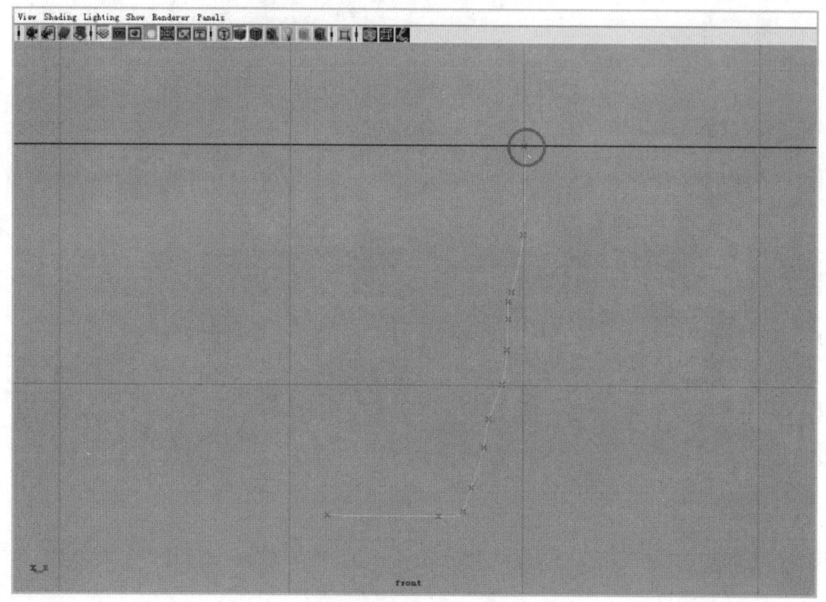

图 2-90　绘制曲线

按回车键曲线创建完毕。执行菜单命令 Surfaces → Revolve，参数如图 2-91。结果如图 2-92。

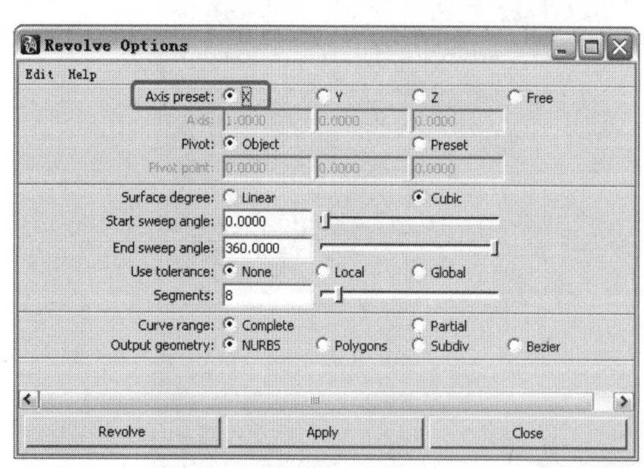

图 2-91　命令参数

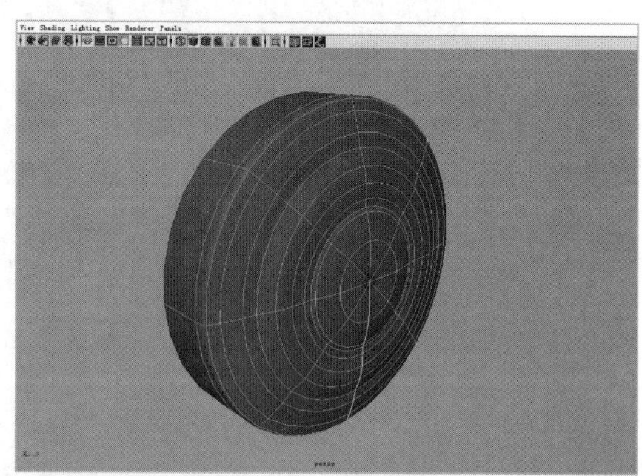

图 2-92　生成模型

（2）使用 Create → Nurbs Primitives → Circle 命令创建出一个圆环曲线，参数如图 2-93。

在曲线点击右键选择 Edit Point，通过调整点的位置来修改曲线形状如图 2-94。

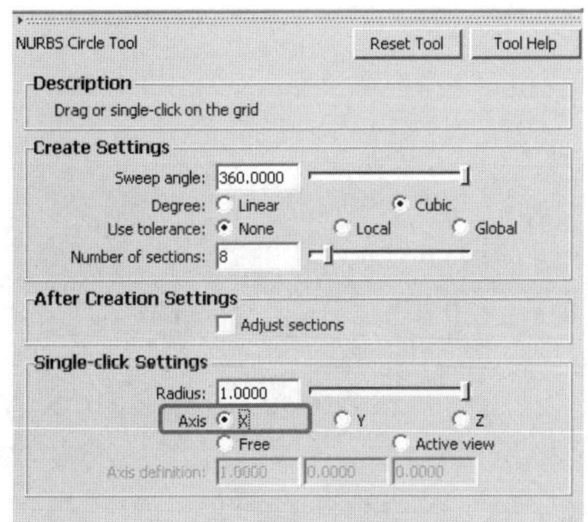

图 2-93　命令参数

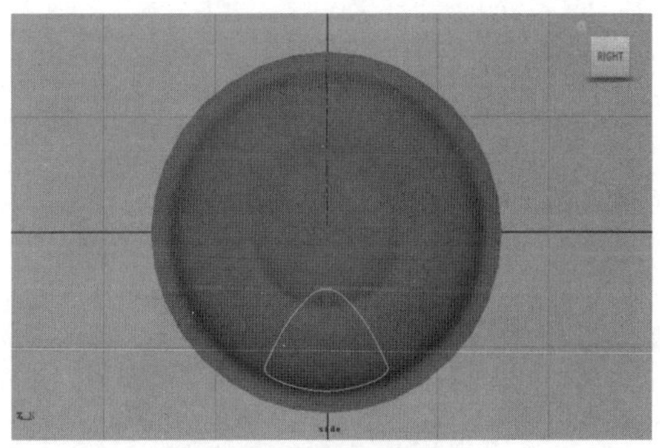

图 2-94　修改曲线形状

（3）执行菜单命令 Edit → Duplicate Special 复制曲线，参数如图 2-95。

调整两条曲线分别位于轮毂模型内、外两侧。按下快捷键 4 显示线框图，如图 2-96。

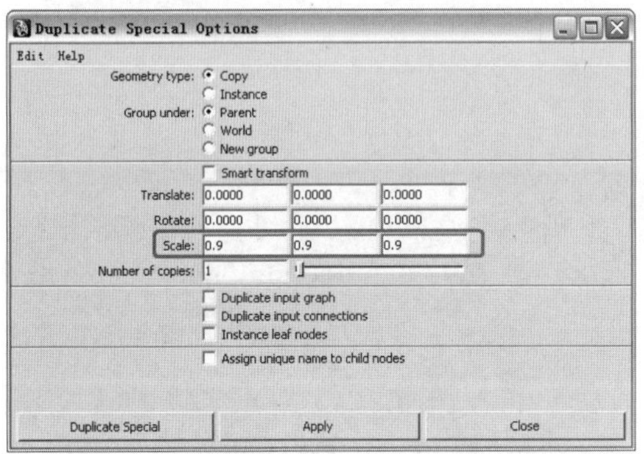

图 2-95　复制曲线

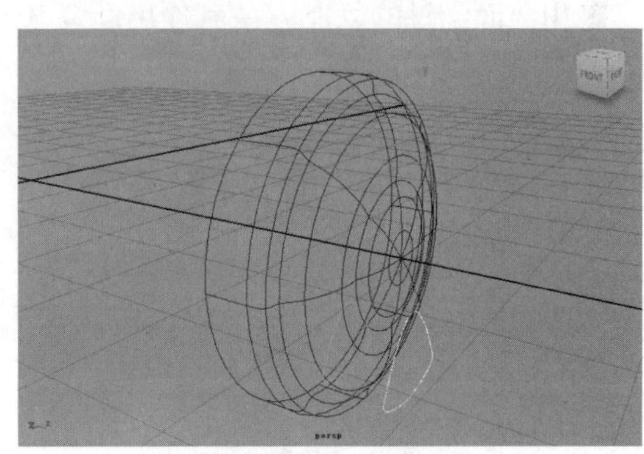

图 2-96　显示视图

执行菜单命令 Surfaces → Loft。按下快捷键 5 显示实体图，如图 2-97。

（4）使用 w 键（移动工具），按下 Insert 键切换到移动轴心状态，在 Side 视图中将模型轴心调整至图 2-98 所示位置。（可按下 v 键打开捕捉点开关辅助完成）轴心调整好后再按 Insert 键切换回移动状态。

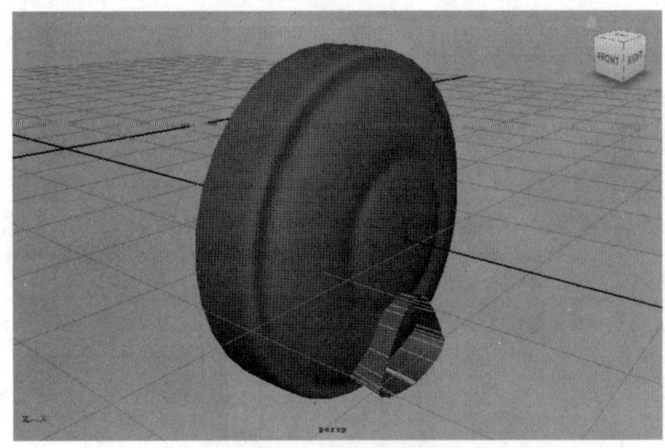

图 2-97　生成新模型

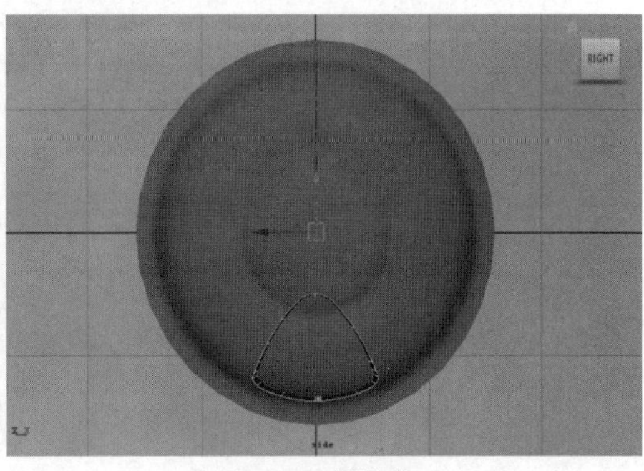

图 2-98　调整轴心

对模型进行复制，参数如图 2-99。
结果如图 2-100。

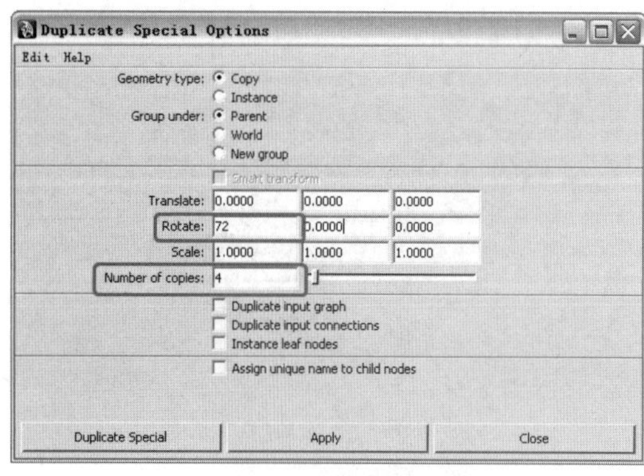

图 2-99　复制命令参数

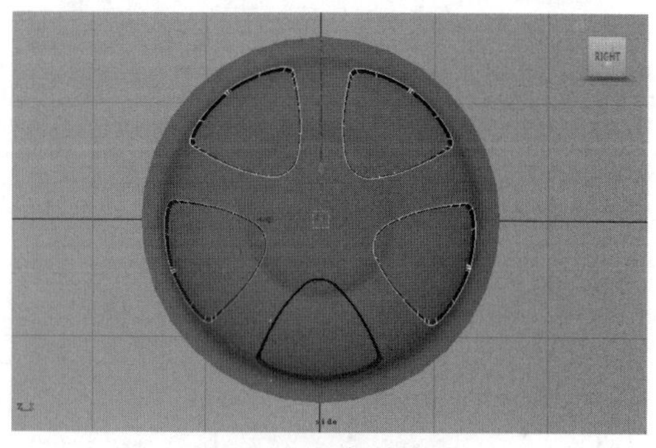
图 2-100　复制模型

（5）执行菜单命令 Create → NURBS Primitives → Cylinder, 设置参数如图 2-101。用前面学过的复制方法制作出图 2-102 所示的模型。

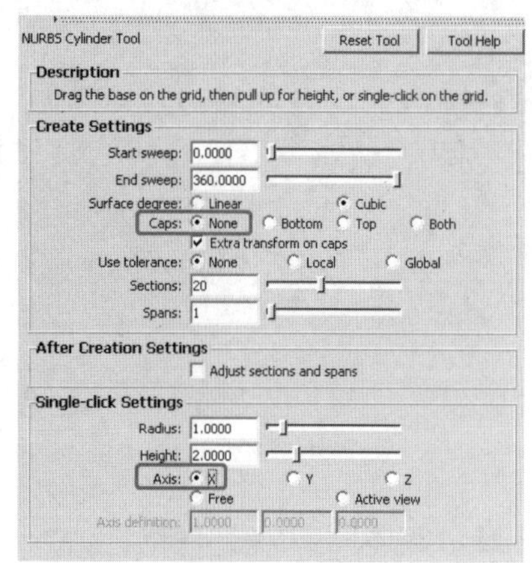

图 2-101　模型参数

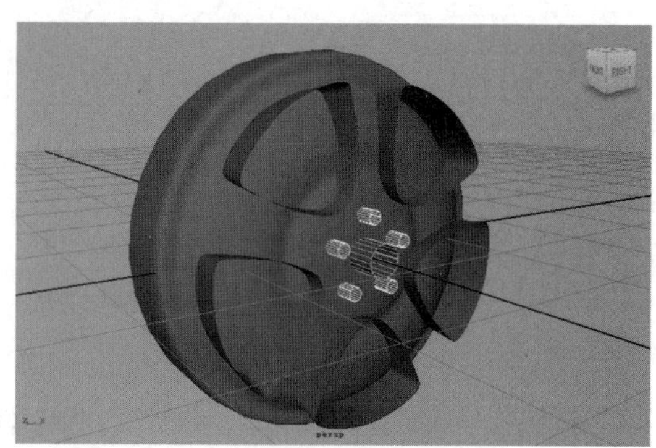
图 2-102　复制模型

（6）选中图 2-103 中所示两部分模型。
执行菜单命令 Edit Nurbs → Surfaces Fillet → Circular Fillet。参数如图 2-104。

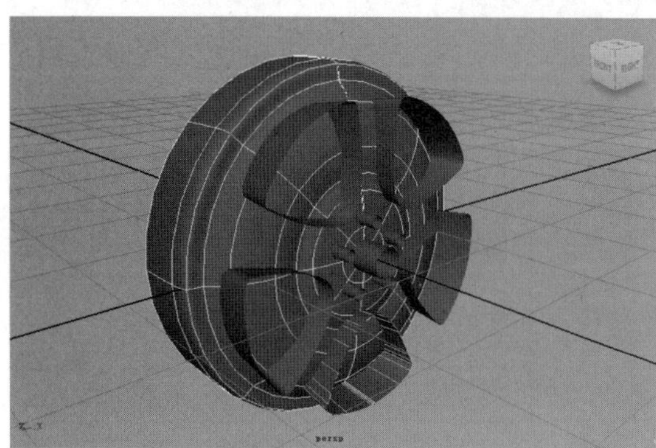
图 2-103　选中模型

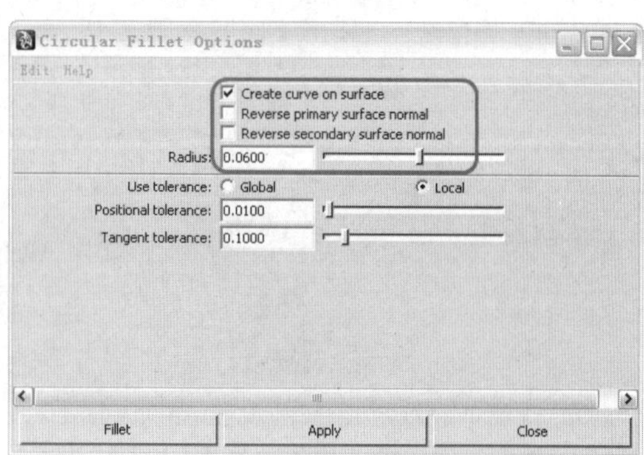

图 2-104　参数

这里需要注意的是，在参数中一定要勾选 Create Curve On Surface，这将会在两个曲面相交的地方产生一个交界线，方便后面的 Trim Tool 剪切操作。

使模型的倒角如图 2-105 所示。

如果执行命令的结果与书中图片结果有出入没有关系，只要将 Rbfsrf1 历史中的 Primary Radius 和 Secondary Radius 参数的正负值分别进行调整就能得到想要的结果。

用上述方法将其他相交曲面模型的倒角制作出来，结果如图 2-106。

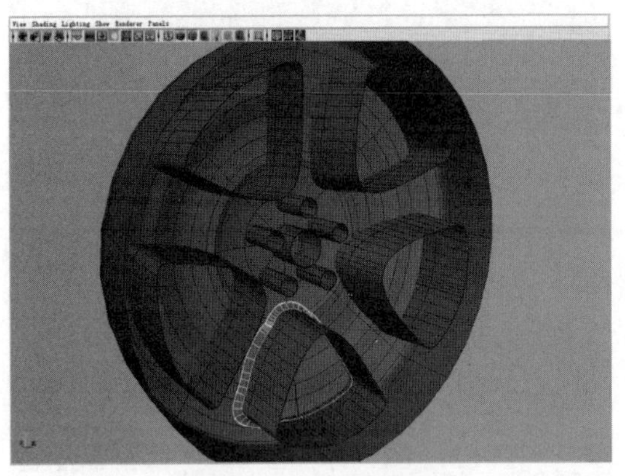

图 2-105　制作倒角

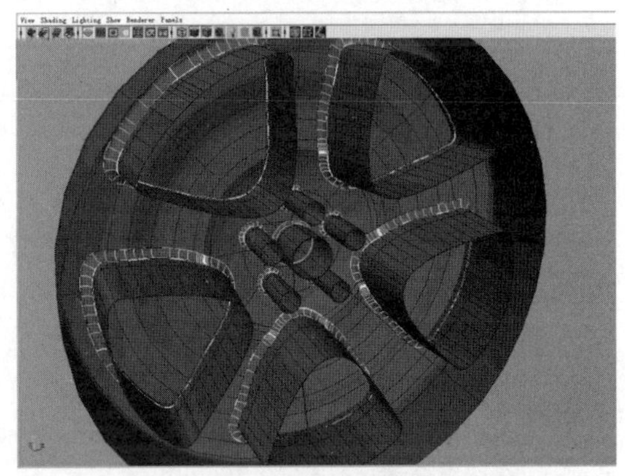

图 2-106　倒角

执行菜单命令 Edit → Delete All By Type → History，删除所有历史。

(7) 选中图 2-107 中的模型，执行 Edit Nurbs → Trim Tool 命令。在需要保留的地方单击后按回车键。

用上述方法将其他相交的曲面模型剪切掉，注意保留需要的模型部分，结果如图 2-108。

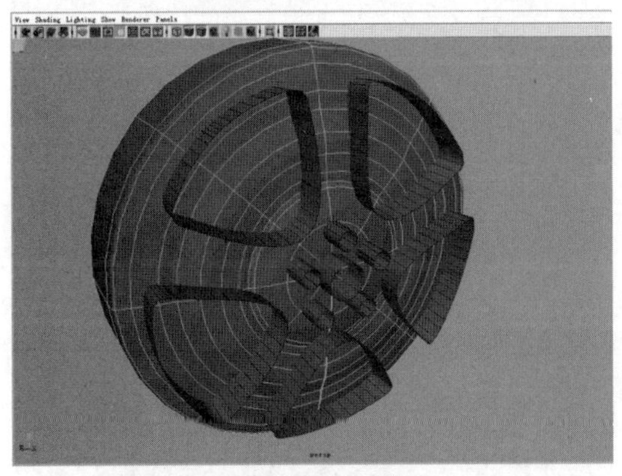

图 2-107　选中模型

图 2-108　剪切模型

(8) 执行菜单命令 Create → Nurbs Primitives → Circle，创建一个圆环曲线，参数如图 2-109。

通过调整圆环曲线的 Edit Point 来修改曲线形状如图 2-110。

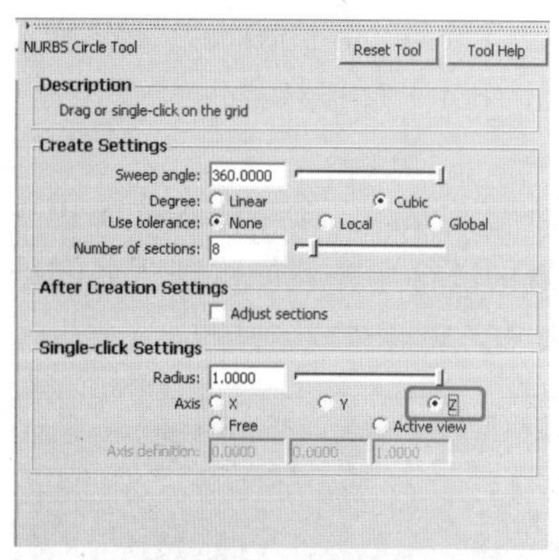

图 2-109　命令参数

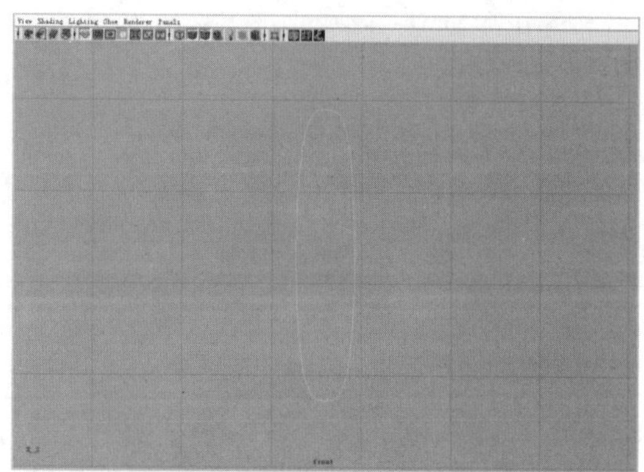

图 2-110 修改曲线

（9）先选择修改后的圆环曲线，配合 Shift 键加选图 2-111 中所示模型的 Trim Edge。（先选的曲线将为 Extrude 命令的横截面，后选的曲线为 Extrude 命令的路径。）

执行菜单命令 Surfaces → Extrude，参数如图 2-112。

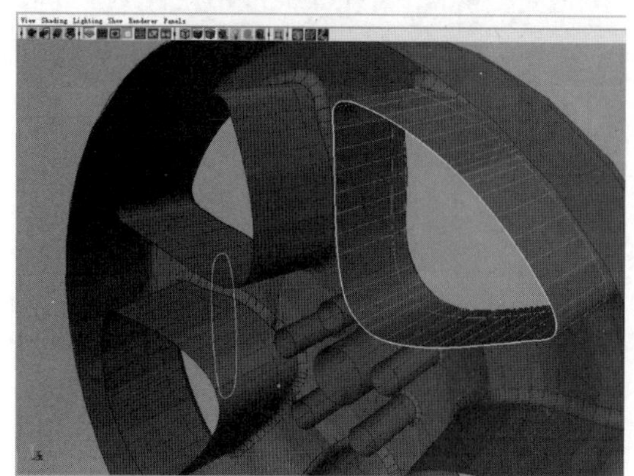

图 2-111　选中线

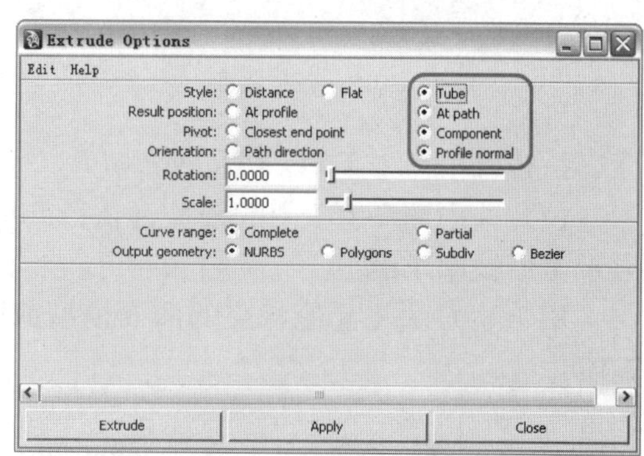

图 2-112　修改参数

在没有删除历史的条件下可以通过缩放圆环曲线（横截面曲线）来调整模型的大小，结果如图 2-113。

用上述方法将其他相同的部分制作出来，如图 2-114。

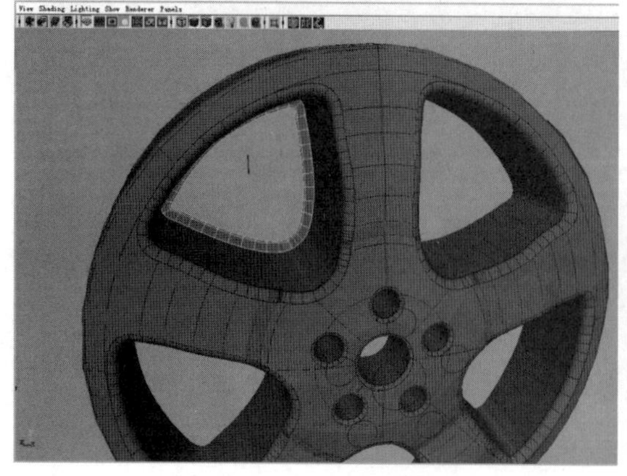

图 2-113　生成模型 1

图 2-114　生成模型 2

（10）执行菜单命令 Create → Nurbs Pirmitives → Sphere，参数如图 2-115。通过调整圆球模型的 Control Vertex 来修改模型的形状，如图 2-116。

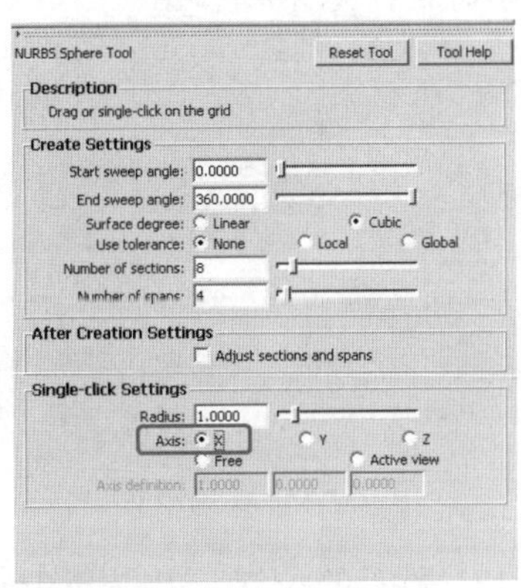

图 2-115　修改参数

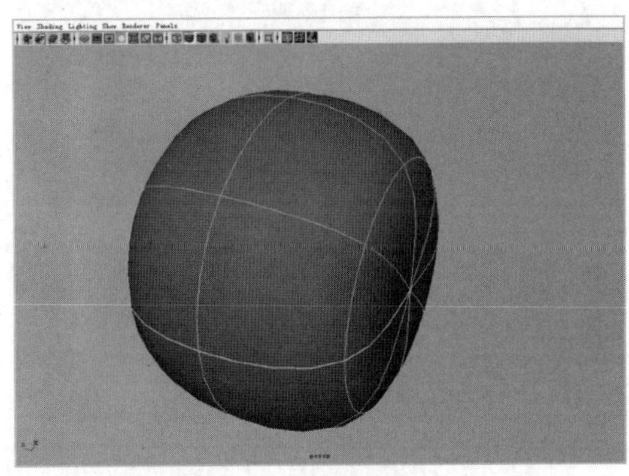

图 2-116　调整模型形状

使用移动、缩放工具和 Duplicate 复制命令将模型再复制出五个，并放置在如图 2-117 的位置上。

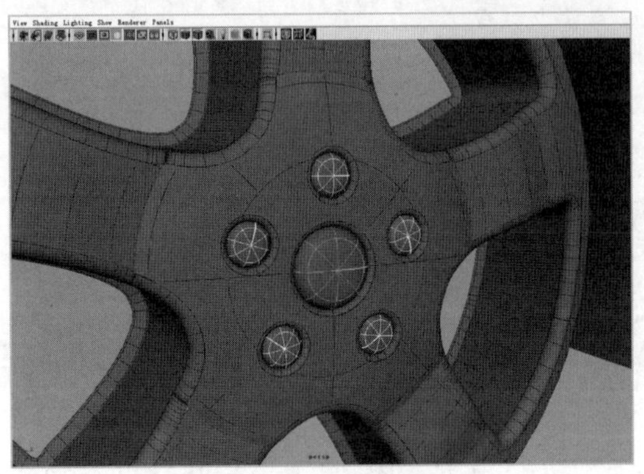

图 2-117　复制模型

2.4.2　制作轮胎

（1）执行菜单命令 Create → Nurbs Primitives → Circle，参数如图 2-118。

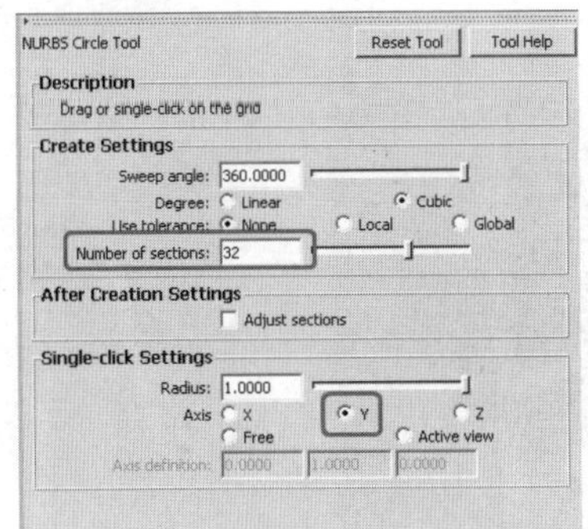

图 2-118　修改参数

通过调整曲线的 Edit Point 来修改曲线的形状如图 2-119、图 2-120。

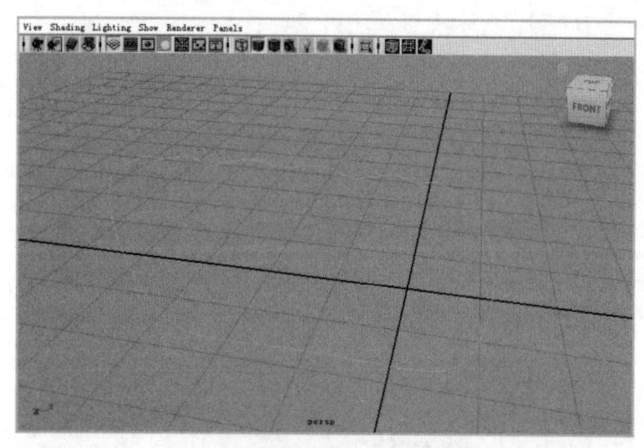

图 2-119　修改曲线形状

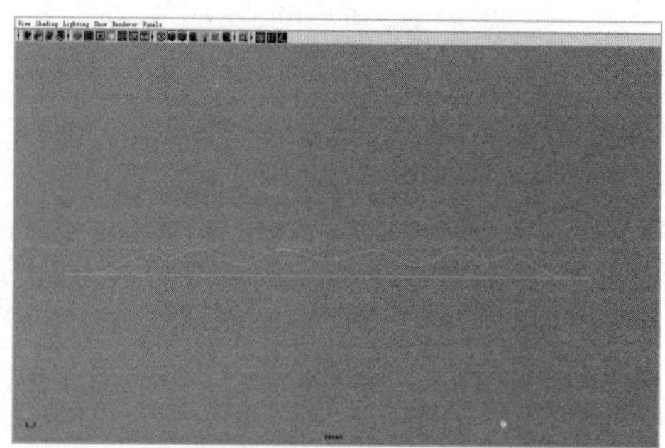

图 2-120　曲线形状

（2）在 Side 视图中将处理好的曲线放置在图 2-121 所示的位置，并按下 Insert 键将曲线轴心调整在车轮中心处。

执行菜单命令 Surfaces → Revolve，参数如图 2-122。

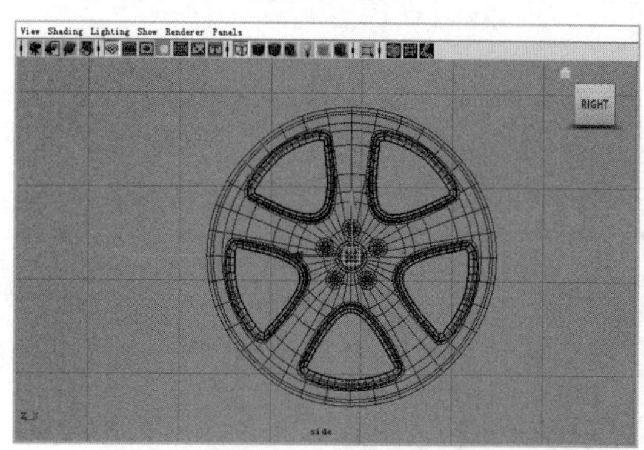

图 2-121　调整轴心

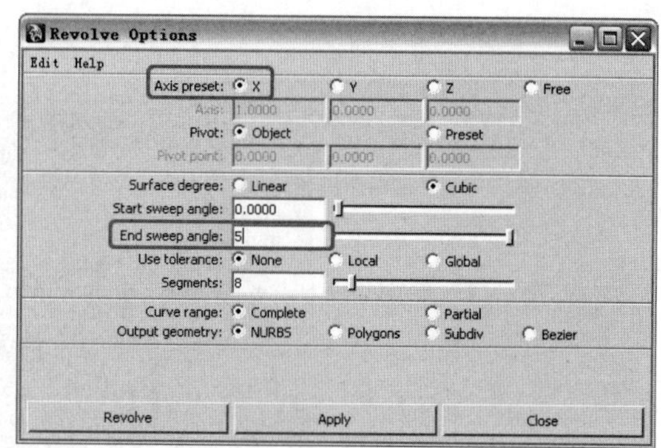

图 2-122　命令参数

经过 Revolve 命令操作后，生成的模型轴心会回到世界坐标系的中心，按下 Insert 键将模型轴心重新调整回车轮中心处。

（3）选中模型点击右键选择 Control Vertex，调整部分点的位置使模型表面形成凹凸纹理，如图 2-123。

选中模型，执行菜单命令 Edit → Duplicate Special，参数如图 2-124。

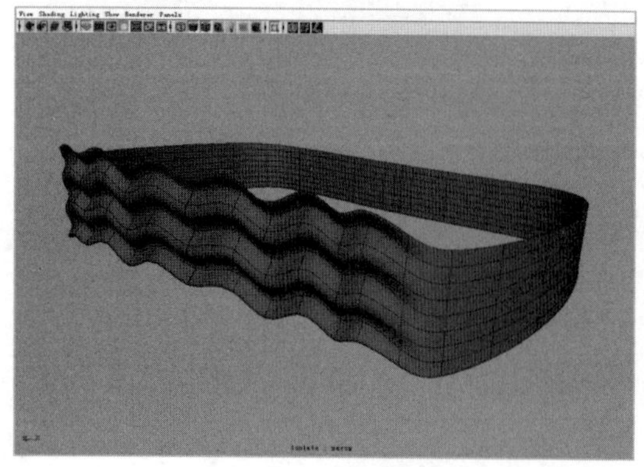

图 2-123　调整模型

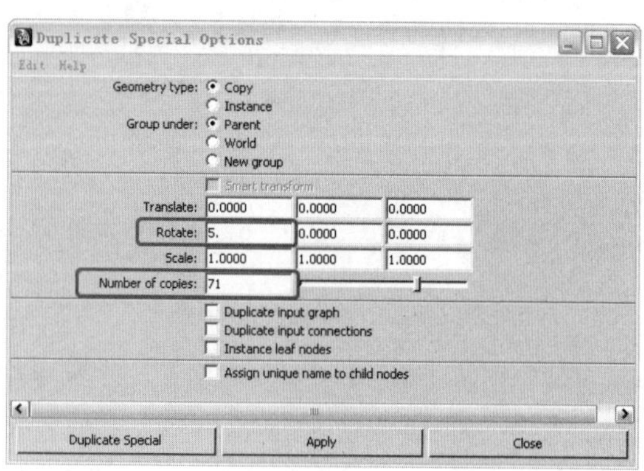

图 2-124　复制命令参数

（4）框选整个轮胎和轮毂模型，使用菜单命令 Edit → Group 将所选模型结成一个组，再执行菜单命令 Modify → Center Pivot 将轴心调整到整个组的中心位置，如图 2-125。

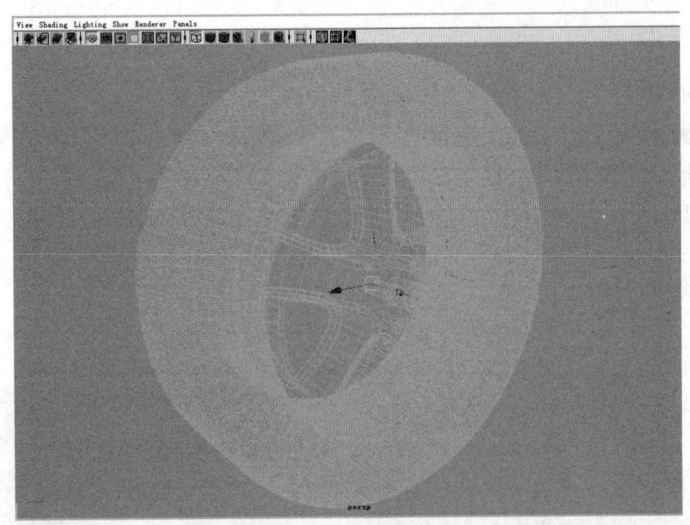

图 2-125　调整模型

最后执行 File 菜单下的 Save 命令，将模型保存为“wheel.mb”，如图 2-126。

通过以上案例的学习，现在已经能够独立制作出一组 Nurbs 静物。

在“wheel.mb”中，执行 File 菜单下的 Import 命令，导入前面制作完成的玻璃杯、衬布、压力水壶等模型文件，并使用移动、缩放、旋转等工具，将其按适当的比例、角度在场景中摆放好。其中压力水壶为一组模型，需要先选中其中的一部分模型再按上键盘上的方向键“上”来到“Pot”这层级别（组级别）再进行调整。下面是整个实训的成果展示。

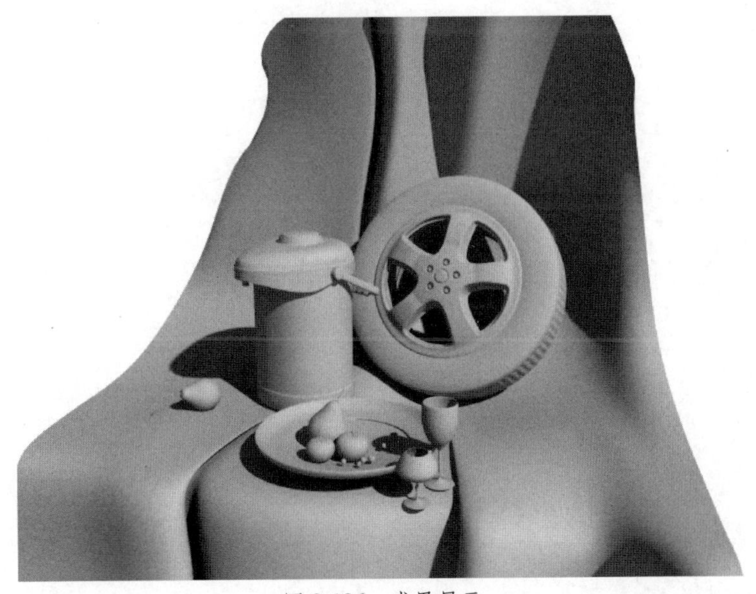

图 2-126　成果展示

2.5 小结

1. 能力要点

（1）掌握曲线的创建与编辑方法。

（2）掌握曲面的创建方法，包括旋转成面、放样、挤压、倒角等等。

（3）掌握曲面的编辑，包括剪切曲面、布尔运算、分离曲面、缝合曲面、反转曲面、雕刻工具等等。

2. 课后练习

根据本章所学知识，参考图 2-127、图 2-128 制作三维静物模型。

图 2-127　静物 1

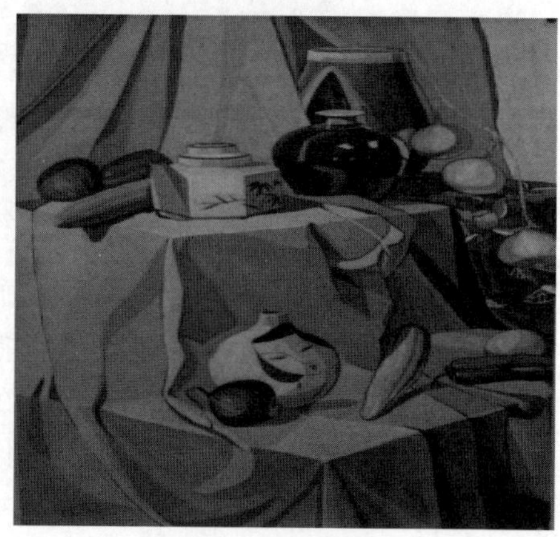

图 2-128　静物 2

第3章

Polygon建模

[简述]

与第 2 章所介绍的 Nurbs 建模方法不同，Polygon 是一种典型的几何类型。用户可以创建出基本三维形态，如方块、圆形等，在此基础之上进行加线、加面以形成更为复杂的模型形态。在本章的教学中，将主要说明创建基本几何体、由简单几何体修改得到复杂多边形、使用合并和分离多边形工具。

[实训] 画室的设计与制作

在本章的实训案例中，将参考图 3-1 中的平面图，制作出一组三维的场景模型来。

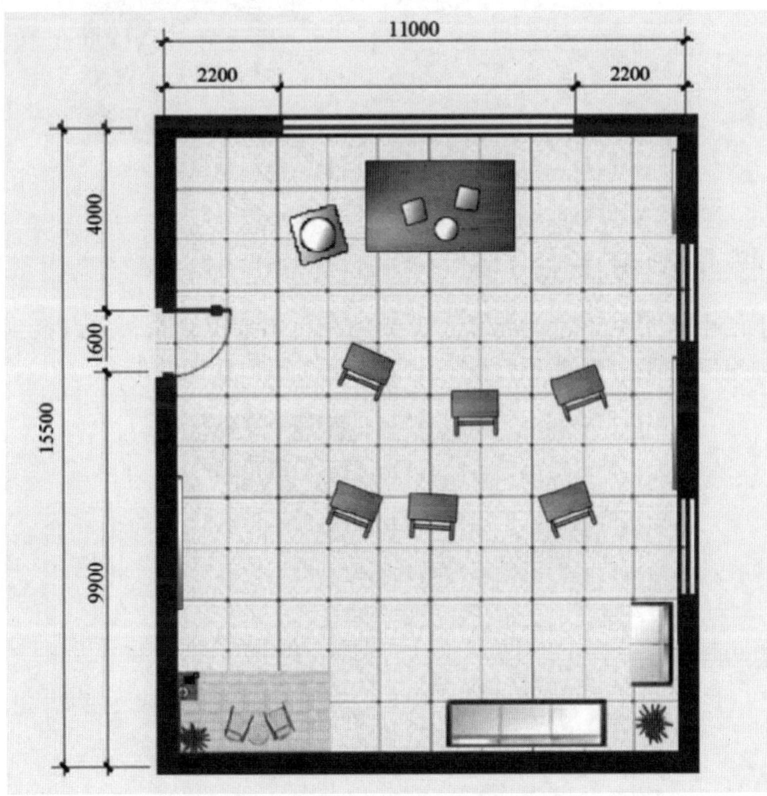

图 3-1　画室平面图

本章将通过创建 Polygons 模型的学习过程，自己动手制作出一组常见的场景模型。这组静物可以由画室里常见的课桌、椅子、画架、窗户、门把手和画室模型等来构成。

本章中若无特别说明，模块设定栏均为“Polygon”，工具栏均为“Polygon”。

3.1 椅子模型的制作

完成案例“椅子”的制作。最终如图 3-2。

图 3-2 椅子模型最终效果图

3.1.1 搜集参考图片

椅子是生活中再常见不过的物品了，大部分也不是很复杂，可以找到各种素材来练习，考虑到案例需要，要建个放在画室的椅子模型，如图 3-3。

图 3-3 椅子参考图

3.1.2 椅子模型建模

（1）考虑到参考图里的支撑金属杆都是有一定弯曲结构，这对 Polygon 建模来说不是很容易，不过有动画模块中的非线性变形工具来帮助实现想法。以基本的圆柱体起步，这里要注意圆柱体横向的段数 Subdivisions Height 数值，默认是 1，需要把这个值调高到 10 以上，如图 3-4。

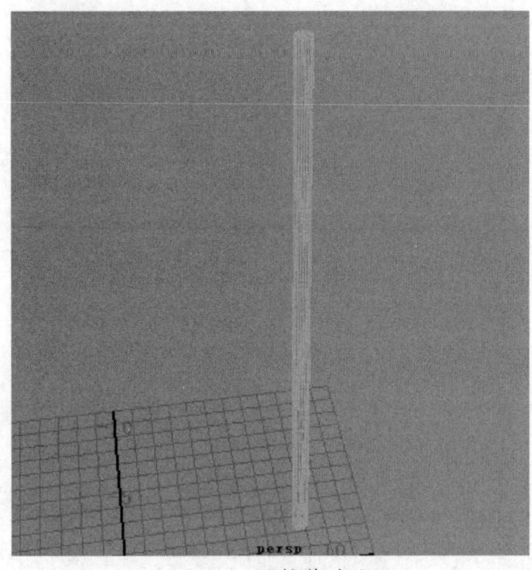

图 3-4 圆柱体分段

（2）在 Animation 模块中，选中圆柱体执行 Create Deformers → Nonlinear → Bend（弯曲）命令，如图 3-5，可以看到圆柱体内部多了一条线，就是 Bend 非线性控制器，在右侧 Channel Box 下方有相关属性值可以调整，LowBound 是调整下半段的曲率，High Bound 士调整上半段的曲率，改变 Curvature 的数值来控制圆柱体的形变。

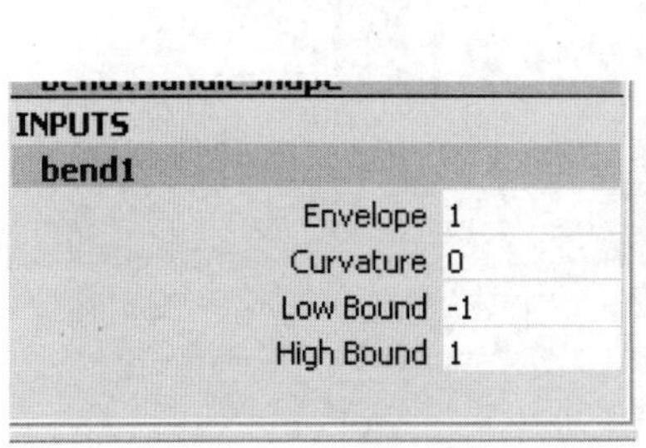

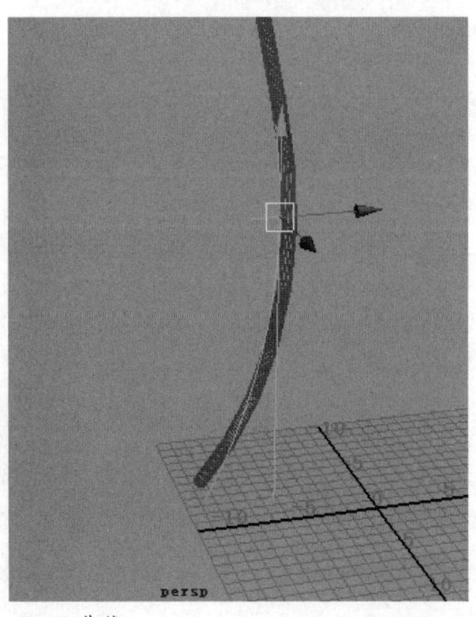

图 3-5 Bend 曲线

默认的情况下两端的曲率是对称变化的，如果想有区别，可以将一端的 Bound 值调整，这样产生的弯曲就有了变化，如图 3-6。

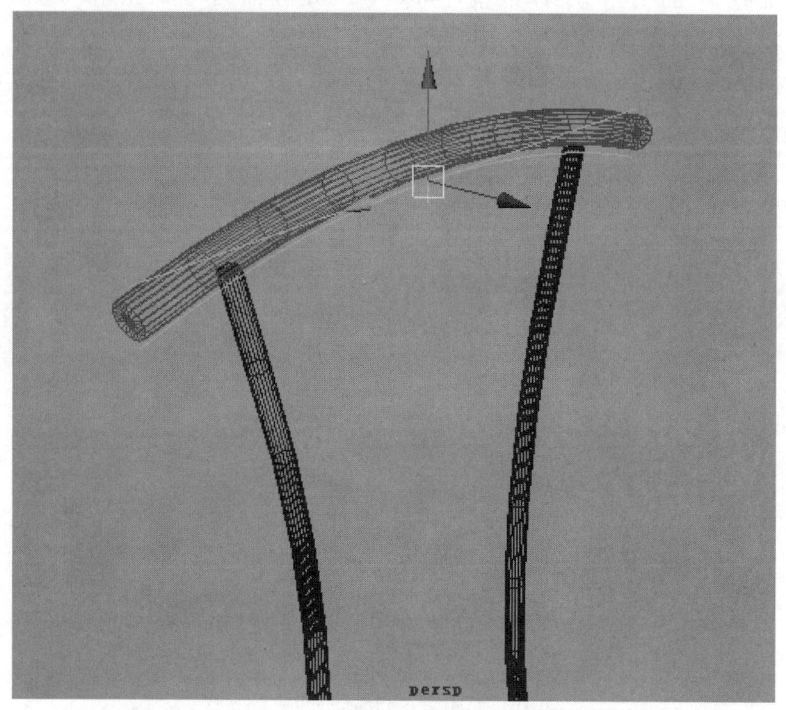

图 3-6　产生弯曲的形状变化

（3）两侧的支架建好后，是上面的部分，和之前是同样的方法来操作。这里需要考虑的是，如果圆柱体的单一弯曲方向不能满足需要，还可以对 Bend 控制器进行旋转操作，这样再调整就会产生更丰富的弯曲变化。

（4）靠背中间的金属杆，方法同上，如果觉得曲率把握不准可以在侧视图中进行调整，如图 3-7。

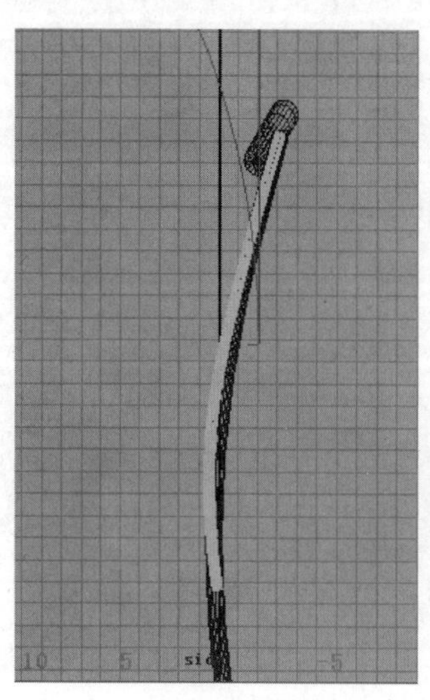

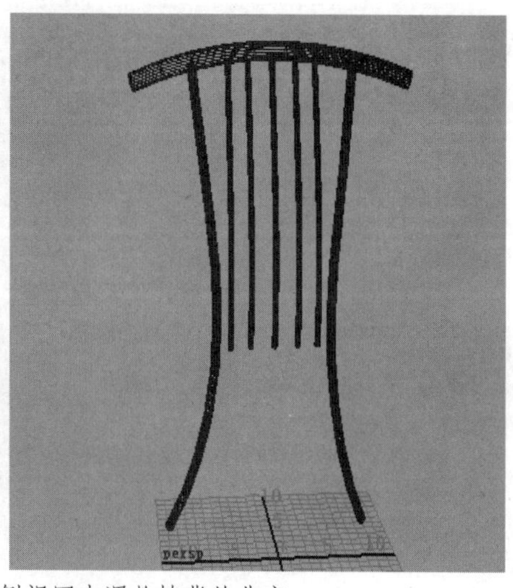

图 3-7　在正侧视图中调整椅背的曲率

（5）接下来是椅子垫的制作，拉出一个长方体，主要通过加线和 Extrude 面来进行编辑，拉出如图 3-8 所示的形状。

图 3-8　Extruded 挤出椅面形状

（6）最后只剩下前面的金属椅腿的制作，通过日常观察知道，它们不是简单的两个金属杆，而是彼此相连的一部分，这一部分用 Polygon 建模比较困难，最快捷的方法还是用 Nurbs 来制作最后再转换成 Polygon 模型，利用 CV 线勾勒出整个椅子腿的形状，通过一个 Circle 和这条 CV 线的 Extrude 命令很快就得到光滑的管子，如图 3-9、图 3-10。

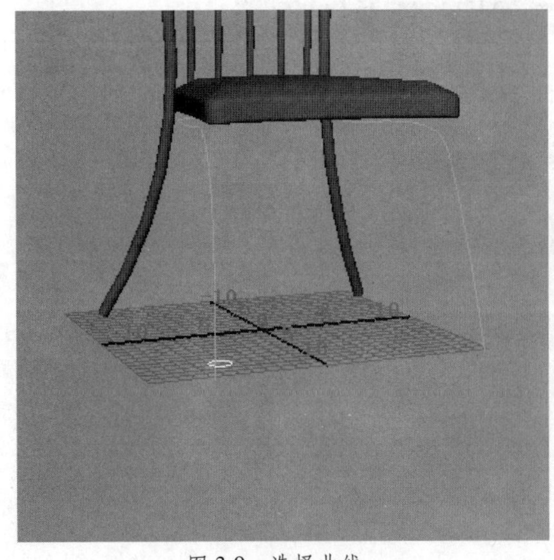

图 3-9　选择曲线

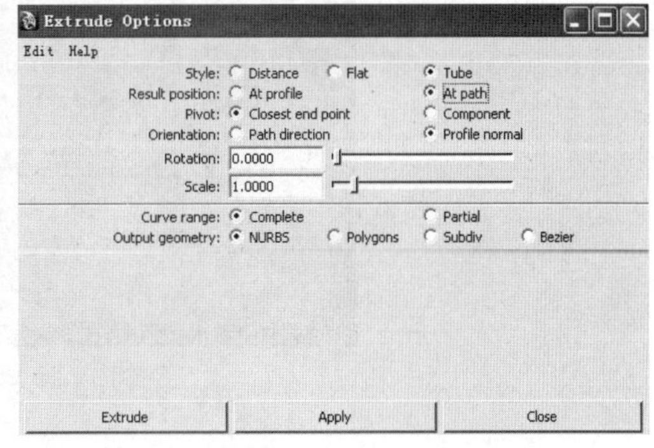

图 3-10　Extrude 命令

可以通过原来的 CV 线调整来确定管子形状，调整好之后，可以删除其历史。接下来需要把 Nurbs 转换成 Polygons 模型，要注意转换的类型 Type 一定要选择 Quads

（四边形），如图 3-11。

最后的效果图，如图 3-12。

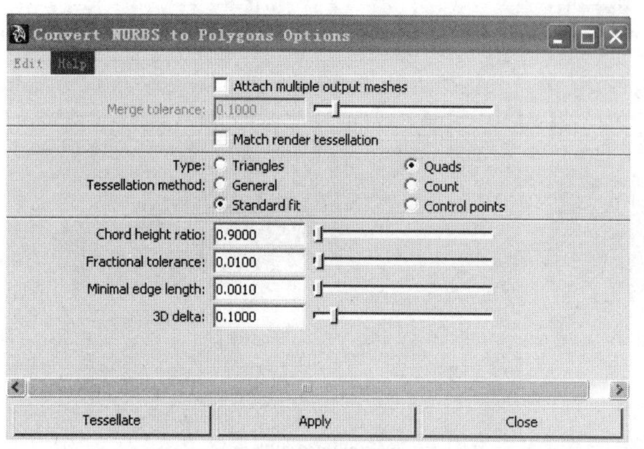

图 3-11　Nurbs 转换成 Polygons 模型

图 3-12　最终效果图

3.2 课桌模型的制作

完成案例“课桌”的制作，效果图如图 3-13。

图 3-13　课桌模型最终效果图

3.2.1　绘制课桌的桌面

（1）首先，将 Maya 视图切换到 Persp 视图，选择，在场景中创建一个立方体，如果在场景中自动生成一个正方体，可以把图 3-14 所示的 Internetaction Creation 勾选上。

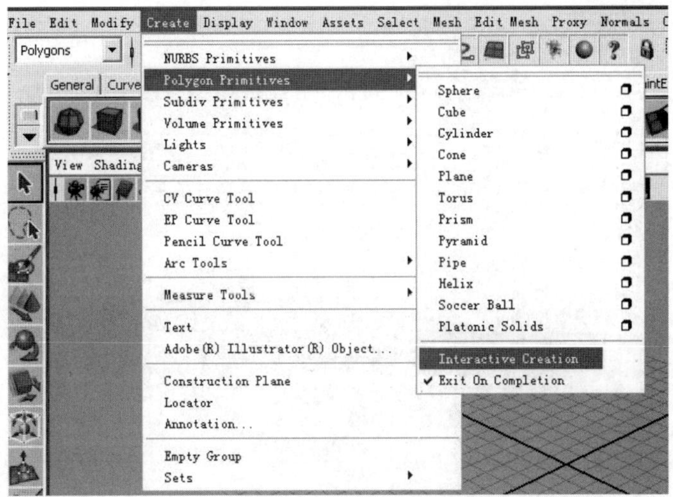

图 3-14　勾选上 Internetaction Creation 前面的对号

（2）创建图 3-15 所示长方体，并打开长方体 Polycube1 的属性窗口，调整其段数如图 3-16 所示。

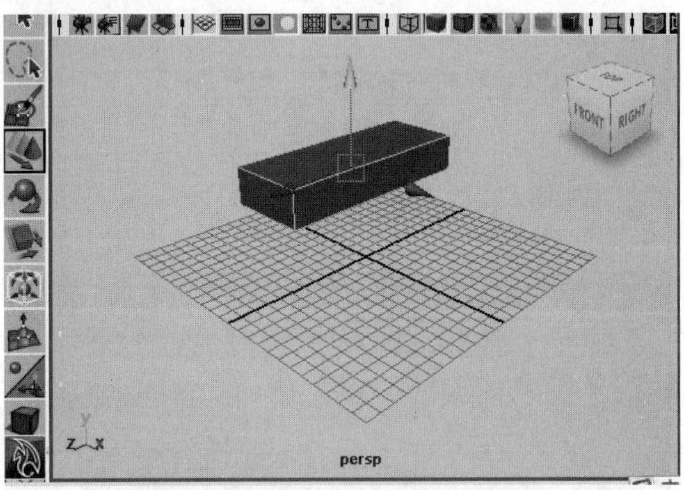

图 3-15　调整其段数

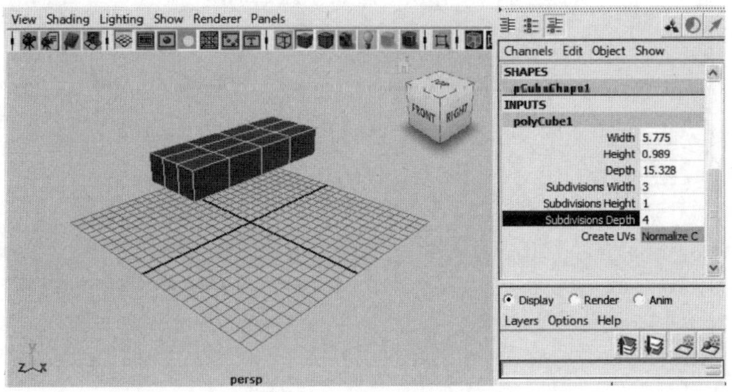

图 3-16　调整其段数

3.2.2 挤出模型

（1）进入 Vertex（点）编辑模式，将点调整至如图 3-17 所示的位置。

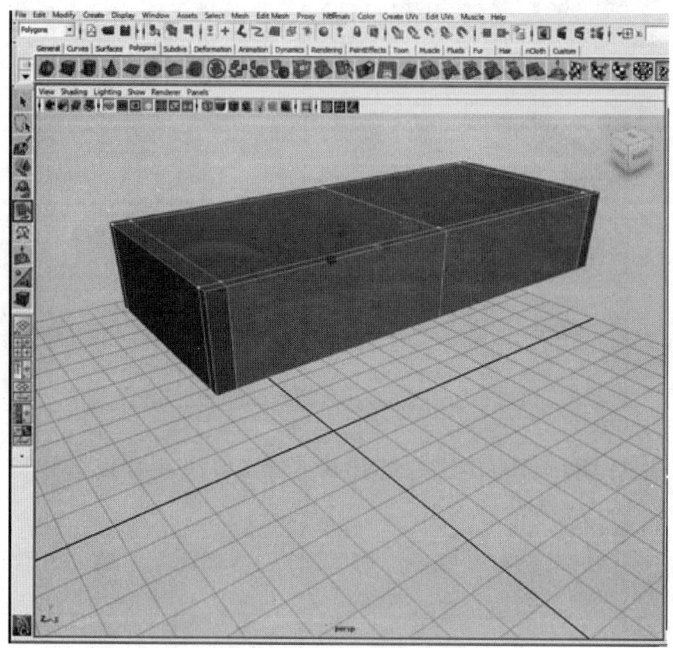

图 3-17 调整点的位置

进入 Face（面）编辑模式，选中侧面的两个面，
执行 Edit Mesh 菜单下的 Extude 命令，挤压完的模型如图 3-18。

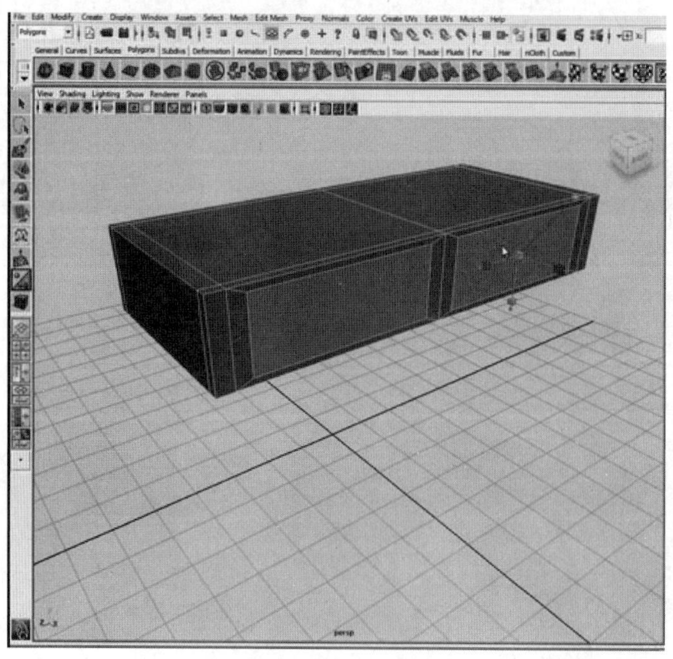

图 3-18 进行挤进操作

（2）保持当前面的选中状态，再次执行 Extude 命令，注意执行前把✓ Keep Faces Together的勾选消掉，如图 3-19、图 3-20。

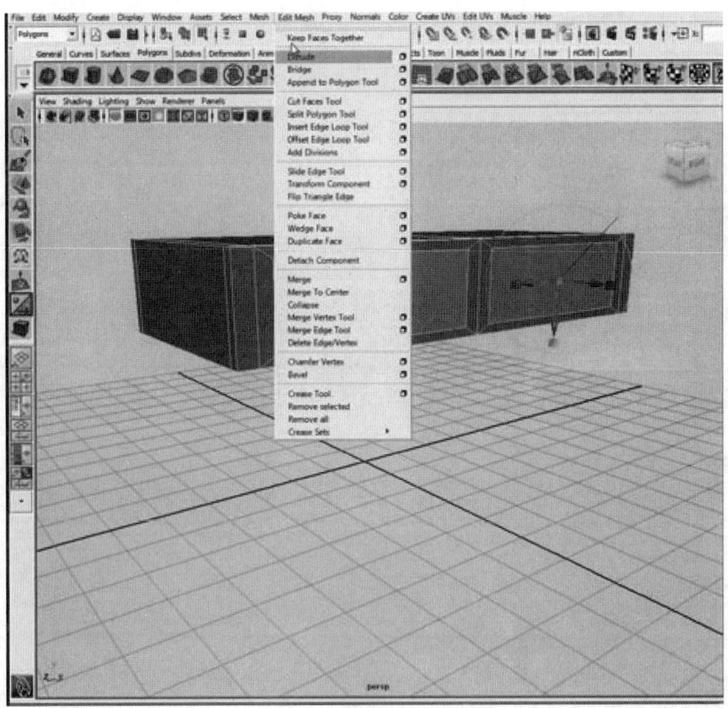

图 3-19　对号取消掉

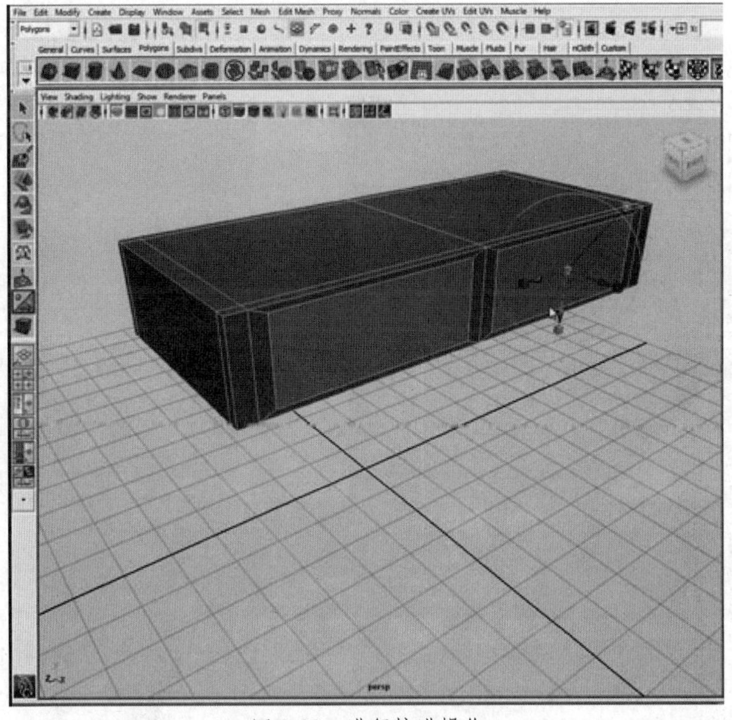

图 3-20　进行挤进操作

（3）选择桌脚的四个面，如图 3-21，执行 Edit Mesh 菜单下的 Extude 命令，得到如图 3-22 效果。

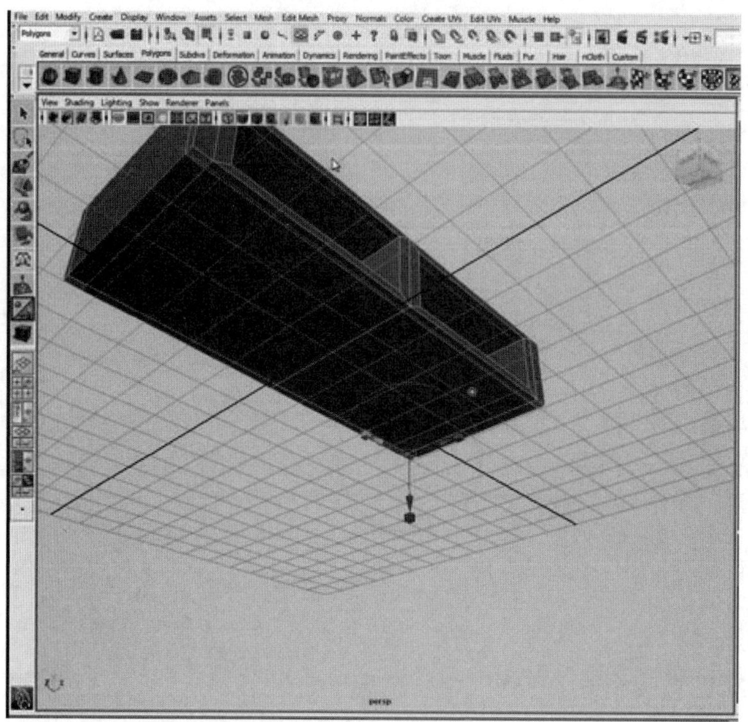

图 3-21　再次应用 Extude 命令

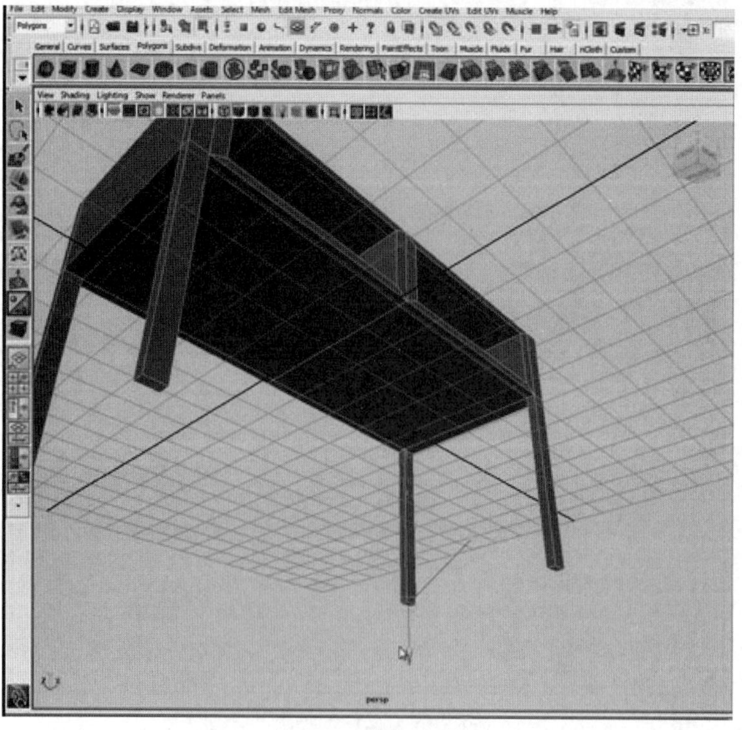

图 3-22　挤出桌腿

3.2.3　桌面和桌腿横梁制作

（1）观察模型，看上去虽然大型已经出来，但是细节并不完善，继续使用 Edit Mesh 菜单下的 Extude 命令对模型进行完善。进入模型 Face（面）编辑模式，选择桌面上的所有面片，执行 Edit Mesh 菜单下的 Extude 命令，在执行命令前注意勾选 ✓ Keep Faces Together ，保证所有面在一起，然后进行 Z 轴方向的挤压，得到如图 3-23 所示状态。

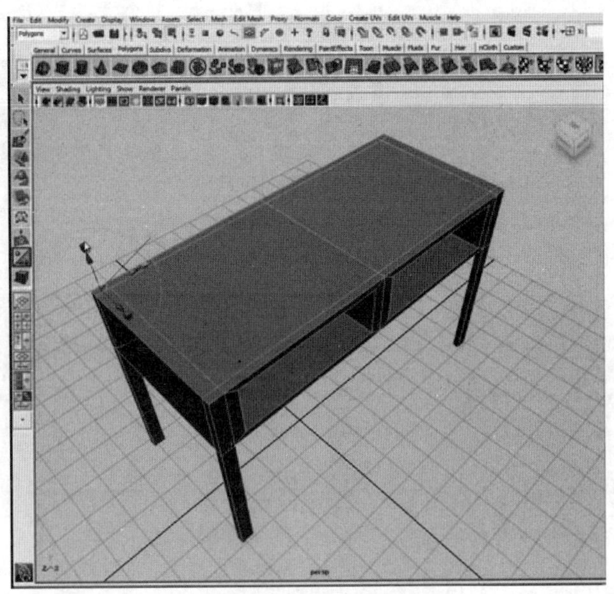

图 3-23　挤出后的效果

（2）选择挤出的桌面产生的所有侧面，继续执行 Edit Mesh 菜单下的 Extude 命令，然后对方向键中的 Y 方向（绿色箭头）进行挤出操作，得到如图 3-24。

图 3-24　挤出后的效果

（3）进入模型 Face（面）编辑模式，选择桌腿朝内的两个面，执行 Edit Mesh 菜单下的 Extude 命令，挤出桌子横梁的位置，如图 3-25、图 3-26 所示。

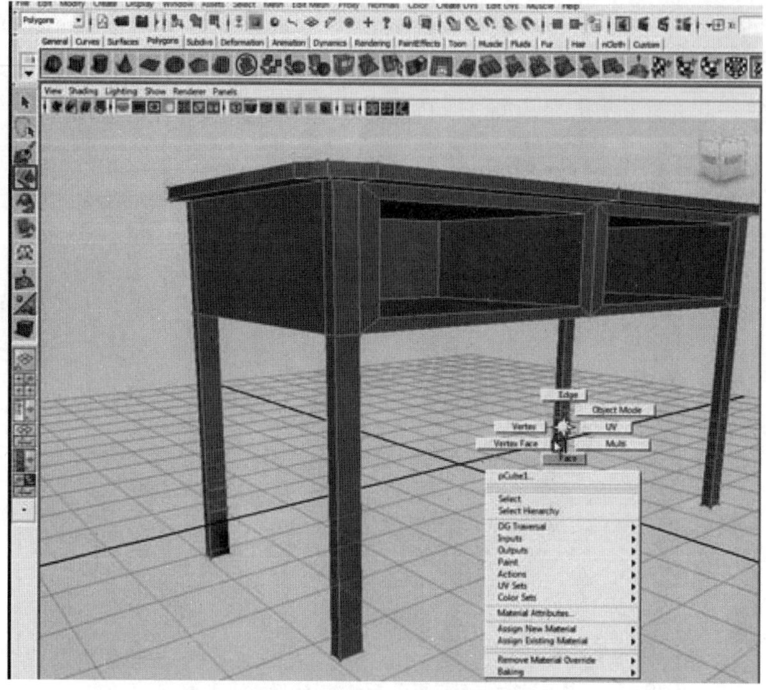

图 3-25　进入 Face 编辑模式

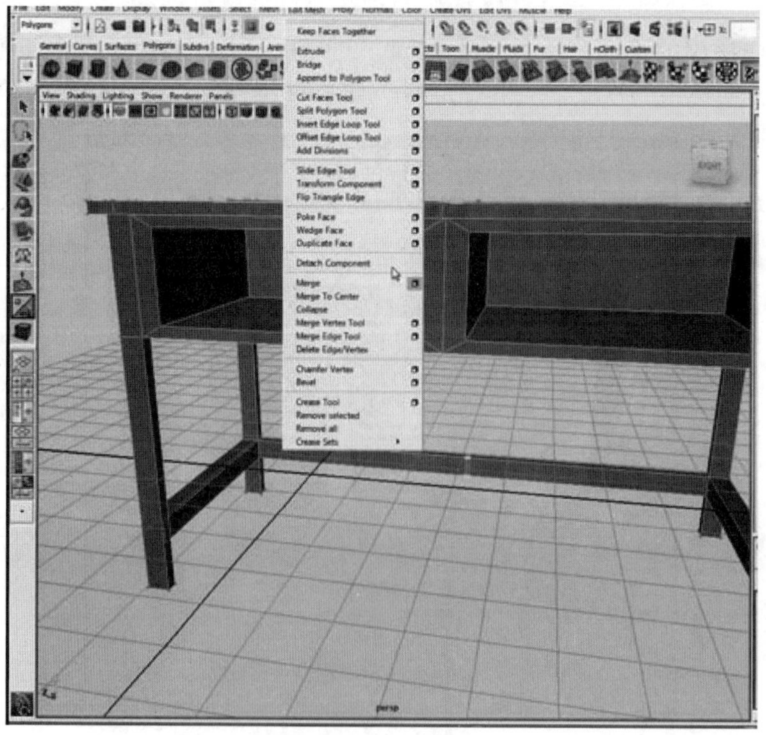

图 3-26　Extude 后效果

3.3 画架模型的制作

完成案例“画框”的制作，最终效果如图 3-27 所示。

图 3-27　画架最终模型

3.3.1　搜集参考图片

画架的结构比较简单，但是首先还是要上网上或画室找一些实际的素材来参考，如图 3-28 是网上找到的画架相关的图片，可以简单分析一下：主体是由多块木板组成，只需要搭积木一样把建好的木板叠加拼装起来就好了。

图 3-28　画框素材图片

3.3.2 创建木架

（1）首先开始创建各部分木板条，仔细观察的话，其实需要建的木板条只有三种，每个只需要 Bevel（倒角）的简单操作即可，先是两边对称的支撑木板，通过观察上面是有一定的单侧弧度，在给木板添加一些边以后，对单侧边线执行 Edit Mesh → Bevel 命令，如图 3-29。

（2）创建中间横置的两条木板，如图 3-30。因为是插入两边的，就不需要做倒角的命令，只需进行简单的加边工作，同样后面的那根支撑木板也可以用这个模型。

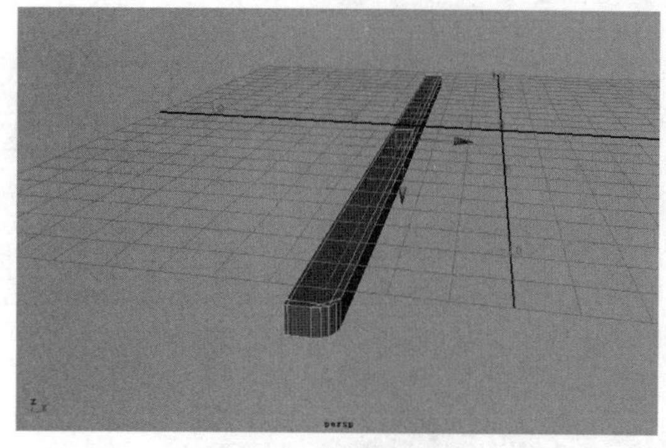

图 3-29 创建木板条

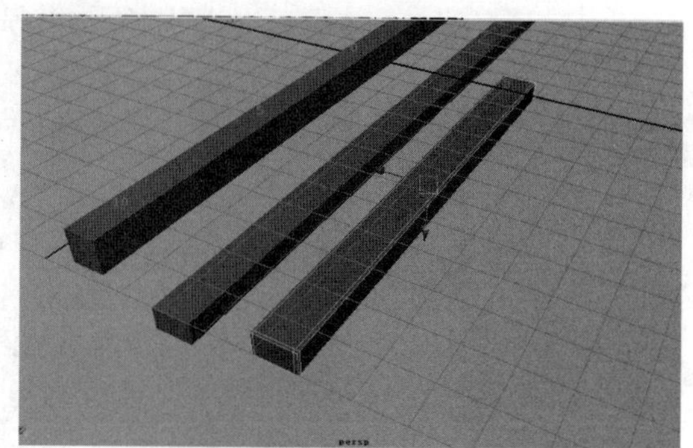

图 3-30 创建中间横置的木板条

（3）观察图 3-31 可以看到中间的木板最上面是两边圆滑的，在执行基本的加边命令后，对上面两侧的边执行倒角命令。同时图 3-31 后面有两条活动木条，也类似进行倒角命令完成。

（4）继续创建中间放置画框的凹槽，从基本的长方体开始，参考图 3-28 的结构，进行几次 Extrude 面的命令。观察参考图它的下边缘是光滑的，所以对其执行 Bevel 命令，如图 3-32 所示。

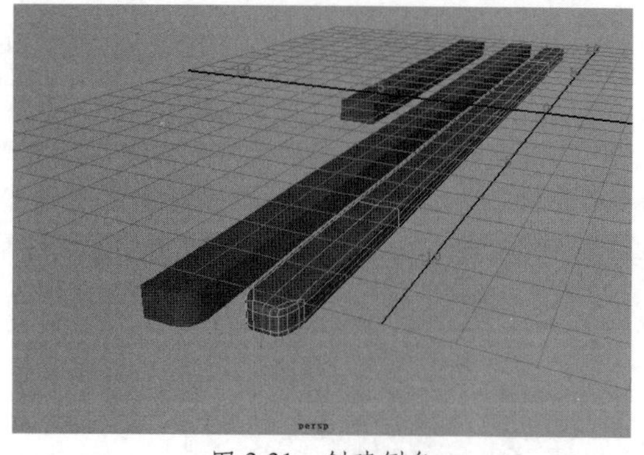

图 3-31 创建倒角

图 3-32 创建凹槽模型

（5）开始组装画架的工作，这个步骤在操作时尽可能在其他视图进行物体的平移或旋转工作，因为在透视图中往往会把握不够准确。对称的画架模型部分可以使用 Ctrl+D 进行复制并镜像（可通过修改复制出来的模型通道盒里的 Scale 属性为 -1 实现），会节省不少不必要的操作，完成效果如图 3-33 所示。

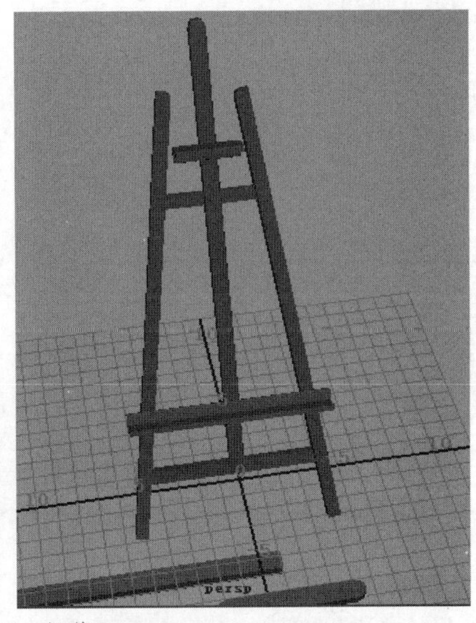

图 3-33 组装

（6）基本的木板搭建好如图 3-34 所示，剩下的就是最后画板的建模。

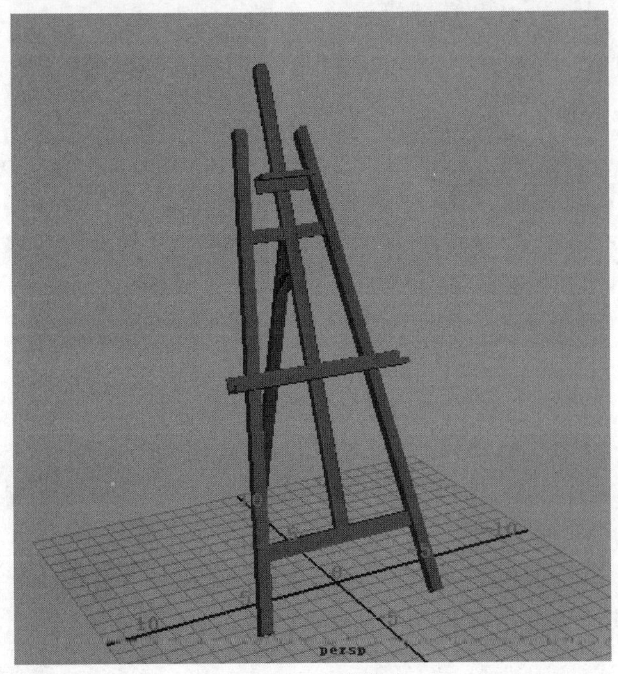

图 3-34 完成效果

3.3.3 创建画板

（1）画板以创建一个扁平的长方体开始。进入 Face 模式后选中其中一个面，如图 3-35。

使用 Extrude 命令进行挤压与缩小处理，如图 3-36。

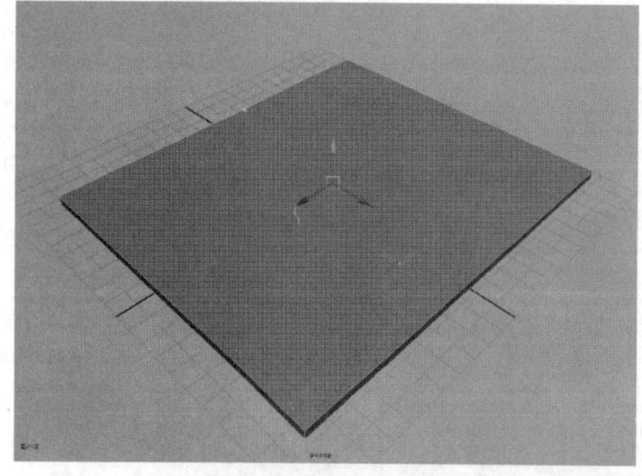
图 3-35　选择一个面

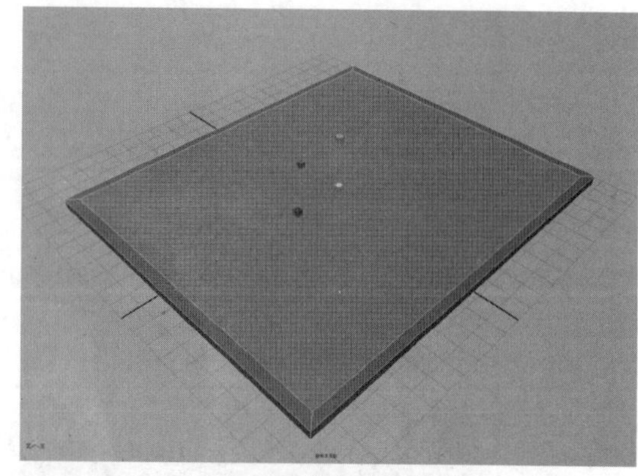
图 3-36　挤压完后缩小

再次挤压并向上移动，如图 3-37。

再次挤压并缩小做出一个厚度，如图 3-38。

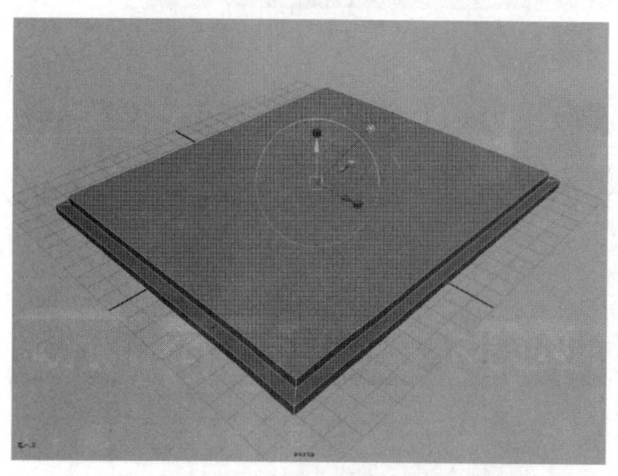
图 3-37　再次挤压后将面向上移动

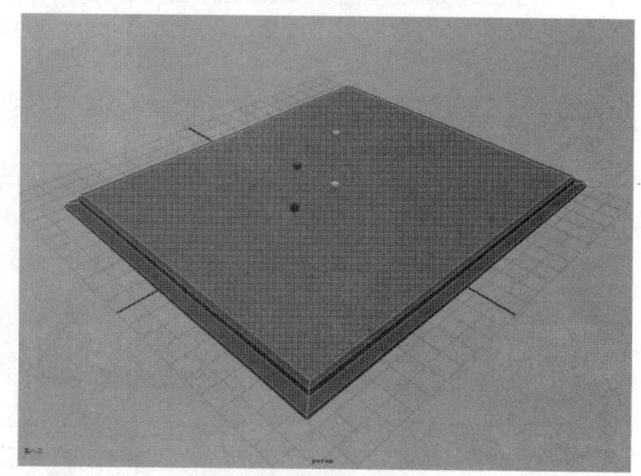
图 3-38　做出厚度

再次挤压并向下移动，做出一个凹陷，如图 3-39。

最终结果如图 3-40。

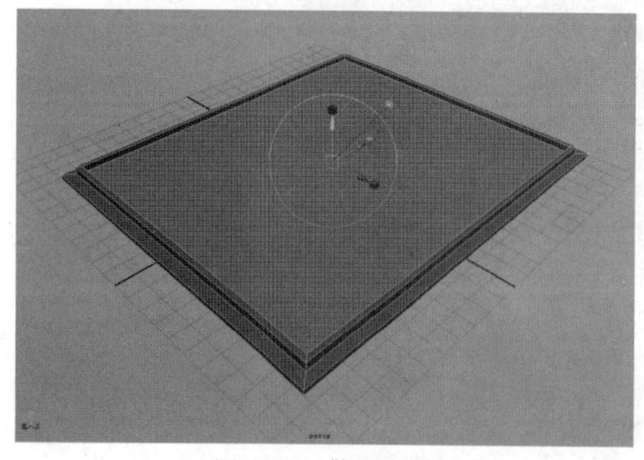
图 3-39　做出凹陷

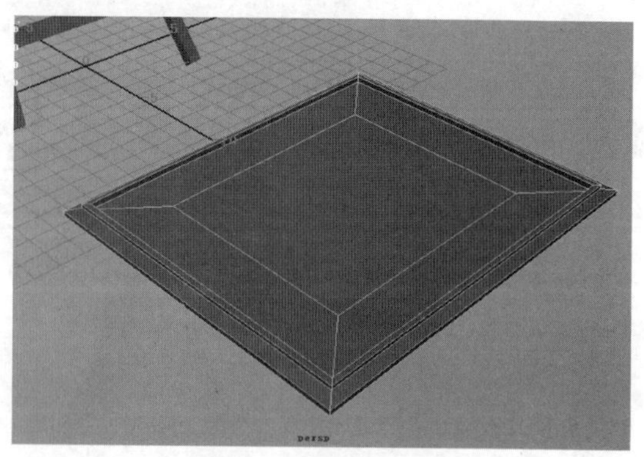
图 3-40　画板完成效果

（2）最后将建好的画板放置在画架上，一个完整的画架就算大功告成了，最后效果如图 3-41 所示。

图 3-41　画框完成效果

3.4 窗户模型的制作

完成案例“窗户”的制作。最终效果如图 3-42。

图 3-42　窗户的最终效果图

（1）首先，将 Maya 视图切换到 Persp 视图，单击■，在场景中创建一个立方体，如果在场景中自动生成一个正方体，可以把图 3-43 所示的 Internetaction Creation 前面的对号勾选上。创建完成形状如图 3-44。

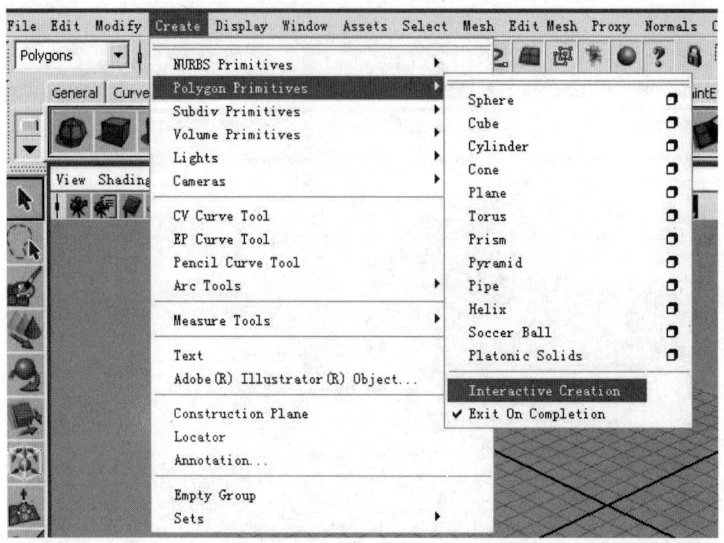

图 3-43　勾选 nternetaction Creatio

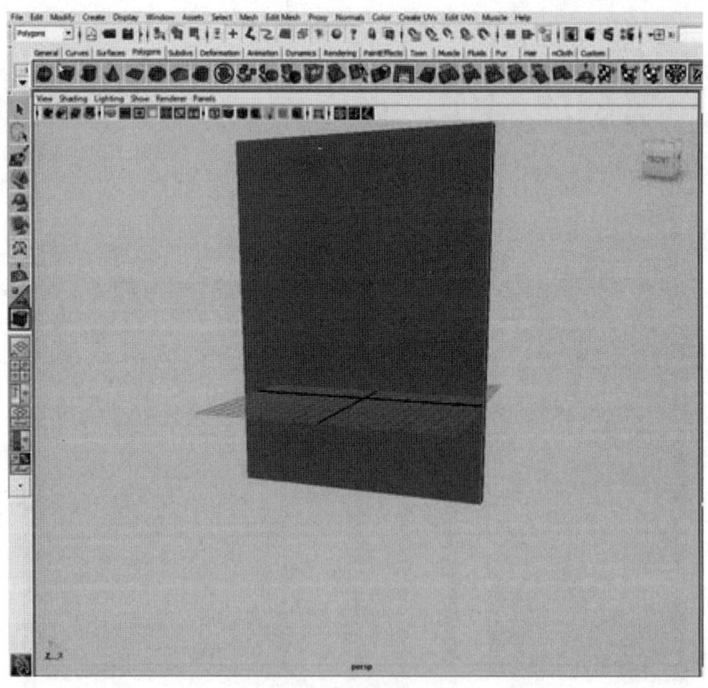
图 3-44　创建立方体

（2）再次在场景中创建一个立方体，调整大小作为将来窗户玻璃的位置，并同时使用 Edit 菜单下的 Duplicate（快捷方式 Ctrl+D），进行复制，复制 12 个左右，根据自己的创作想法进行复制也可。并对复制好的方体进行位置摆放，调整位置如图 3-45。

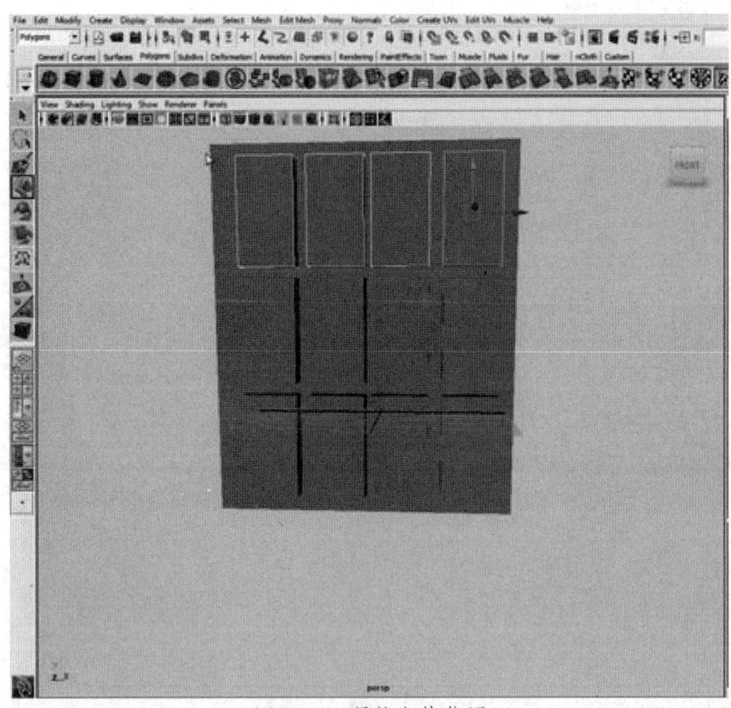

图 3-45　调整方体位置

(3) 选择门模型，然后按住 Shift 加选一个小立方体，执行 Mesh 菜单下的 Mesh → Booleans → Difference 命令，如图 3-46 所示。依次选择执行刚才的操作，得到如图 3-47 所示效果。

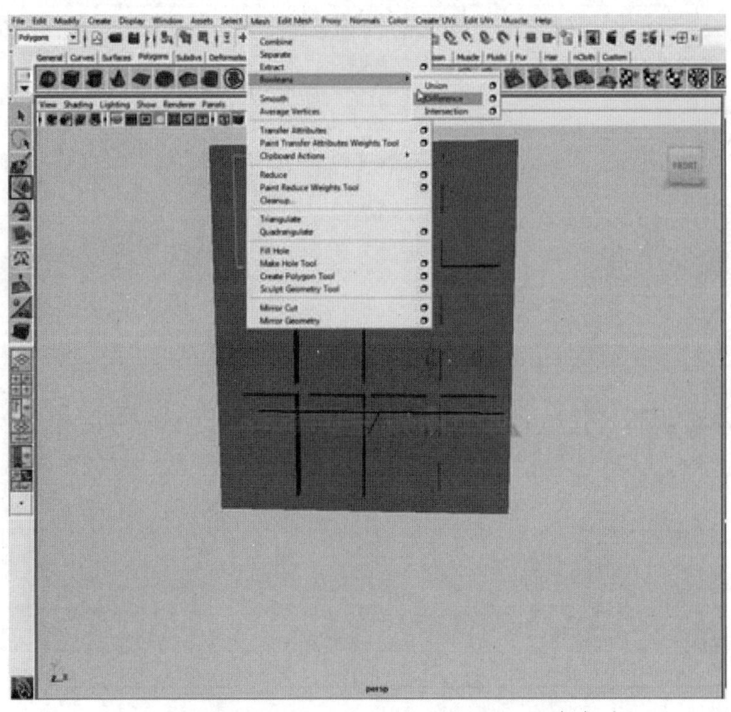

图 3-46　Mesh—Booleans—Difference 命令

图 3-47　执行命令后得到的效果

（4）进入模型 Vertex（点）编辑模式，如图 3-48，调整窗框的整体外形。

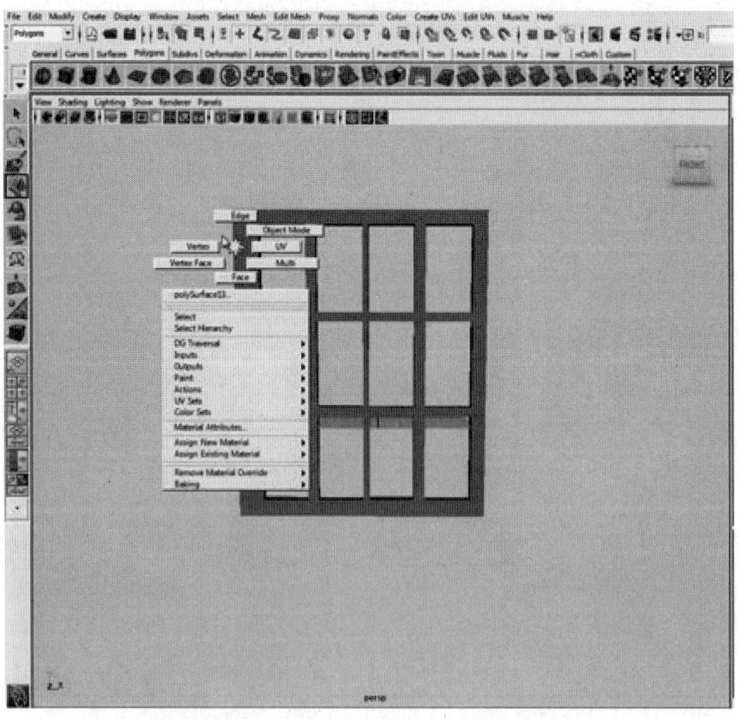

图 3-48　进入模型 Vertex（点）编辑模式

再创建一个 Polygon 立方体，如图 3-49。使用缩放工具调整其长、宽、高作为窗玻璃，如图 3-50、图 3-51 所示。

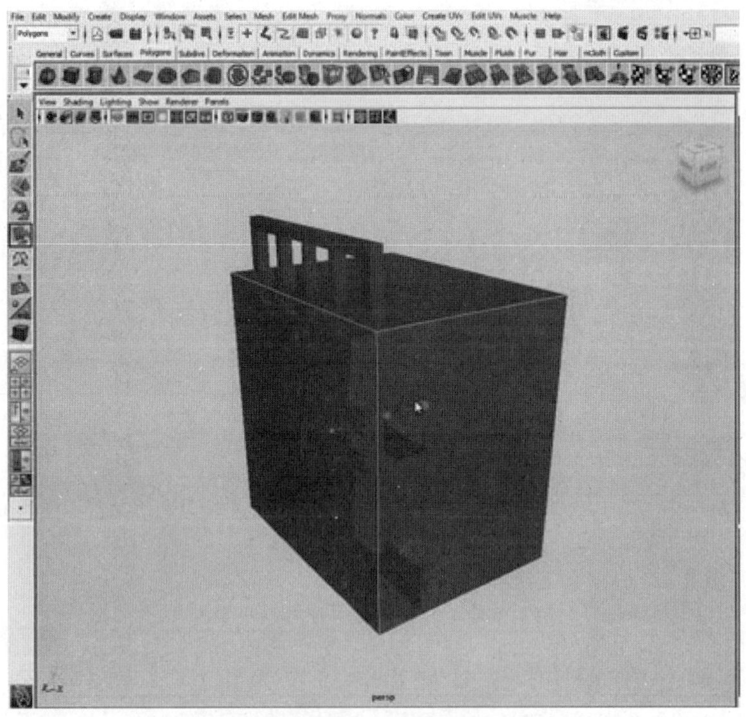

图 3-49　创建一个 Polygon 立方体

图 3-50　使用缩放工具调整其尺寸

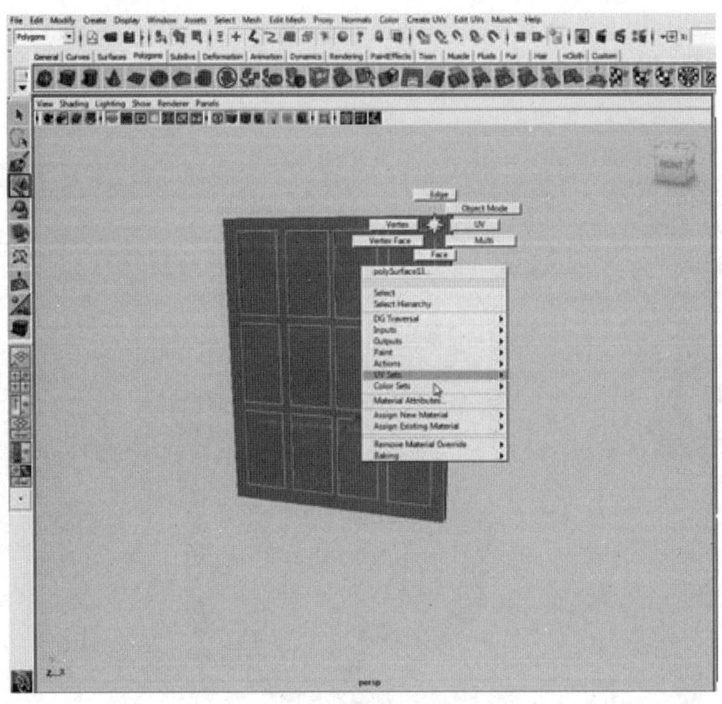

图 3-51　最终尺寸效果

（5）在玻璃立方体上单击鼠标右键，在弹出的菜单中找到 Assign New Material → Blinn，玻璃模型指定一个 Blinn 材质，如图 3-52 所示（关于材质渲染，将在后面的第 6 章给大家介绍）。

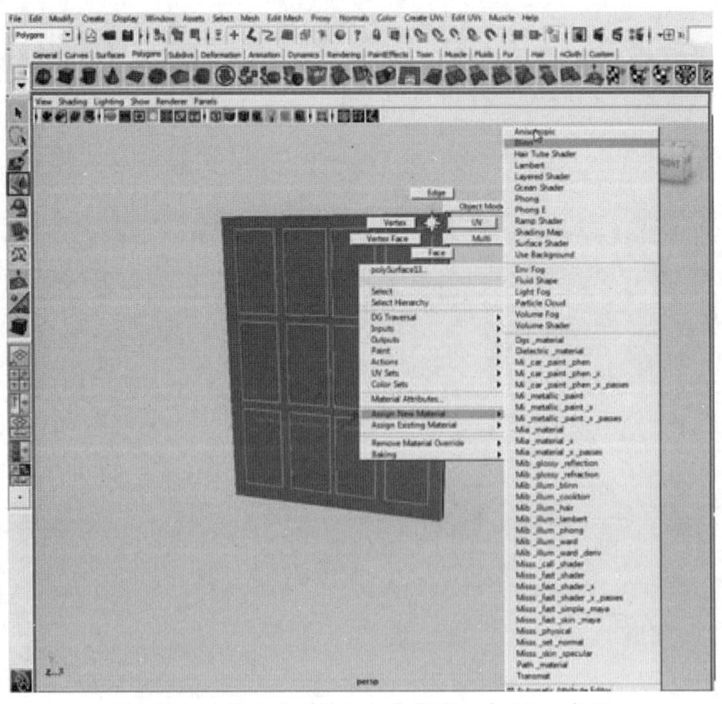

图 3-52　为作为玻璃的立方体指定一个 Blinn 材质

渲染当前场景，得到如图 3-53 所示效果。

图 3-53 最终渲染效果

3.5 门把手模型的制作

完成案例“门把手”的制作，效果如图 3-54 所示。

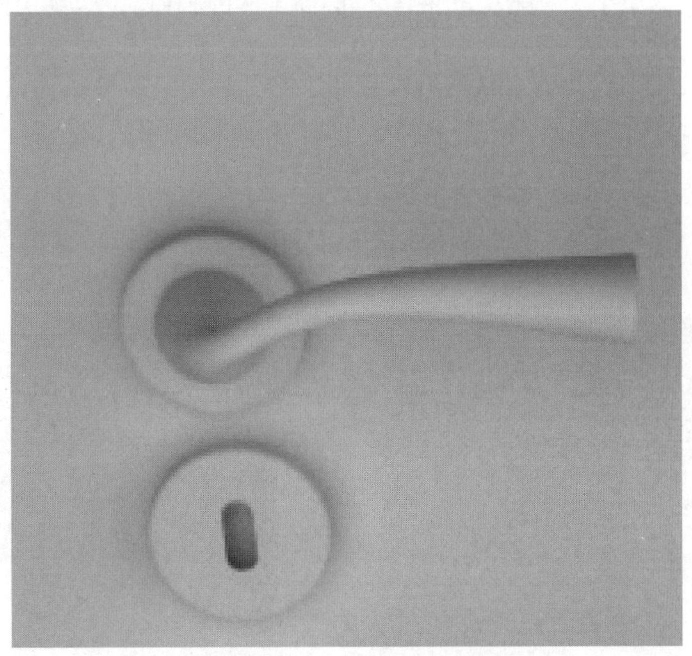

图 3-54 门把手模型最终效果图

3.5.1 搜集参考图片

门把手是日常生活很常见的道具了，可以通过网上找资料和拍实际素材照片的方式来寻找参考图，下面就逐步来建造如图 3-55 所示的简单门把手。

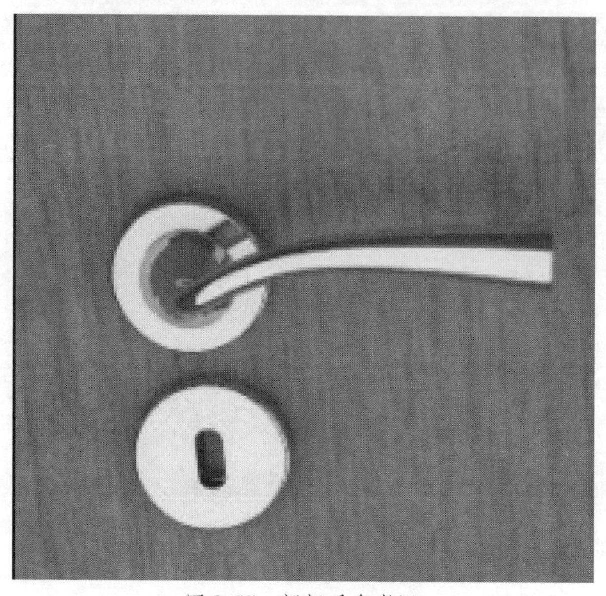

图 3-55 门把手参考图

3.5.2 门把手模型的制作

（1）首先先建个平面作为门的主体，再拉出一个圆柱体，作为上面把手的基础模型，如图 3-56。

（2）这里使用 Extrude 工具的特殊应用，就是让面沿着某条曲线来挤压的方法。先按照把手的形状用 CV 曲线工具绘制出一条线，如图 3-57。

图 3-56 创建一个圆柱体

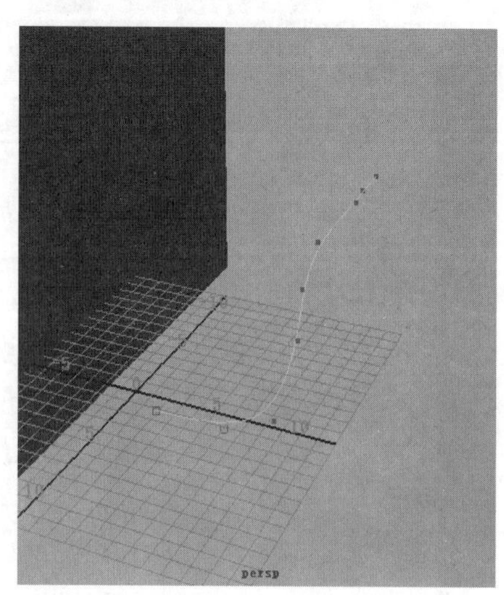

图 3-57 创建门把手形状的 CV 曲线

（3）调整圆柱的位置和大小并选中部分面，再按住 Shift 选中 CV 曲线，执行 Extrude 命令，如图 3-58。

默认的效果看上去很失望，别急，需要在 Channel Box 中调整。找到如图 3-59 所示 Divisions 属性，Divisions 是控制生成面的段数，可以调得大一些。

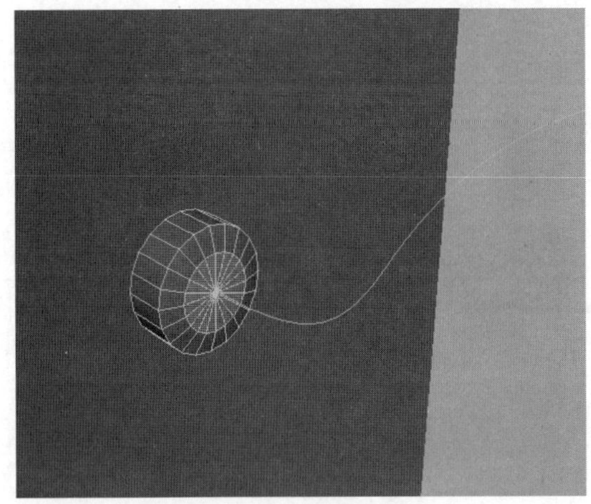
图 3-58　选中面与 CV 曲线

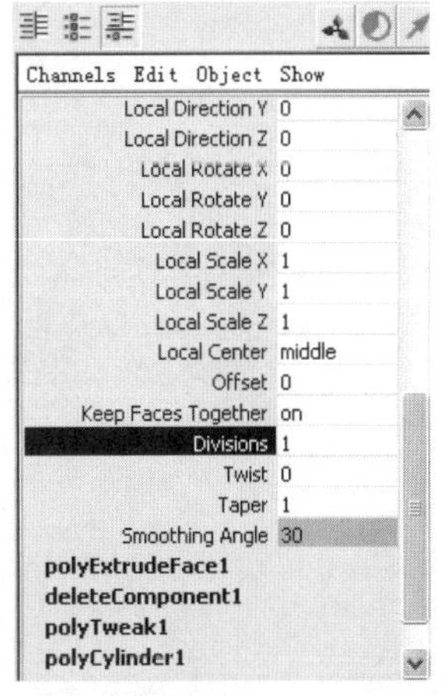

图 3-59　在 Divisions 中调整段数

调整后的效果如图 3-60，这个是默认下的效果，接下来参照参考图来进行修改。

（4）首先可以编辑点，进行缩放、位移等操作。尽量在正交视图中进行，以防出现误操作，结果如图 3-61。

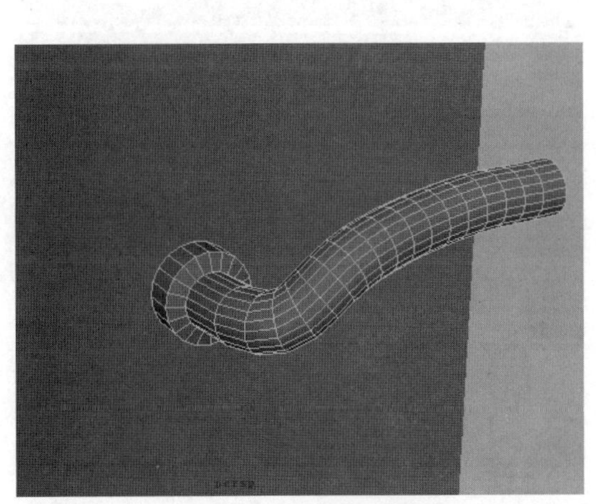
图 3-60　门把手最初效果

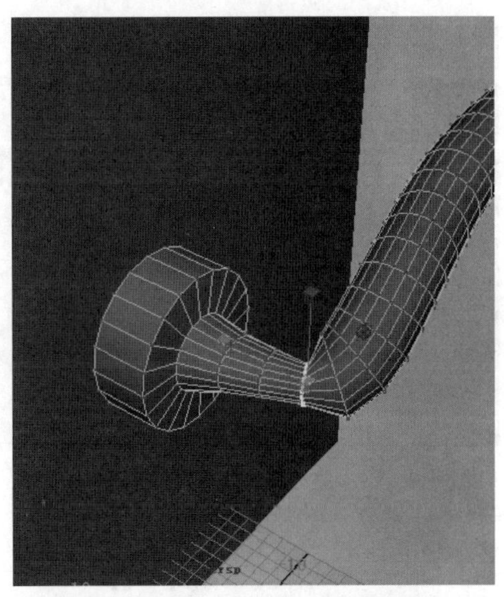
图 3-61　对点进行位移、缩放操作

（5）通过雕刻笔刷工具对模型进行修整，执行 Mesh → Scult Geometry Tool 命令，创建笔刷，通过面板（如图 3-62 所示）可以看到，上面是笔刷的半径和强度等参数的调整，可以根据自己的模型选择合适的数值。

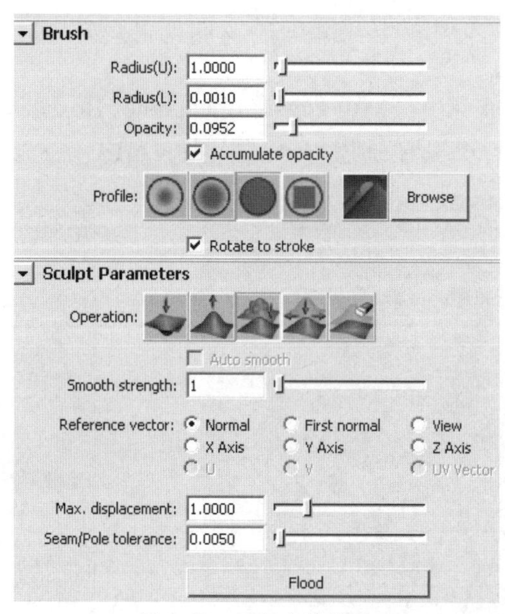

图 3-62　面板参数设置

Sculpt Parameters 里的 Operation 选项比较重要，第一个是向下凹陷笔刷，第二个是凸起笔刷，第三个是平滑笔刷，通常 Polygon 的模型边角太过生硬，可以先用 Smooth 笔刷来平滑一下，再耐心的用凹陷和凸起笔刷进行雕刻，效果如图 3-63、图 3-64。

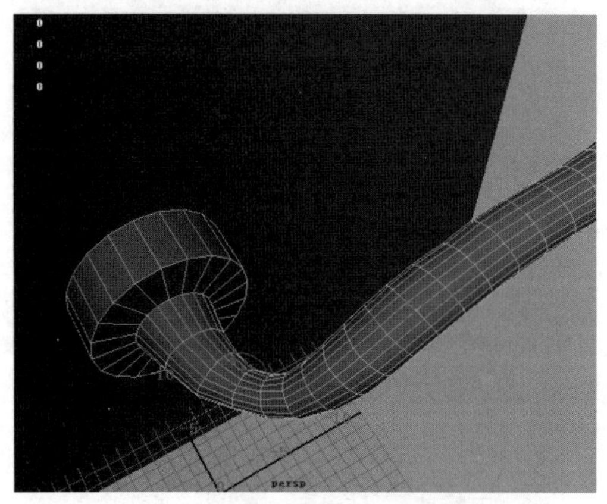

图 3-63　雕刻形状

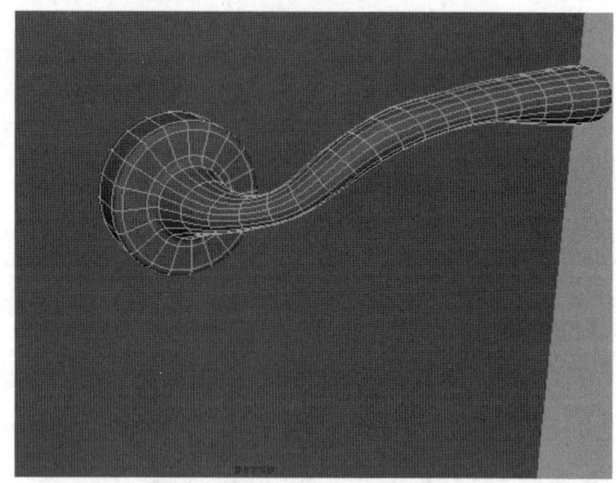

图 3-64　雕刻最终得到形状

3.5.3　钥匙孔的制作

（1）钥匙孔的制作相对简单。在基本的圆柱体上表面执行 Extrude，对生成的面进行 Scale 操作，尽量和钥匙孔的形状吻合，然后向内部再次 Extrude，如图 3-65。

（2）在顶视图中，对中间的部分进入点模式修整操作，进一步和钥匙孔相匹配，如图 3-66、图 3-67。

（3）做好了门把手就可以安装到其他建好的模型上面去，如图 3-68。

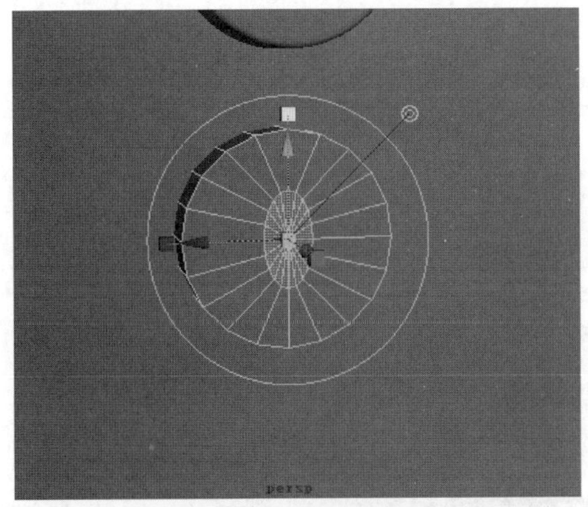

图 3-65 使用 Extruded 命令

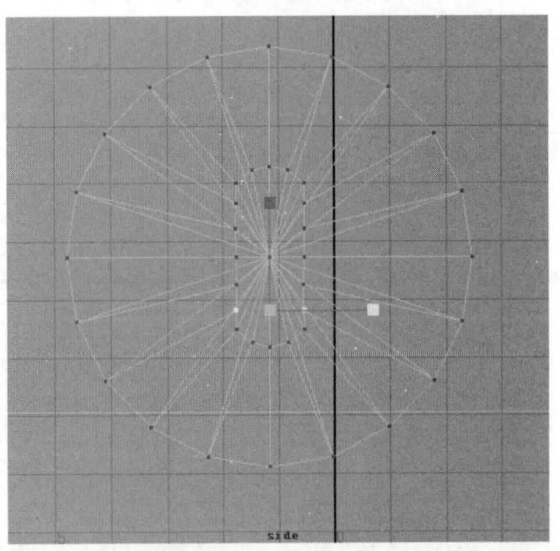

图 3-66 调整点的位置

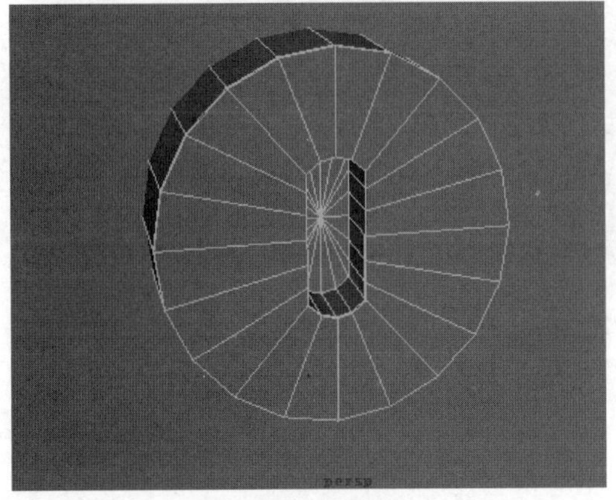

图 3-67 最终效果

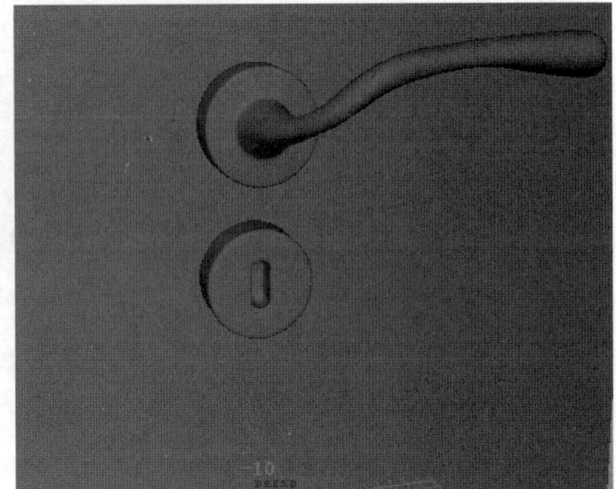

图 3-68 门把手和钥匙孔合并后的最终效果

3.6 画室模型的制作

完成案例“画室模型”的制作。效果如图 3-69。

图 3-69 画室模型效果

3.6.1 整合之前课程制作的模型

（1）执行 Edit → Delete All by Type → History 删除历史。适当删除历史对加快文件运行速度有帮助，如图 3-70。

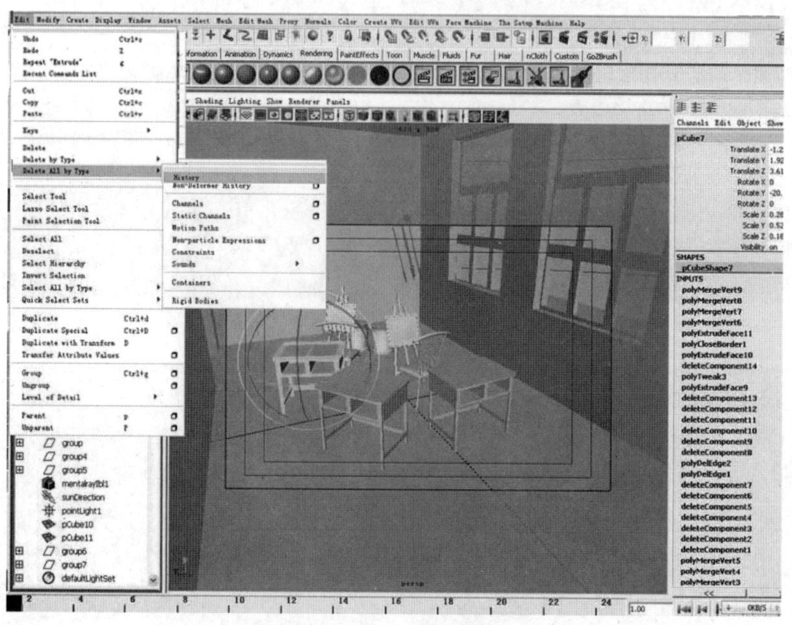

图 3-70 删除模型的历史

（2）对已经创建好的椅子模型和课桌模型进行复制，使用移动和旋转工具对复制的模型进行位置摆放，完成效果如图 3-71。可以结合“3.3.3 创建画板”的步骤自行创建出画框模型放置在墙壁的位置上。

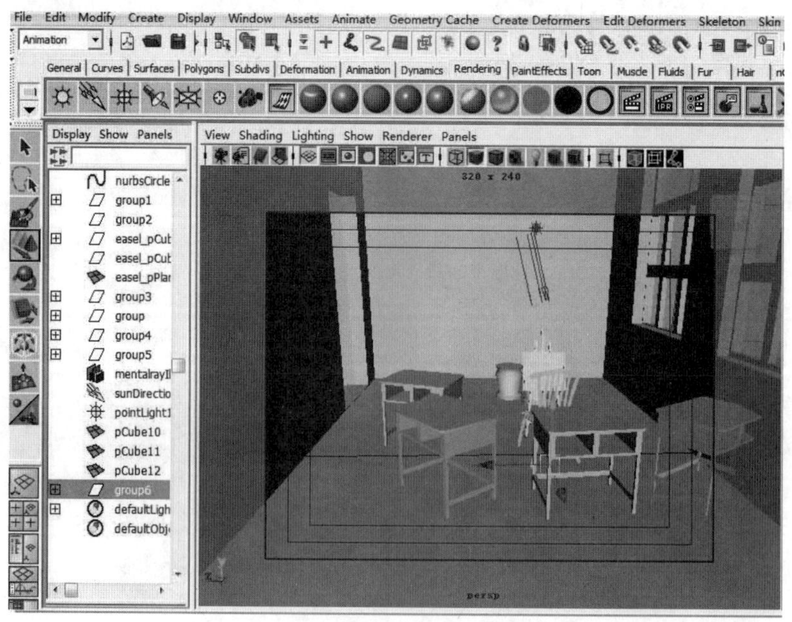

图 3-71 复制完成效果

（3）在大纲视图中对先前制作的模型进行整理，并在通道栏中对先前所创作的模型进行重命名。命名要使用英文或拼音进行命名，养成良好的项目管理习惯，命名完成如图 3-72。

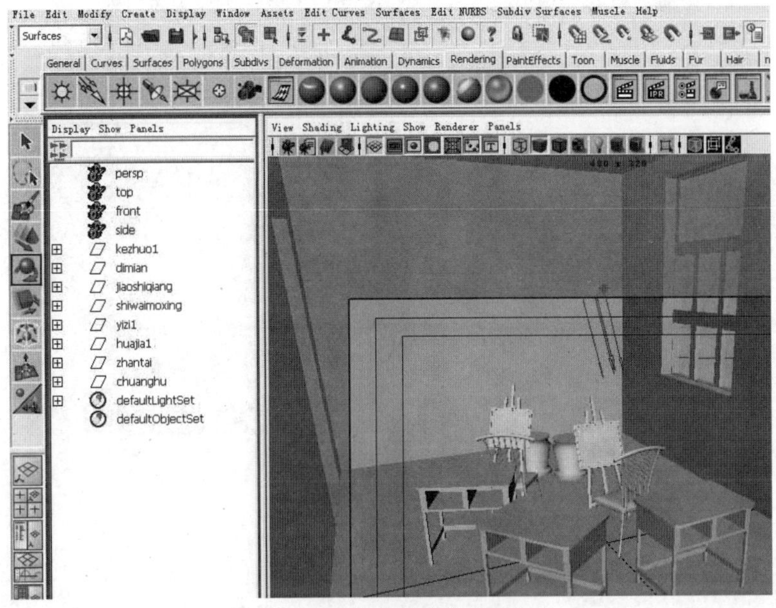

图 3-72　对大纲视图进行重命名

3.6.2　对教室模型进行渲染测试

打开渲染设置窗口，调整参数如图 3-73，进行渲染得到最终效果如图 3-74。

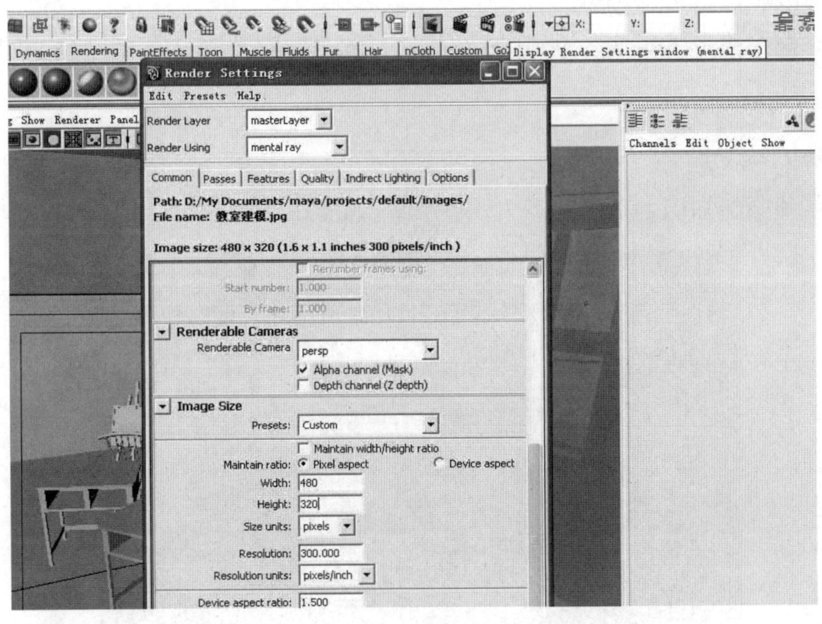

图 3-73　渲染参数设置

图 3-74　最终渲染结果

3.7 小结

1. 能力要点

（1）掌握多边形的创建与编辑方法。

（2）掌握多边形的创建方法，包括创建自由多边形、布尔运算、由其他几何体类别转成多边形等等。

（3）掌握多边形的编辑，包括在多边形上建立和填充洞、布尔运算、切分多边形等等。

2. 课后练习

根据本章所学知识，参考图 3-75 制作出一组室内场景模型。

图 3-75　参考图

第4章
头像模型制作

[简述]

本章注重在 Polygons 头像模型的制作过程中，Maya 建模工具的基本应用、角色头部造型的结构、比例的把握及调整。

[实训] 石膏像的设计与制作

本章的案例是制作一个石膏头像模型。石膏像参考如图 4-1。

图 4-1　石膏头像

对于动画制作者来说，石膏像集合了角色模型中最复杂、最难以掌握的部分——头部。在角色动画中，大部分角色的表情、情绪、面貌特征都是通过面部来展现的。合理的五官比例结构和科学的布线非常必要，如图 4-2。

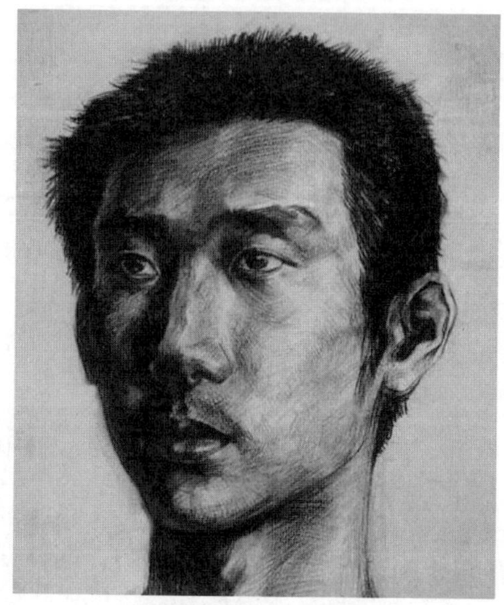

图 4-2　头部五官比例

4.1 石膏头像基本模型的制作

模型制作前，要观察目标角色，分析理解其结构与特征，找到正确的模型布线方法，如图 4-3。

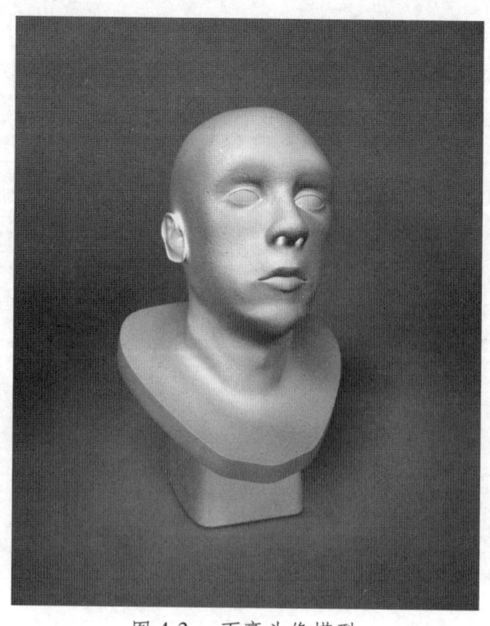

图 4-3　石膏头像模型

4.1.1 用球体开始角色建模

（1）首先把正视图、侧视图的人物图片导入 Maya 中 Front 和 Right 视窗中，作为参考。分别在 Front 和 Right 视窗中选择视窗菜单中的 View → Image Plane → Import Image... 导入相应的参考图片，如图 4-4。

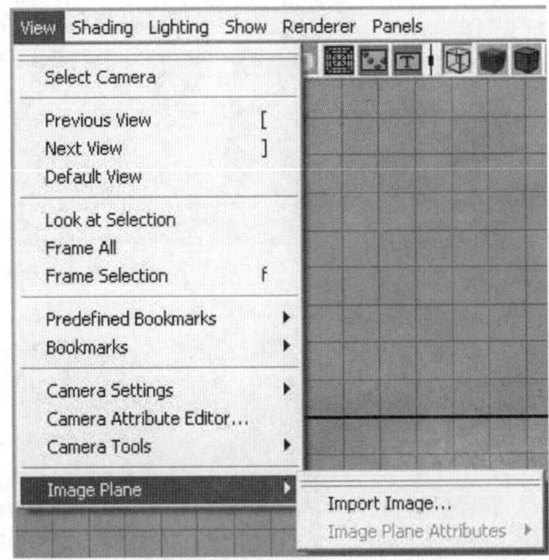

图 4-4　导入图片

结果如图 4-5。

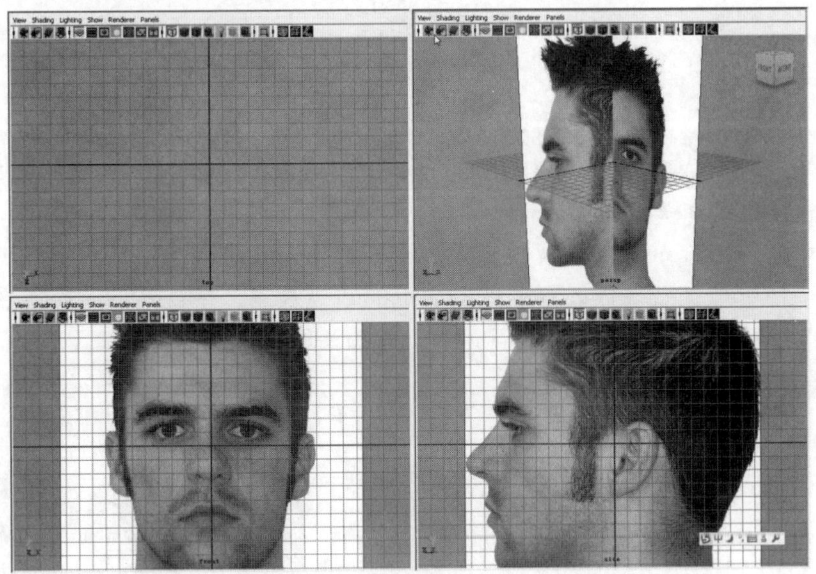

图 4-5　导入参考图片

分别选择两幅参考图片，在右侧通道栏调整 Inputs 中 Image Plane1 → Width/Height 对齐图片的大小；Center X/Y/Z 调节图片位置，并按照右上方的 Persp 视窗中的图片位置分开；如图 4-6、图 4-7。

在左下角 Front 视图中调整图片位置，使图片中角色面部中线对齐 Front 视图的坐标中线，如图 4-8。

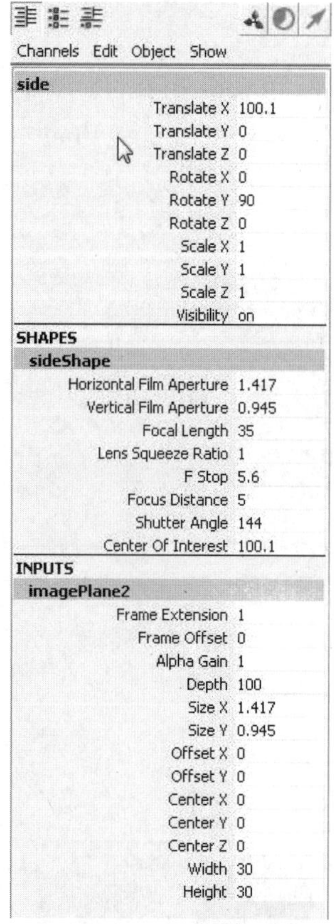

图 4-6 通道栏

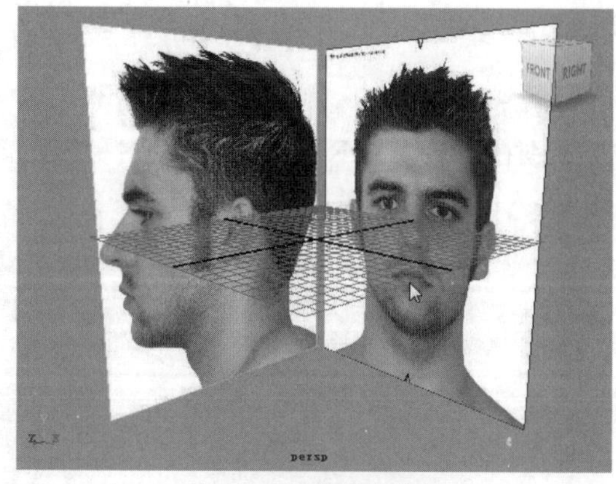

图 4-7 调节图片位置

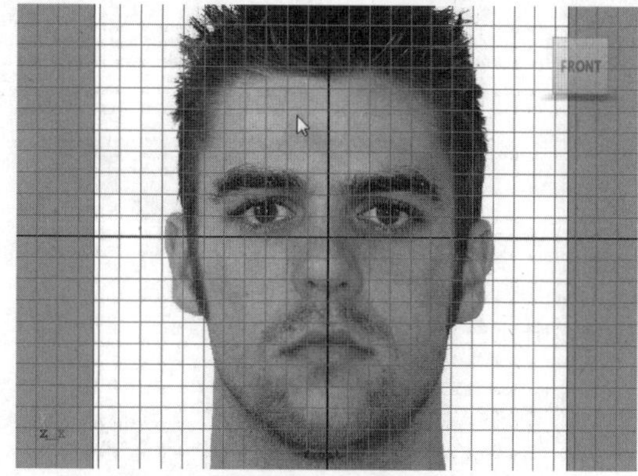

图 4-8 调整图片位置

（2）点击 Persp 视窗中单击 Grid 按钮，隐藏 Persp 视窗的坐标网格，以便于建模过程中更好的观察模型。

创建球体，在 Front 和 Right 视窗中对照图片，对头部模型进行大致的调节。

创建一个 Polygons 球体，修改球的表面的线段数量，在视图右侧通道盒的中设置 Subdivisions Axis 12 ,Subdivisions Height 8，如图 4-9、图 4-10。

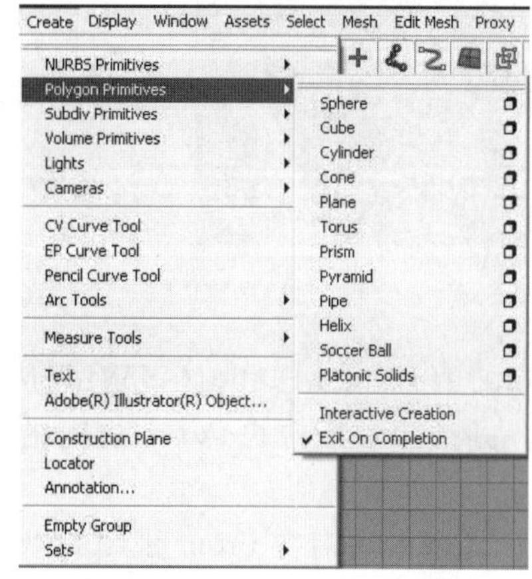

图 4-9 创建 Polygons 球体

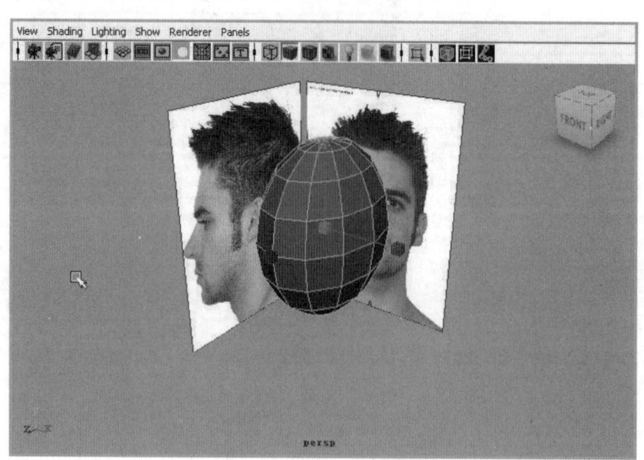

图 4-10 调整球体大小

（3）进入 Front 和 Right 视窗中对照图片中角色头部，调整球体的大小，球体模型范围不包括头发，利用调节点的方法对模型的造型进行调整。注意：角色的左右不是完全对称的，参考一侧造型就可以，人头部的最高点稍微靠后一点，模型在 Top 视图看是前小后大的鸭蛋形，如图 4-11 。

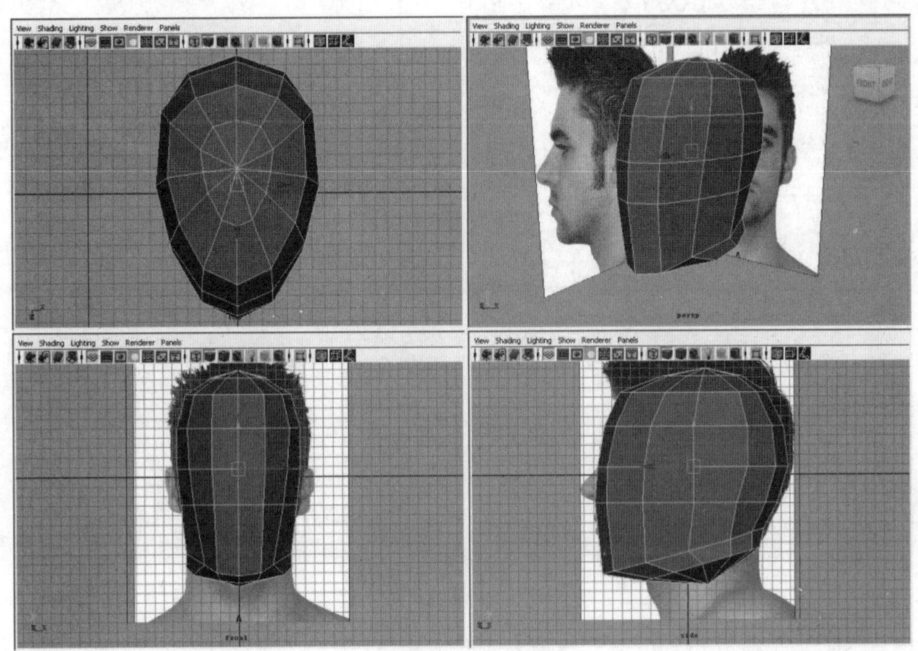

图 4-11　调整造型

（4）使用 Edit Mesh → Delete Edga/Vertex 删除头顶处和脖子处的顶点，如图 4-12、图 4-13。

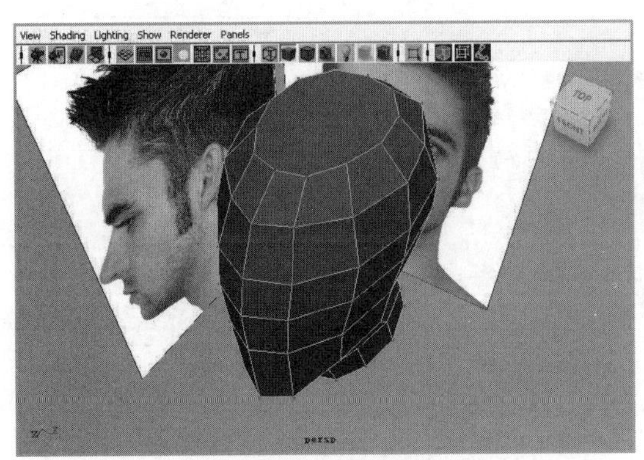

图 4-12　删除头顶点

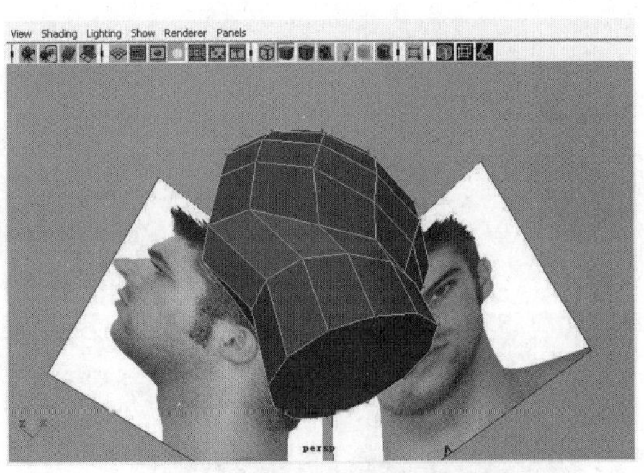

图 4-13　删除脖子底点

选择脖子处底面，使用 Edit Mesh → Extrude 延展出脖子（注意：使用 Edit Mesh → Extrude 命令时要保证 Edit Mesh → Krrp Faces Together 命令是被勾选上的），然后按 Delete 删除底面，如图 4-14 ～图 4-16。

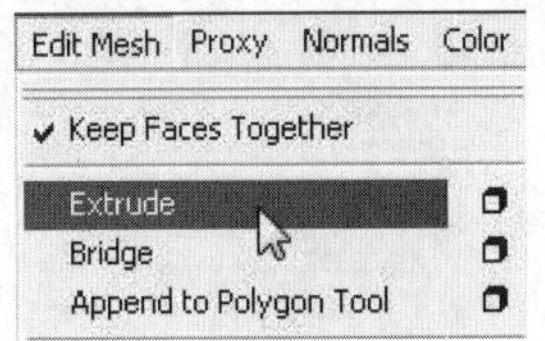

图 4-14　Extrude 命令

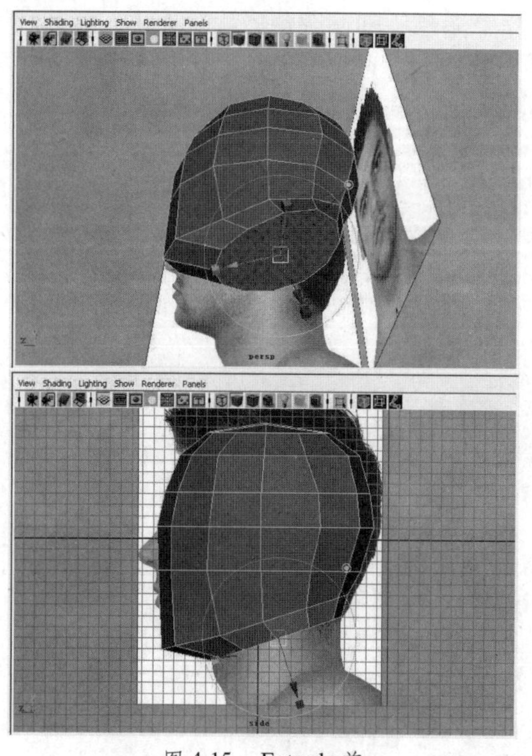

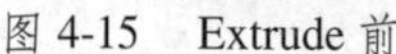

图 4-15 Extrude 前

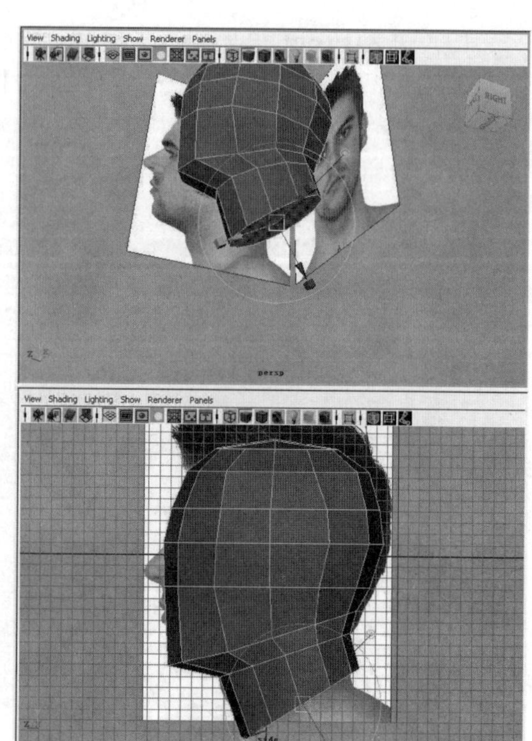

图 4-16 Extrude 后

（5）头顶位置用 Edit Mesh → Split Polygons tool 命令划分面，调整顶面形，使头顶部分光滑后不会出现过密的网格，同时都保持四边面，如图 4-17 ～图 4-19。

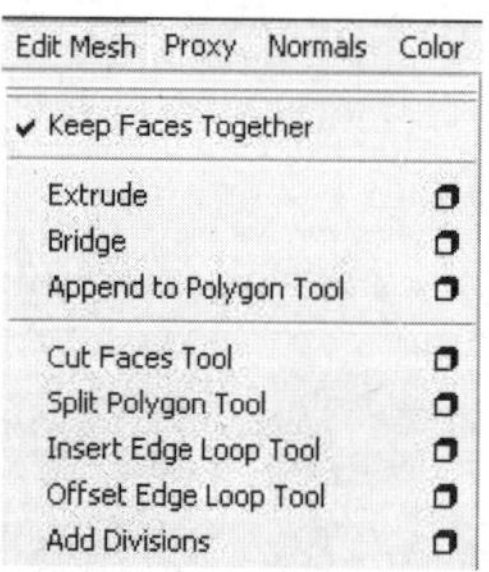

图 4-17 Split Polygons tool 命令

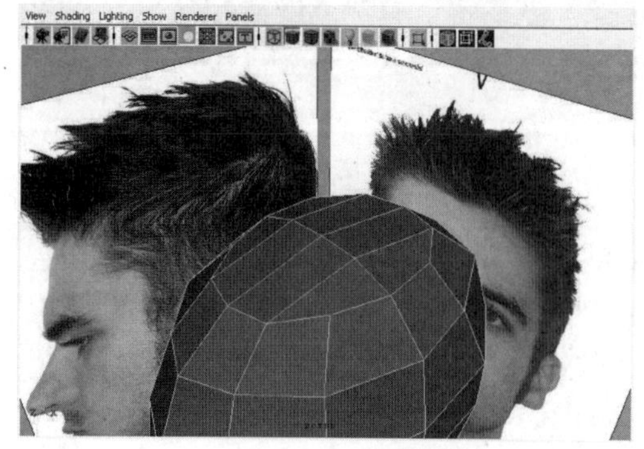

图 4-18 划分面

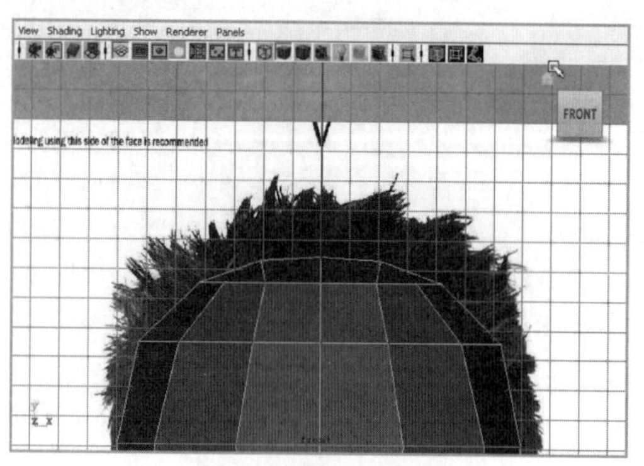

图 4-19 调整划分面

（6）角色头部基本是左右对称的，可以先删除一半模型，然后镜像关联复制，这样在选中任意半个头部模型进行造型调整时另一半可以做镜像调整，方便在制作中进行比例观察，以提高制作效率。

在 Front 视窗中进入模型的 Face 级别，删除一半模型，打开 Edit → Duplicate Special 命令属性，调整参数如图所示，进行镜像关联复制，如图 4-20 ～图 4-23。

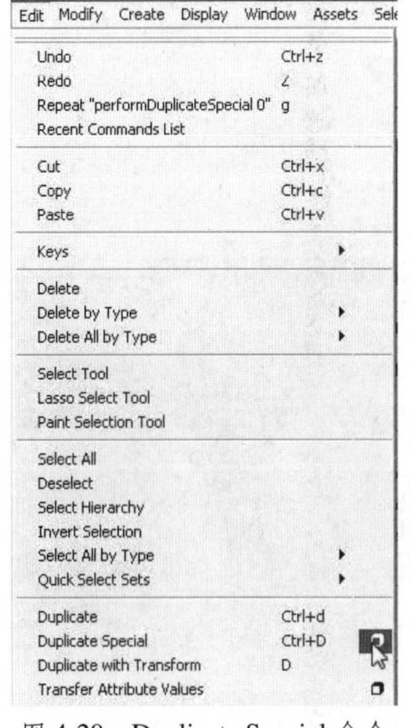

图 4-20　Duplicate Special 命令

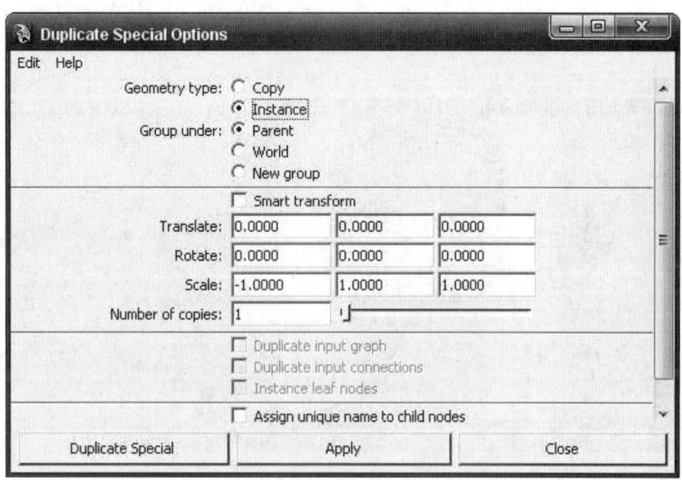

图 4-21　Duplicate Special 命令属性

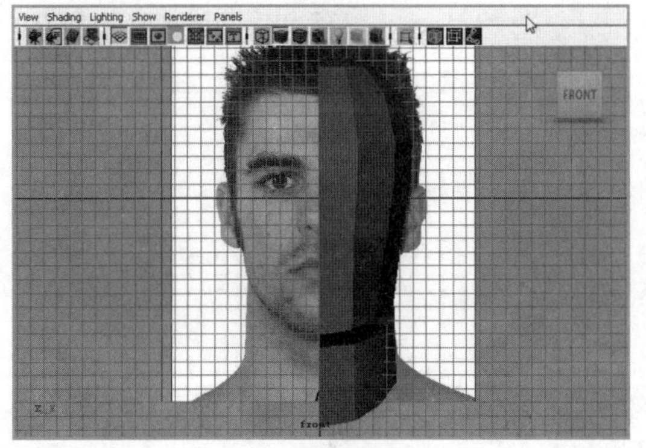

图 4-22　镜像复制前

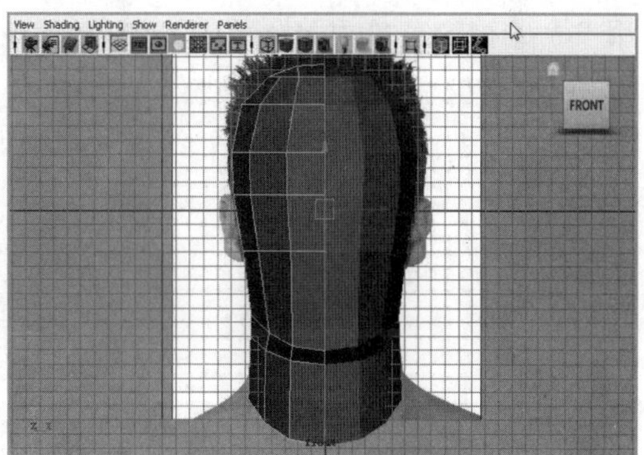

图 4-23　镜像复制后

为了模型进一步调整，进行显示设置。

（7）选择模型。执行 Display → Polygons → Backface Culling 命令，是模型在视窗里只显示法线正方向的部分，这样视窗内显示不会乱，调节起来更方便，如图 4-24 、图 4-25。

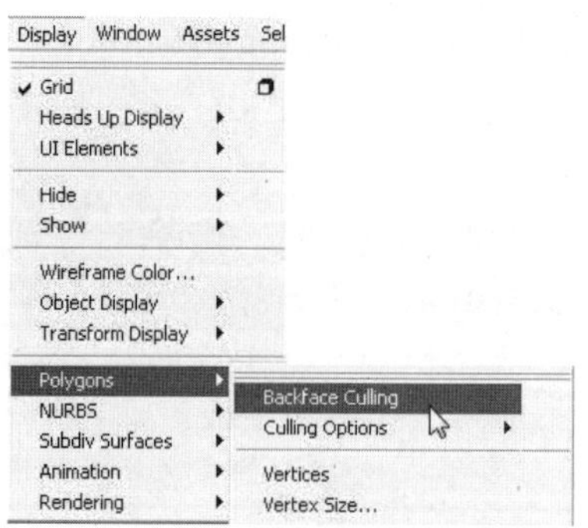

图 4-24　Polygons → Backface Culling 命令

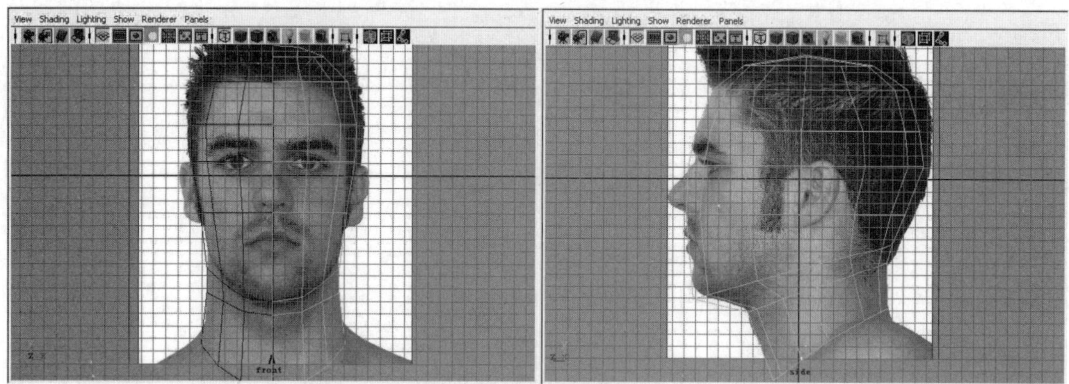

图 4-25　Polygons → Backface Culling 命令后

（8）Persp 视窗中模型看起来比较窄，这是因为视窗的摄像机焦距数字太小；使用 Persp 视窗菜单中 View → Select Camera 命令选中 Persp 摄像机，再打开通道栏，把 PerspShape 中 Focal Length 数值调整为 100，如图 4-26 ～图 4-28。

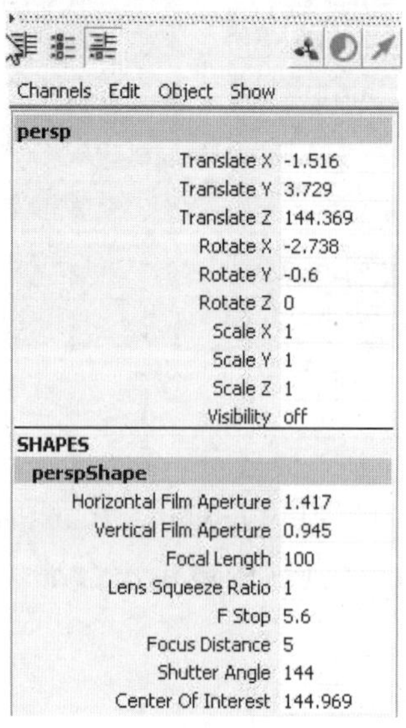

图 4-26　通道栏

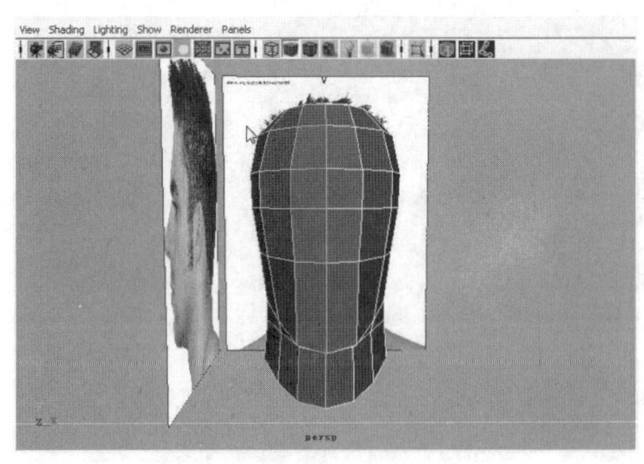

图 4-27　调整 Focal Length 前

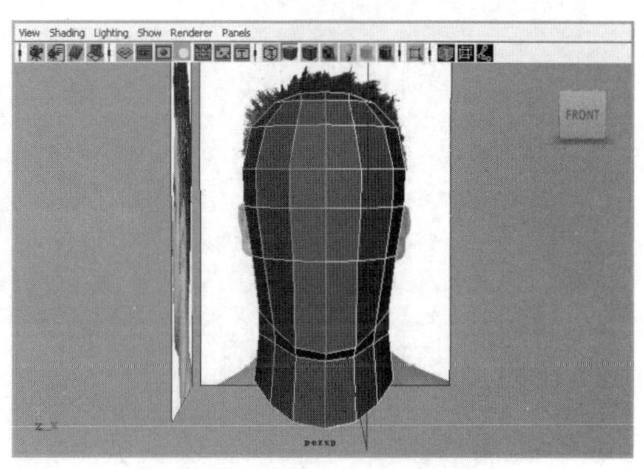

图 4-28　调整 Focal Length 后

Persp 视窗中的参考图片由于摄像机的焦距产生透视效果，已经不准确了，影响正常的模型调节，可以把 Persp 视窗菜单中 Show → Cameras 的勾选取消掉，如图 4-29。

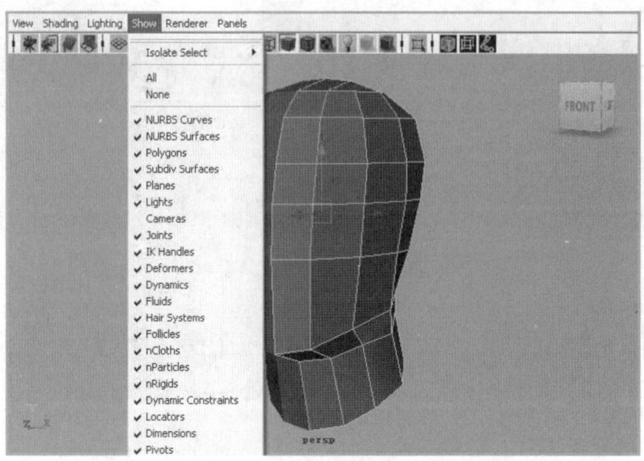

图 4-29　取消 Cameras 的勾选

4.1.2　五官基本形体制作

（1）使用 Edit Mesh → Split Polygons tool 命令在眼睛的部位画一圈线，作为眼眶部位的外形，然后在点模式下调整眼眶的外形，如图 4-30 、图 4-31。

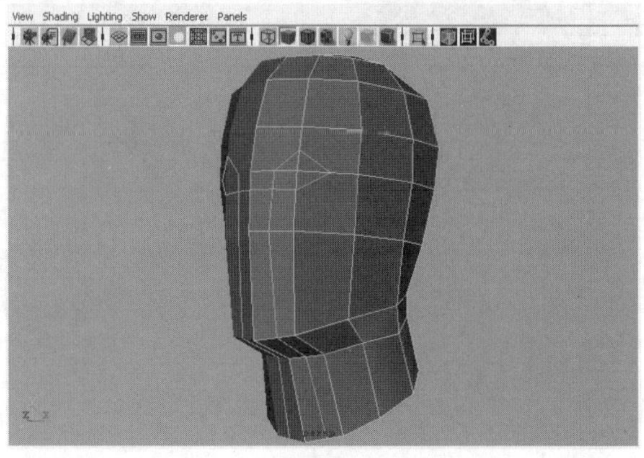

图 4-30　眼睛的部位画线

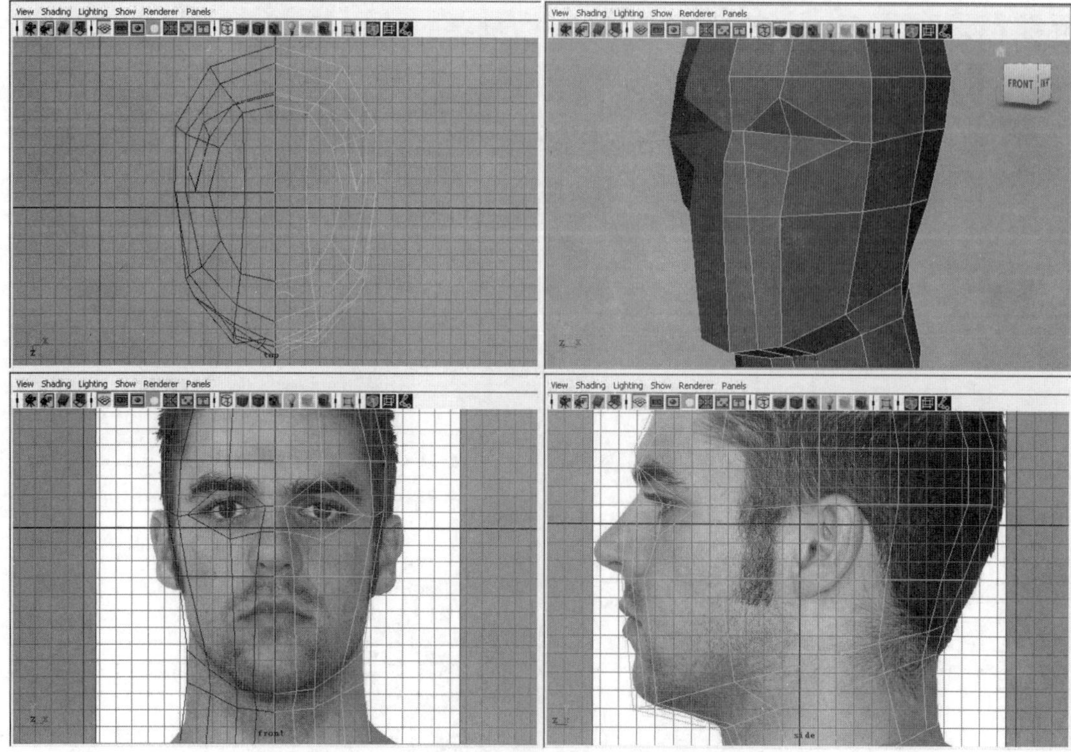

图 4-31　眼睛部位调整

使用 Edit Mesh → Split Polygons tool 命令在眼眶部位里面再画一圈线作为眼睛的外形；在点模式下调整眼睛的外形，再用 Edit Mesh → Delete Edga/Vertex 删除眼睛中间的点，如图 4-32、图 4-33。

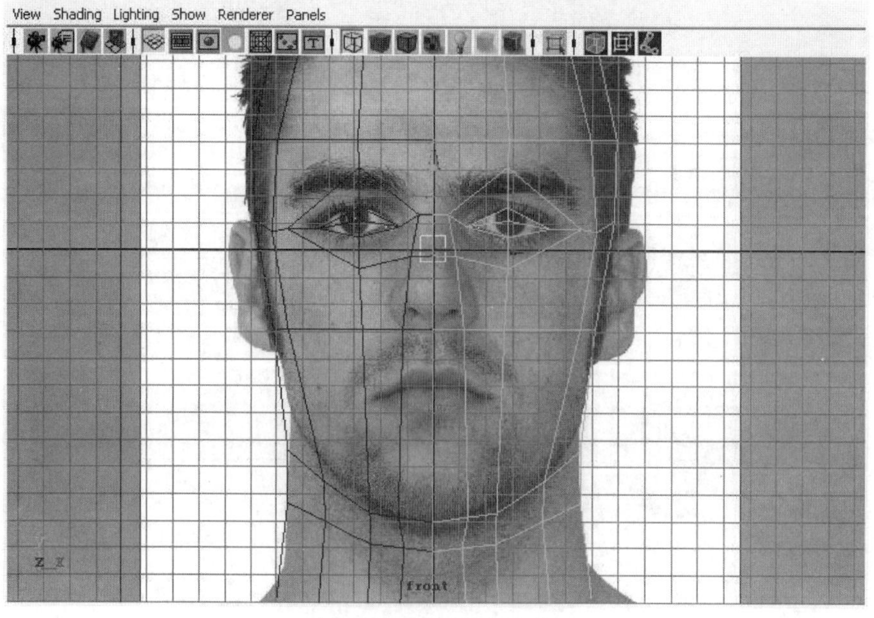

图 4-32　眼眶部位画线

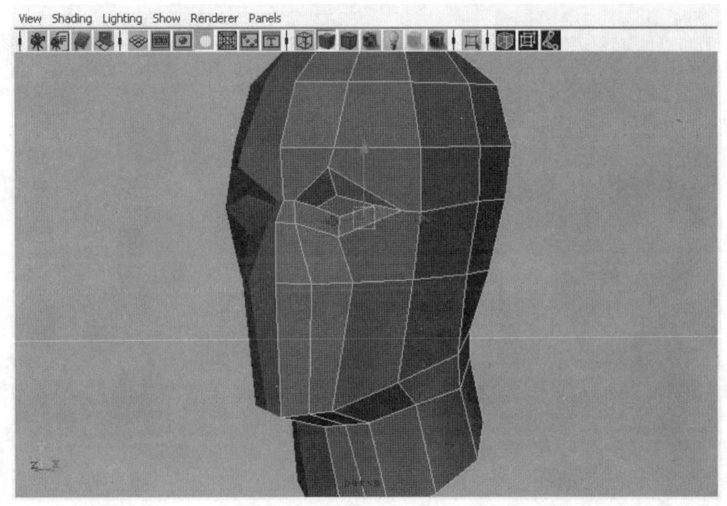

图 4-33 眼眶部位调整

（2）使用 Split Polygons tool 命令在眼眶部位加 4 条线，在点模式下调整眼眶的外形，如图 4-34 、图 4-35。

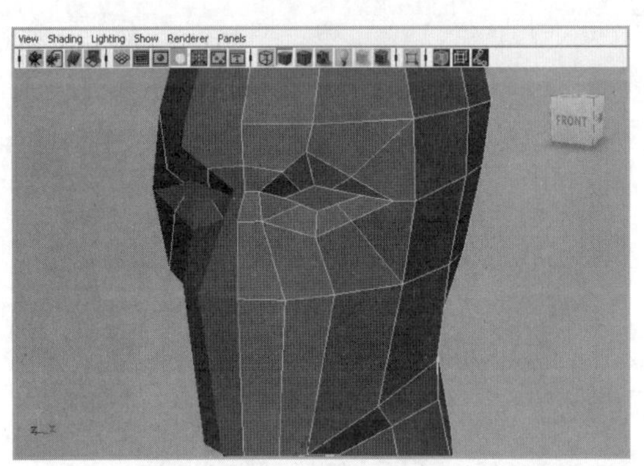

图 4-34 眼眶部位加线

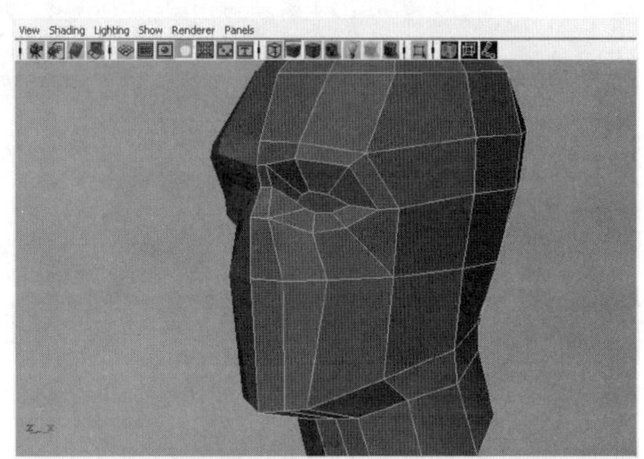

图 4-35 眼眶部位调整

（3）选择鼻子部位的面，使用 Edit Mesh → Extrude 命令，挤出鼻子部分，并在点模式下调整鼻子的形体位置，如图 4-36 ～图 4-38。

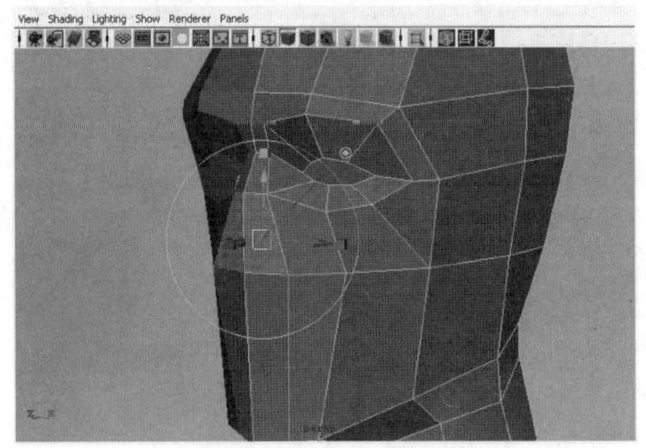

图 4-36 Extrude 命令前

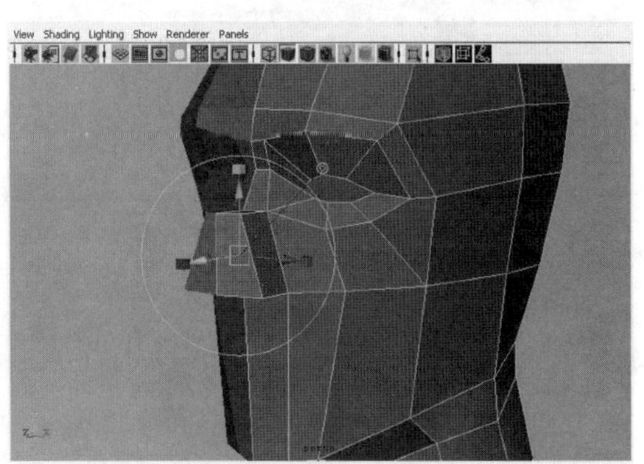

图 4-37 Extrude 命令后挤出鼻子部分

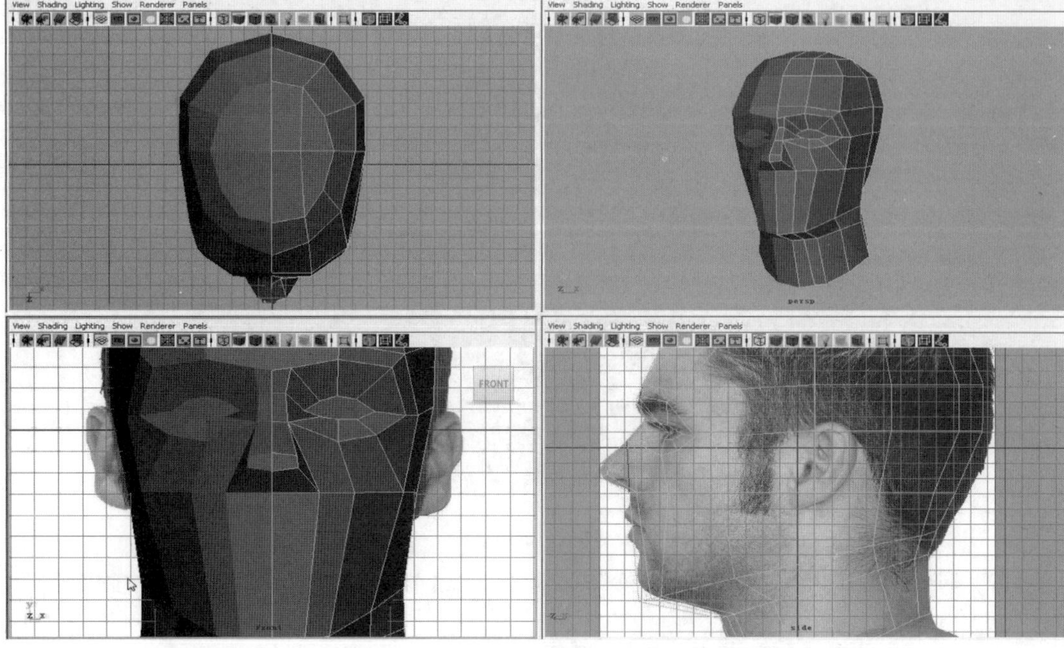
图 4-38　鼻子部分调整

（4）挤出面时，在模型的侧面会多挤出一块面，使用选面模式选中它，然后按 Delete 删除掉，如图 4-39。

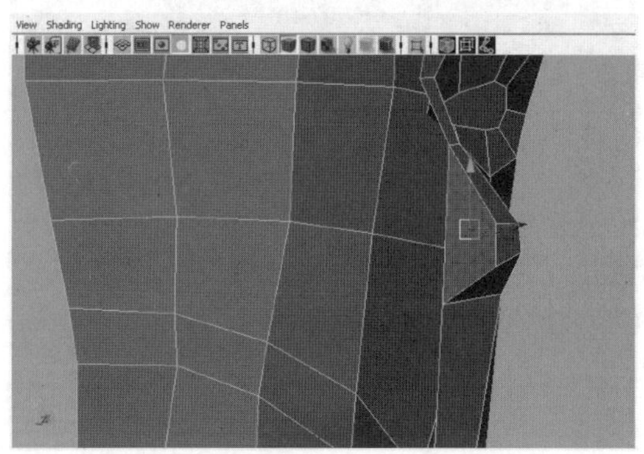
图 4-39　删除掉模型多余挤出面

（5）使用 Edit Mesh → Insert Edge Loop tool 命令，在嘴部口缝的位置画一圈线，如图 4-40。

和眼部一样，用 Edit Mesh → Split Polygons tool 命令画出嘴部的外形线，同样的还要对点进行调整 如图 4-41、图 4-42。

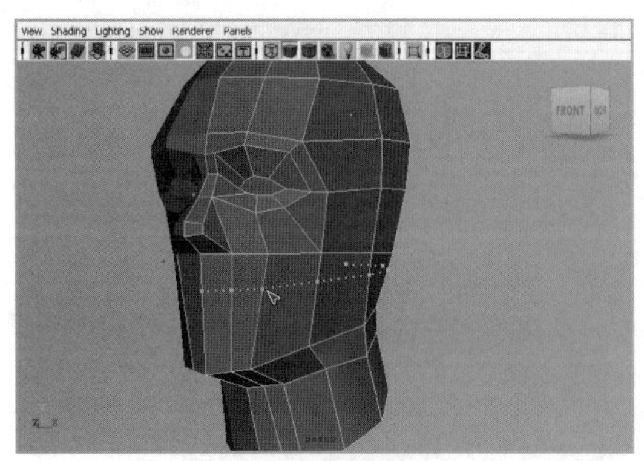
图 4-40　嘴部画线

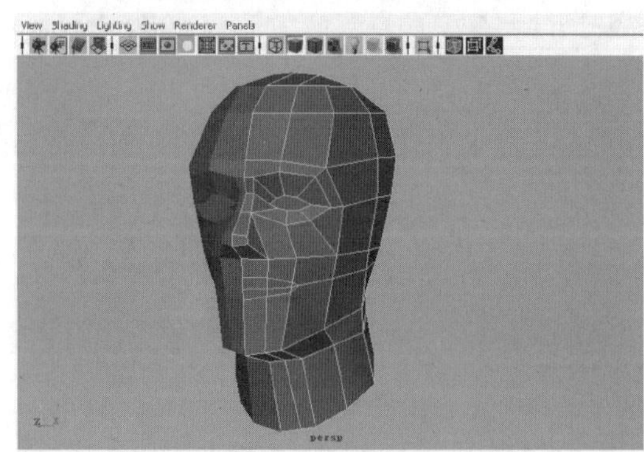
图 4-41　画出嘴部的外形线

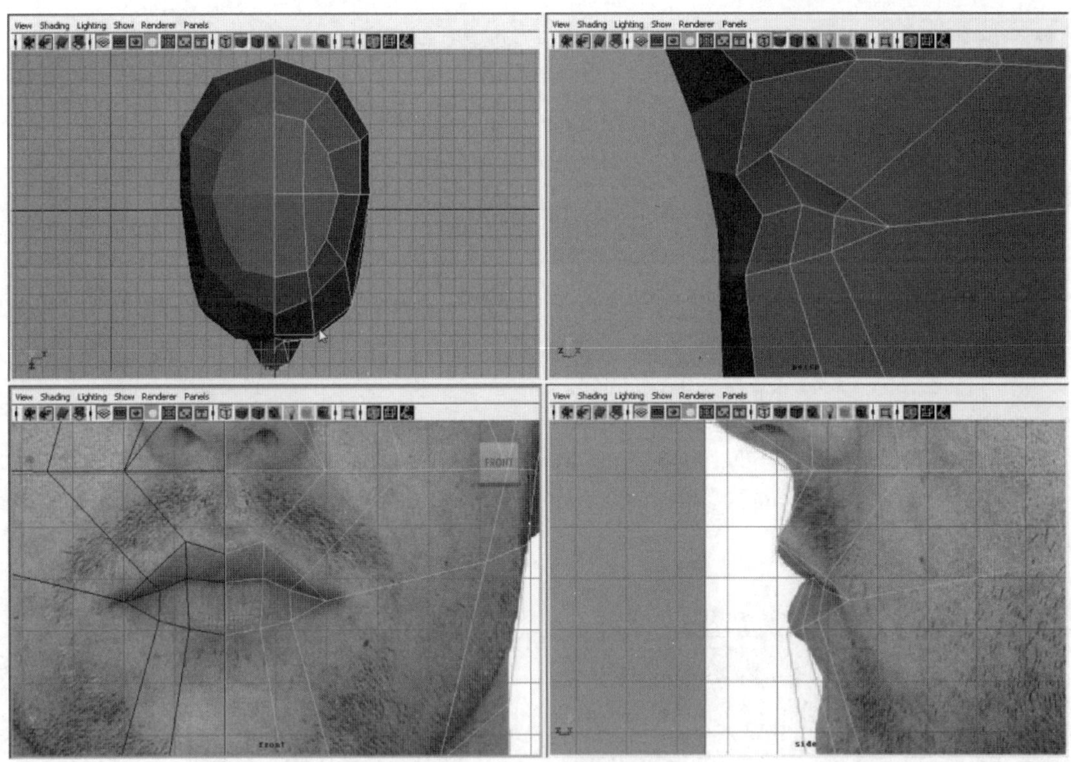

图 4-42　调整嘴部造型

（6）耳朵的位置在头部侧面的中央偏后部分，对应于眼角和鼻底之间；在 Right 视窗中用 Edit Mesh → Split Polygons tool 先把耳朵的外轮廓画出来，如图 4-43。

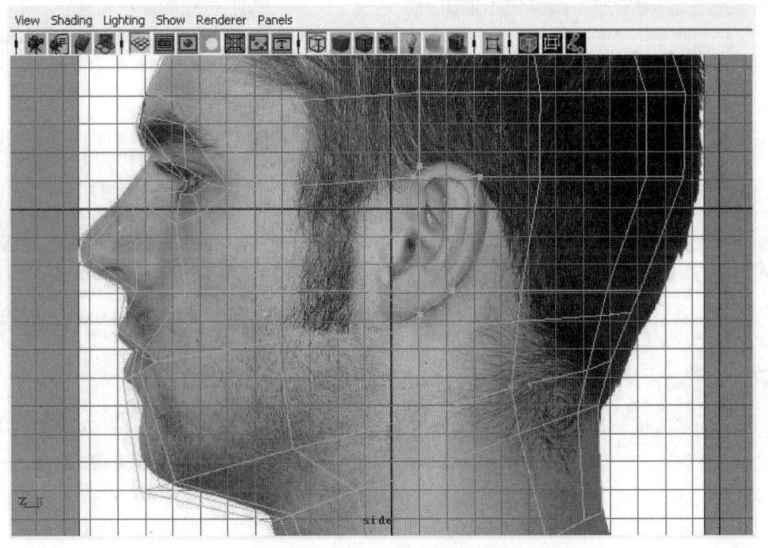

图 4-43　画出耳朵外轮廓

使用 Edit Mesh → Delete Edga/Vertex 删除耳朵中间的 2 个点，同样的还要对点进行调整，如图 4-44、图 4-45。

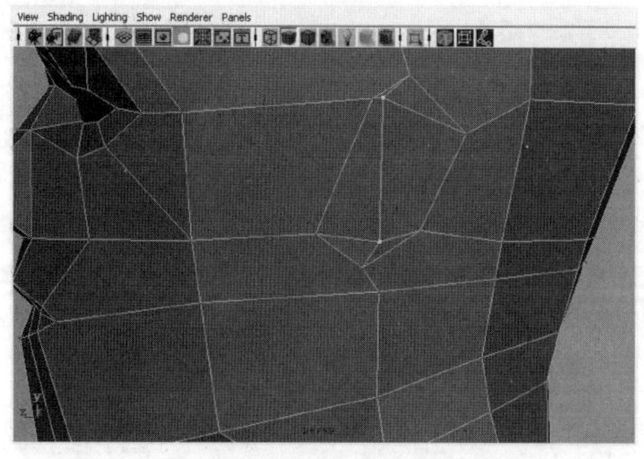

图 4-44 删除点前

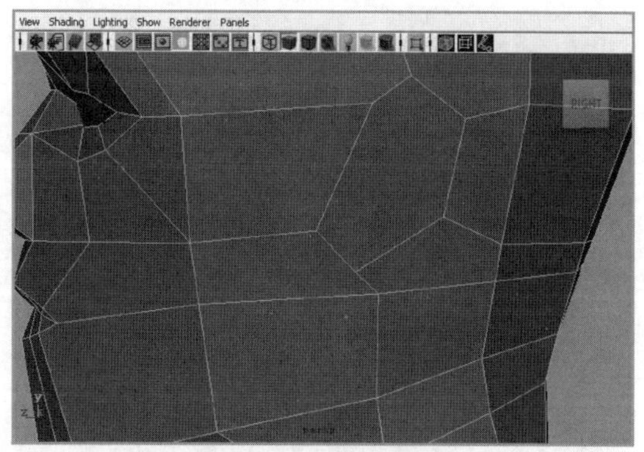

图 4-45 删除点后

(7) 选择耳朵部位的面，执行 Edit Mesh → Extrude 命令，挤出耳朵的大致外形，挤出后不但要移动挤出面，还要旋转挤出面，得到耳朵的倾斜角度，如图 4-46 ~图 4-49。

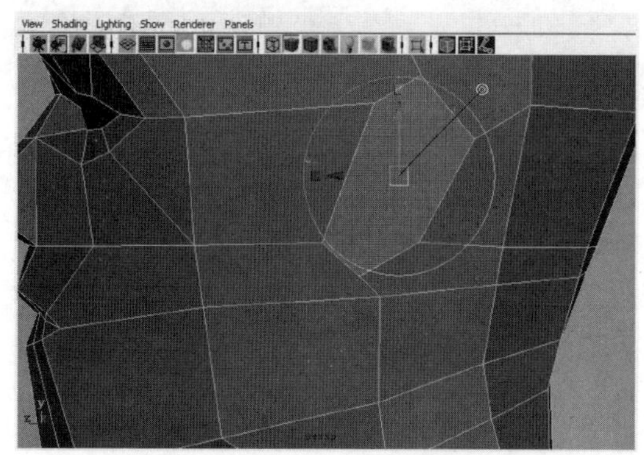

图 4-46 挤出耳朵的步骤 1

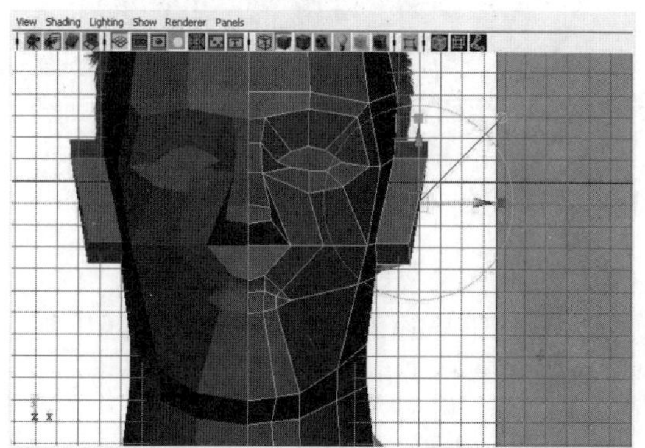

图 4-47 挤出耳朵的步骤 2

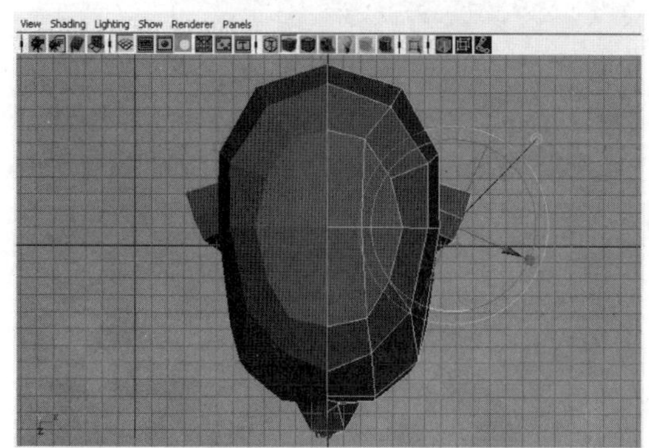

图 4-48 挤出耳朵的步骤 3

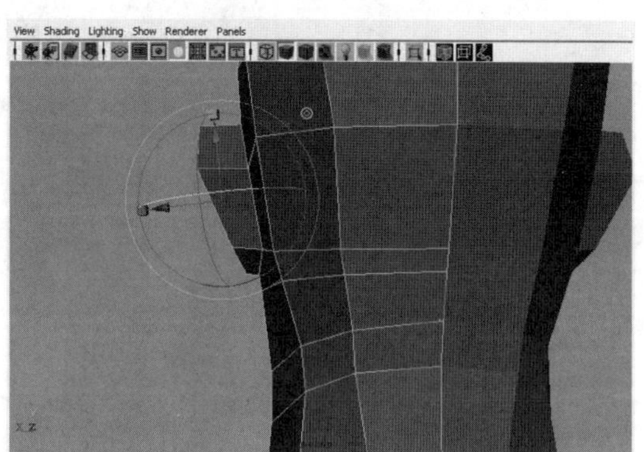

图 4-49 挤出耳朵的步骤 4

4.2 头部模型的基本布线制作

4.2.1 修改鼻子的布线

（1）使用 Edit Mesh → Split Polygons tool 命令在眼眶部位加 2 条线，如图 4-50、图 4-51。

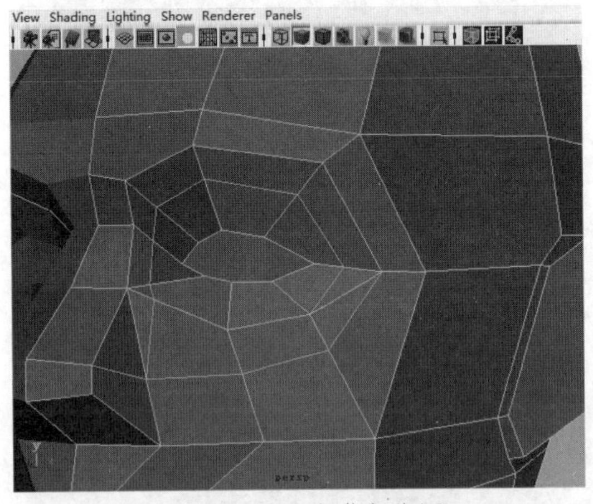

图 4-50 眼眶部位加线图

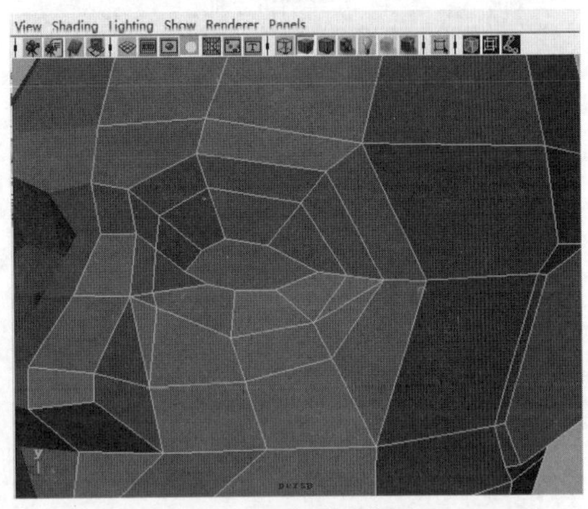

4-51 调整眼眶位置

用 Edit Mesh → Delete Edga/Vertex 删除多余的线和点，如图 4-52。

再用 Edit Mesh → Split Polygons tool 命令连接眼部周围的两个点，如图 4-53。

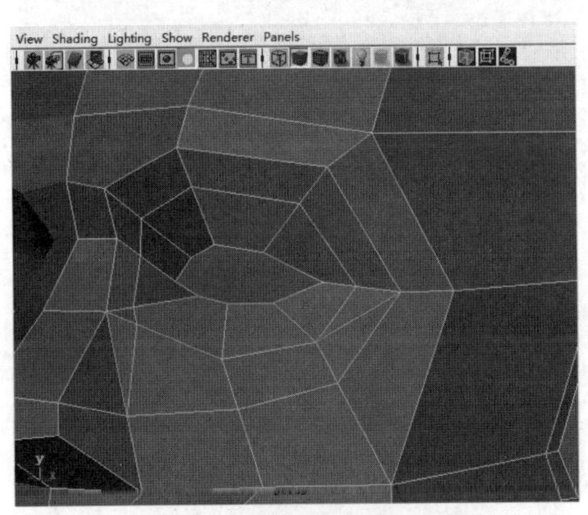

图 4-52 删除所选线

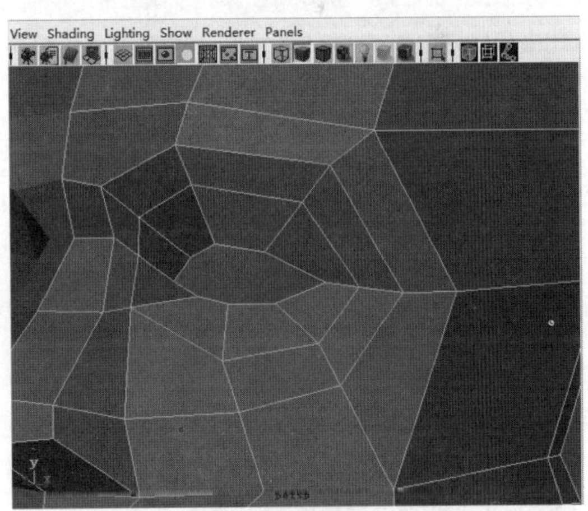

图 4-53 连接点

（2）在 Front 和 Side 视窗中调整点的位置使之更对应眼部的轮廓，如图 4-54、图 4-55。

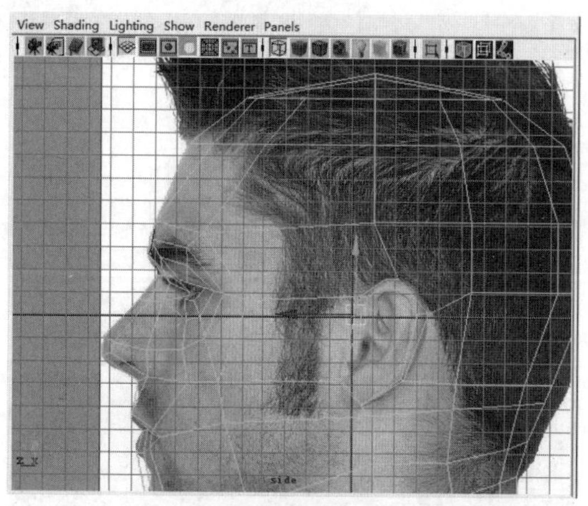

图 4-54 side 视窗调整

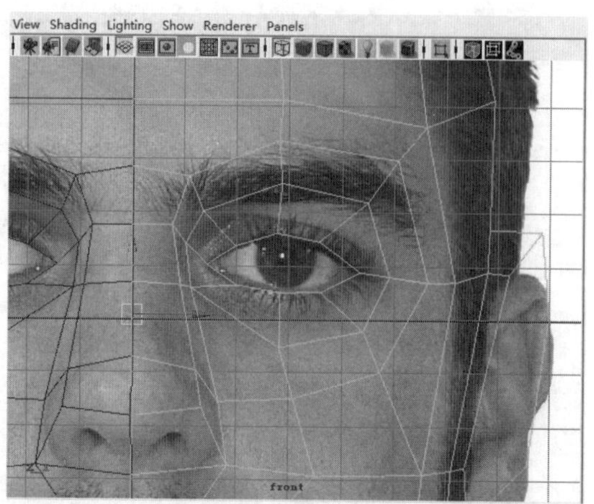

图 4-55 front 视窗调整

4.2.2 修改嘴部的布线

为了体现口轮匝肌，在嘴部周围用 Edit Mesh → Split Polygons tool 命令新加 3 条线，如图 4-56、图 4-57。

用 Edit Mesh → Delete Edga/Vertex 删除多余的线和点，如图 4-58。

在 Front 和 Side 视窗中 调整点的位置使之更对应嘴部轮廓，如图 4-59、图 4-60。

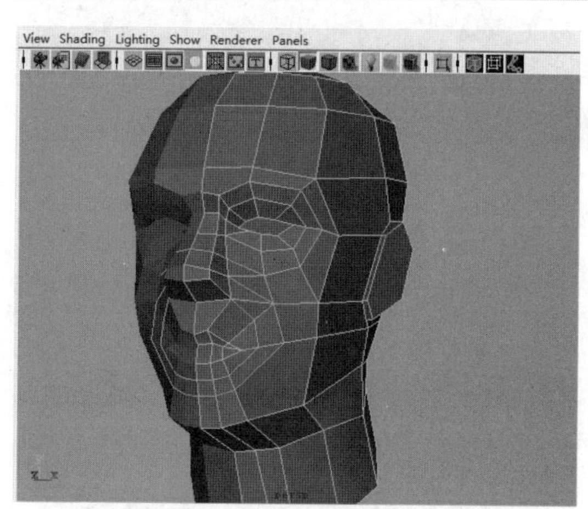

图 4-56 嘴部加线

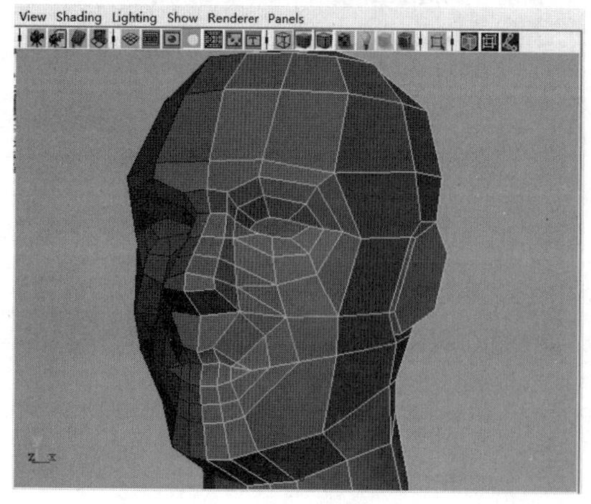

图 4-57 调整嘴部

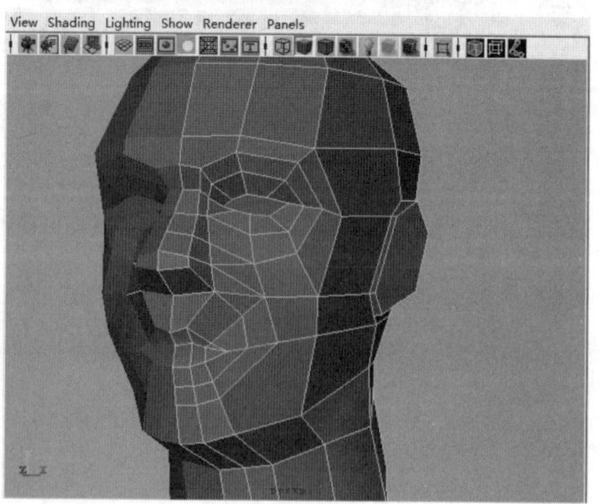

图 4-58 删除所选线

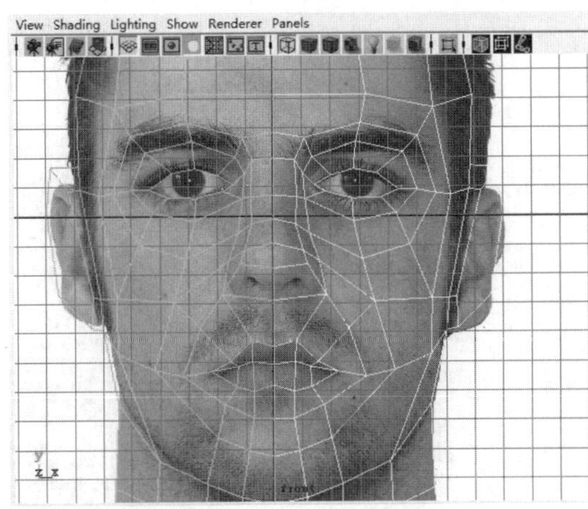

图 4-59　Front 视窗调整

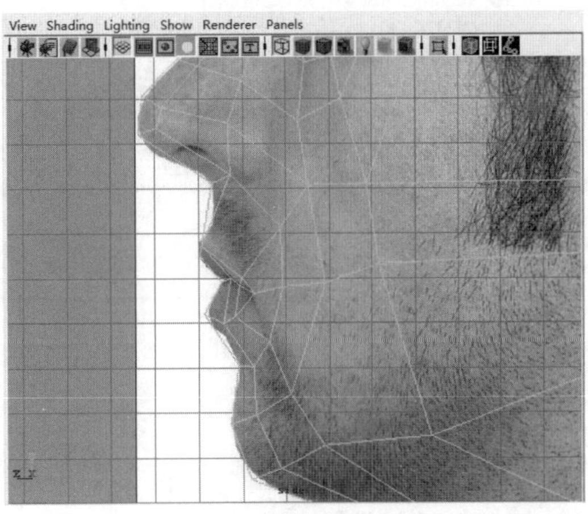

图 4-60　Side 视窗调整

4.2.3　修改耳朵的布线

用 Edit Mesh → Delete Edga/Vertex 删除耳跟部的线，如图 4-61、图 4-62。

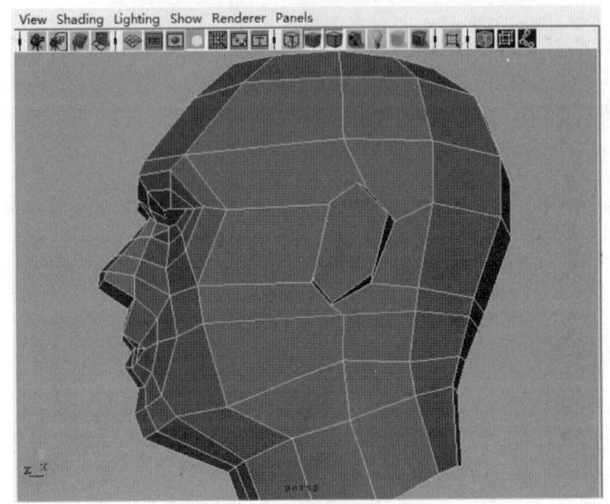

图 4-61　删除所选线

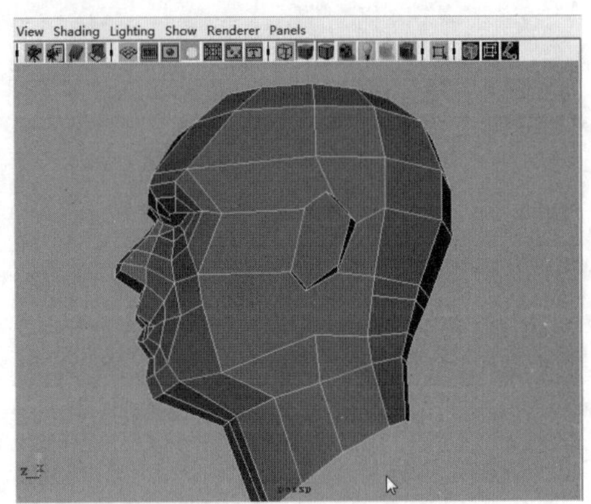

图 4-62　删除线后

用 Edit Mesh → Split Polygons tool 命令重新连接点，如图 4-63。

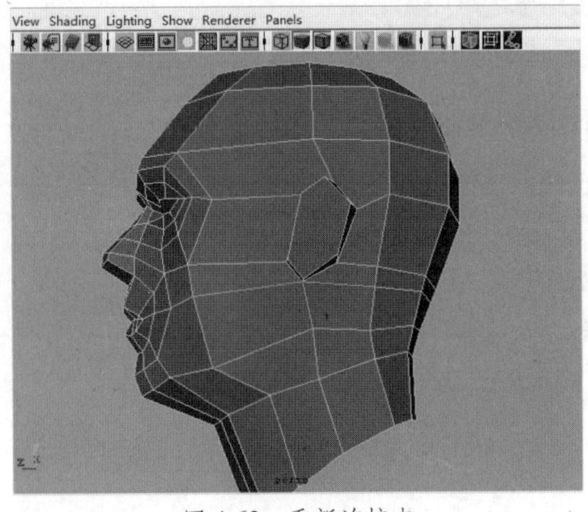

图 4-63　重新连接点

在 Front 和 Side 视窗中 调整点的位置使之更对应耳部轮廓，如图 4-64、图 4-65。

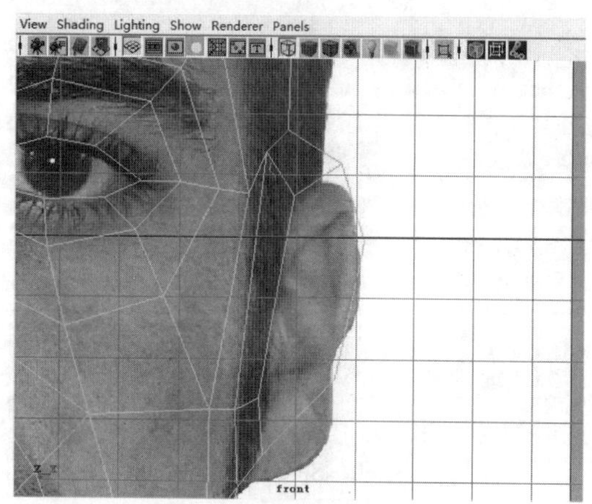

图 4-64 Front 视窗调整

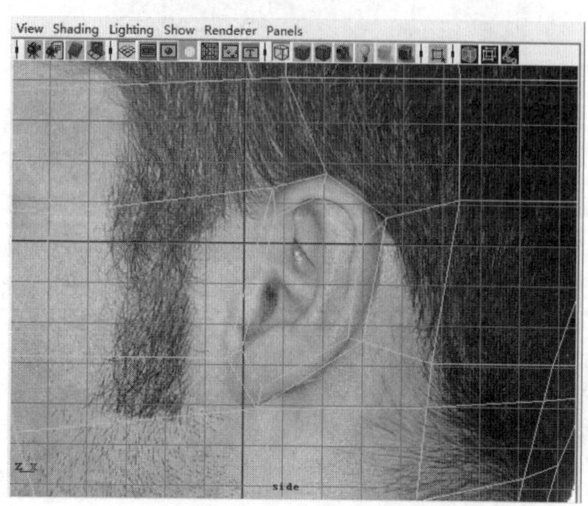

图 4-65 Side 视窗调整

调整整体布线，使布线更加均匀与合理，如图 4-66、图 4-67。

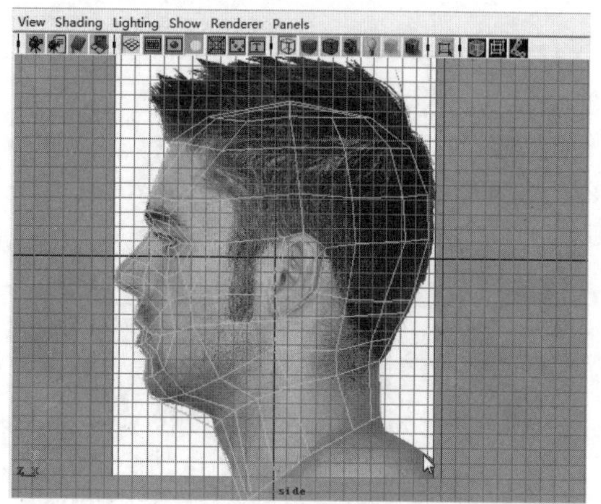

图 4-66 Side 视窗调整

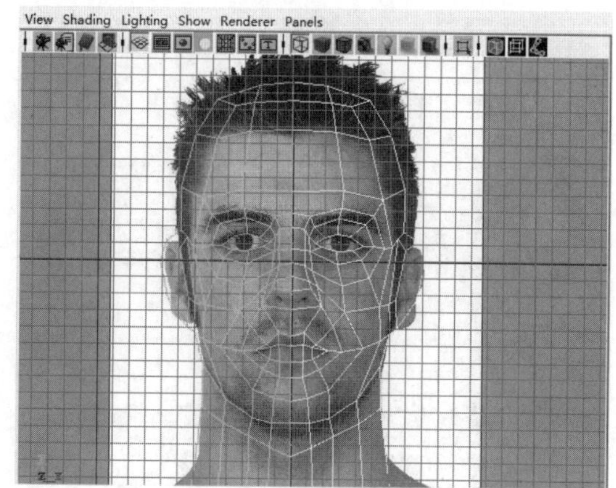

图 4-67 Front 视窗调整

4.3 五官的细节刻画

4.3.1 眼部的刻画

增加眼部布线，用 Edit Mesh → Split Polygons tool 命令新加 4 条线，如图 4-68、图 4-69。

在 Front 和 Side 视窗中调整点的位置使之更对应眼部轮廓，如图 4-70 、图 4-71。

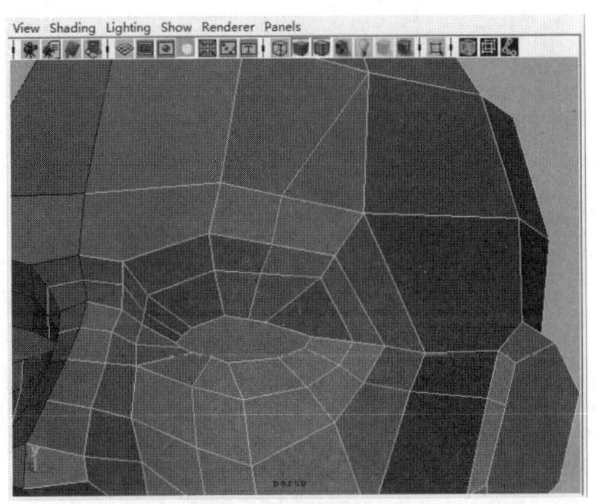

图 4-68　眼部加线

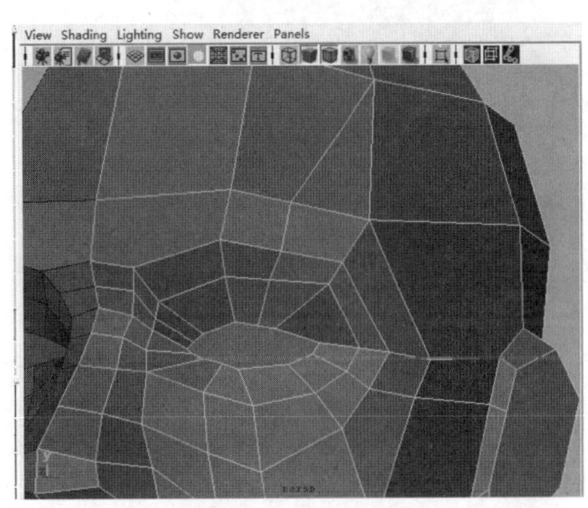

图 4-69　调整眼部

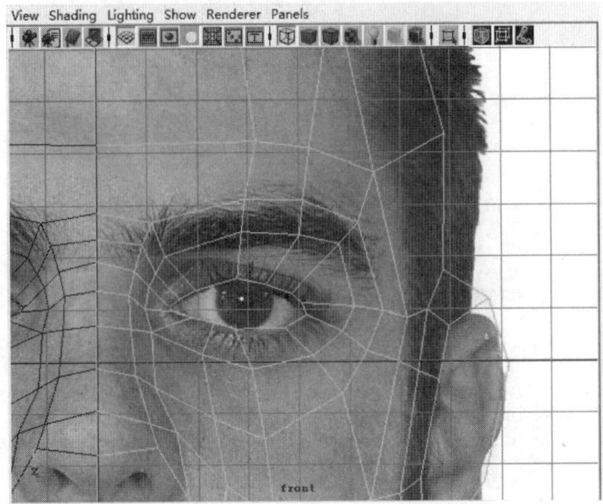

图 4-70　Front 视窗调整

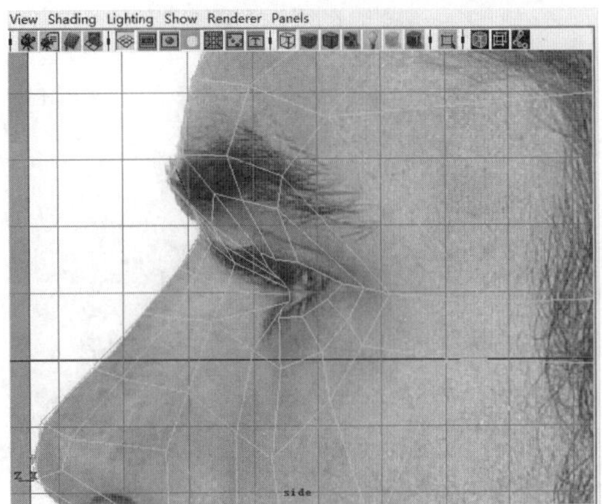

图 4-71　Side 视窗调整

4.3.2　眼皮的刻画

选择眼睛平面，使用 Edit Mesh → Extrude 缩小向后推一些做出眼皮的厚度，再次使用 Edit Mesh → Extrude 缩小向后推，然后按 Delete 删除底面，如图 4-72 ~图 4-75。

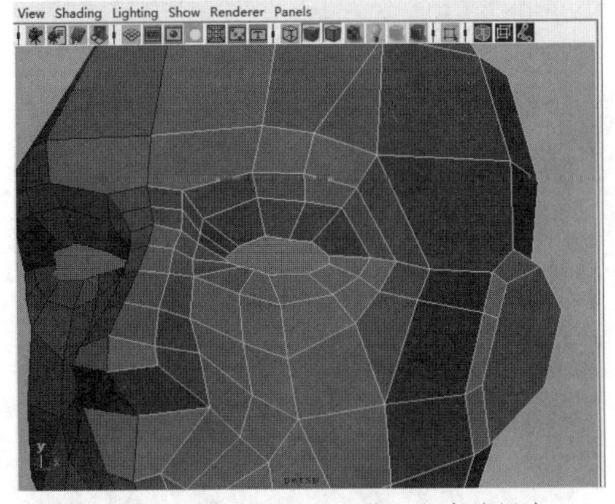

图 4-72　使用 Extrude 做出眼皮的厚度

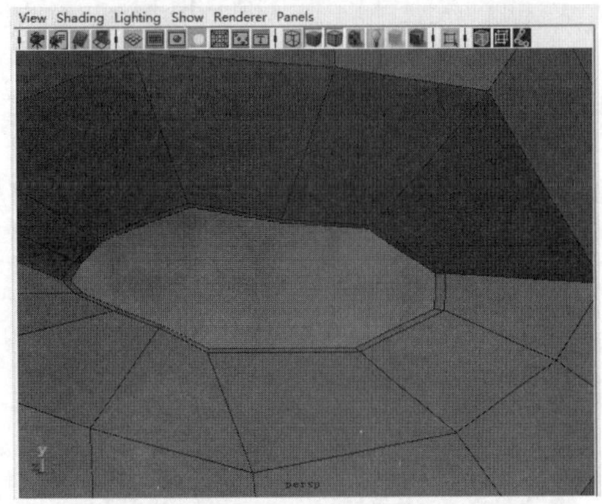

图 4-73　使用 Extrude 做出眼皮的厚度

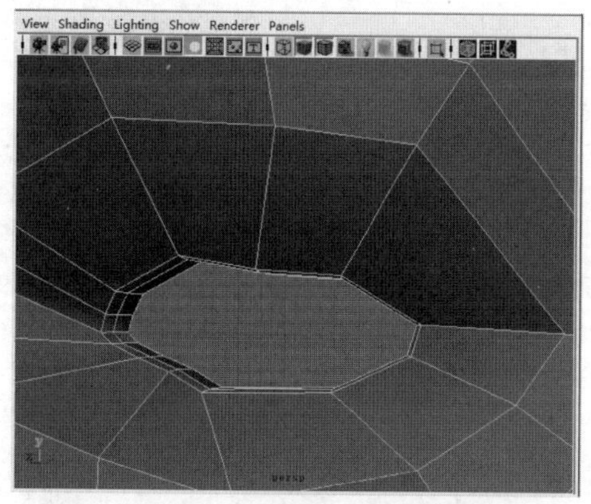

图 4-74　使用 Extrude 做出眼皮的厚度

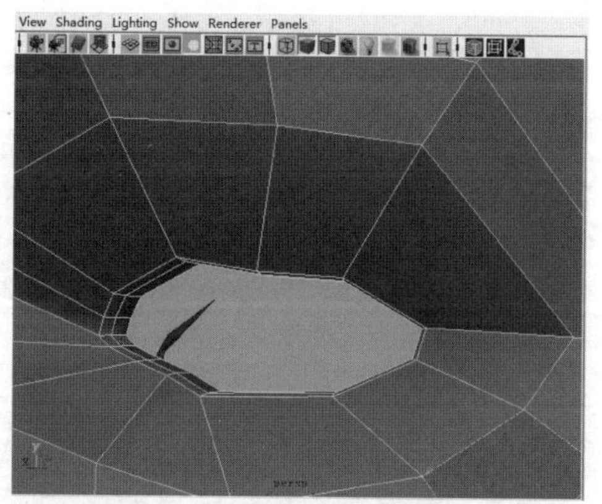

图 4-75　使用 Extrude 做出眼皮的厚度

4.3.3　眼球的刻画

（1）创建一个 Nurbs 球体，调整比例适应眼球位置及旋转极向方便贴图，如图 4-76 、图 4-77。

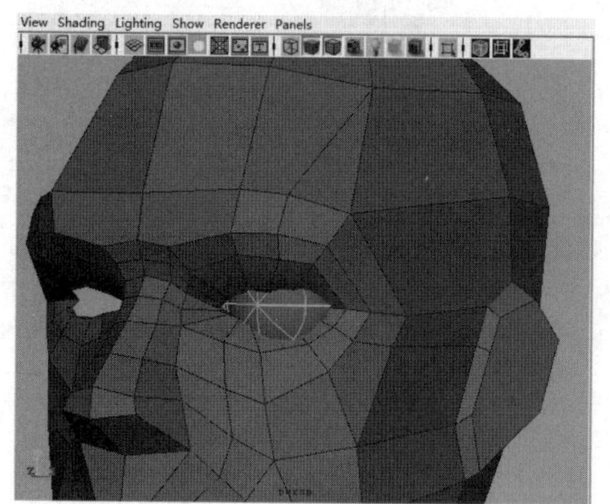

图 4-76　创建 NURBS 球体

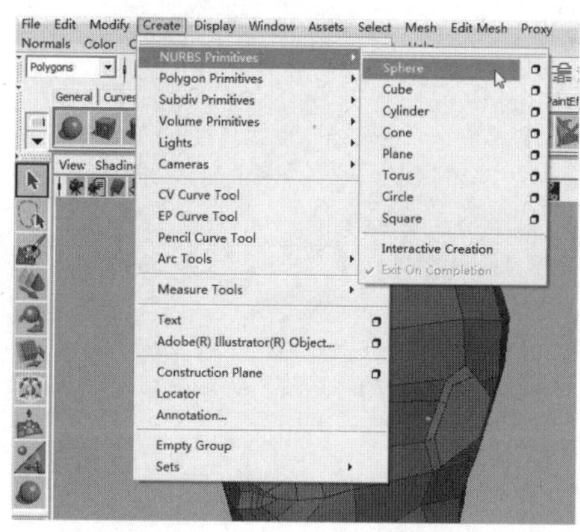

图 4-77　创建 NURBS 球体

在 Front 视窗中，调整点的位置使之更对应眼部轮廓，如图 4-78。

（2）在眼部周围，用 Edit Mesh → Split Polygons tool 命令新加 2 条线，如图 4-79。

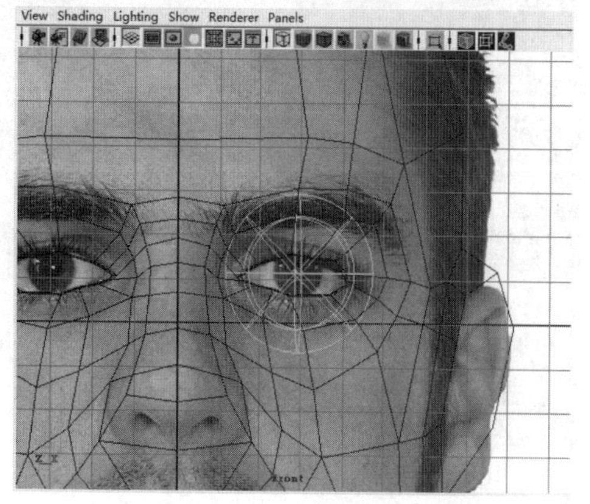

图 4-78　调整眼球位置

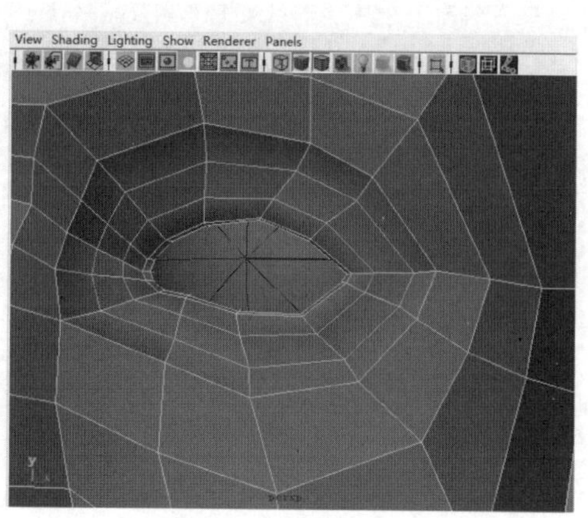

图 4-79　眼部加线

在 Persp 视窗中调整点的位置，如图 4-80。

再次用 Edit Mesh → Split Polygons tool 命令新加 2 条线，如图 4-81。

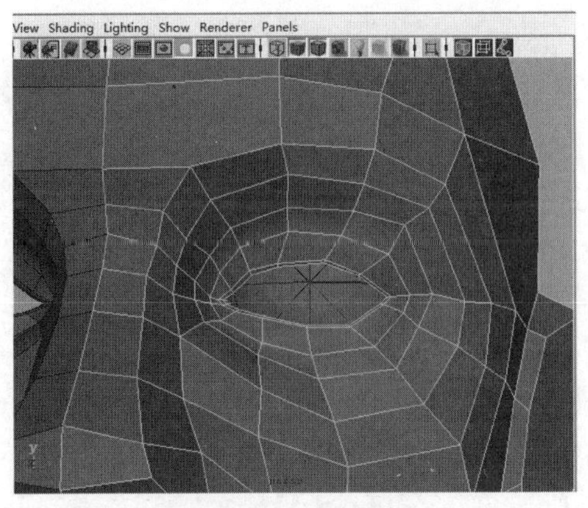

图 4-80　调整眼部

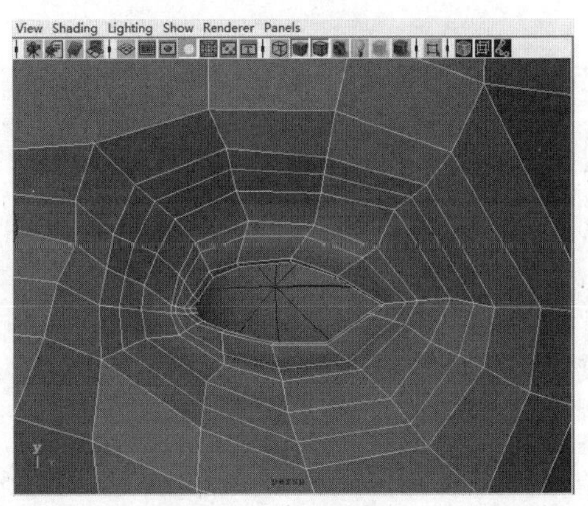

图 4-81　眼部加线

在 Front 和 Persp 视窗中调整点的位置，如图 4-82、图 4-83。

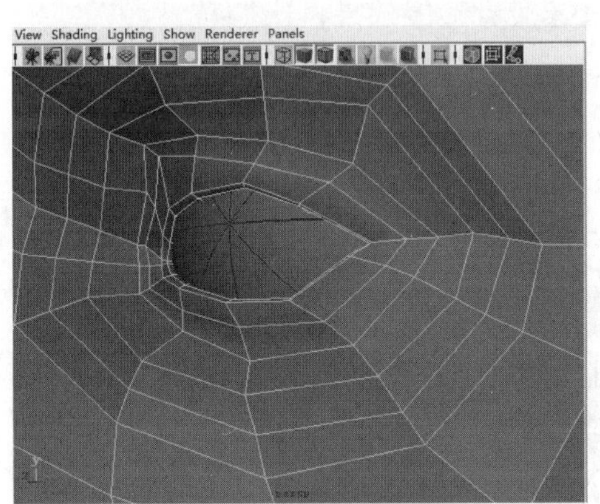

图 4-82　Persp 视窗调整

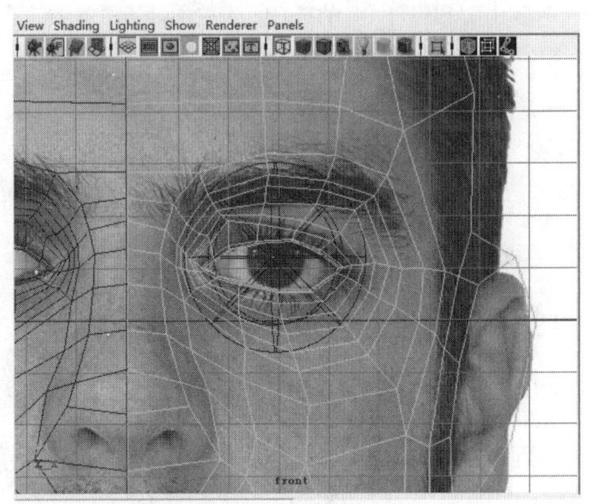

图 4-83　Front 视窗调整

（3）再次用 Edit Mesh → Split Polygons tool 命令新加 1 条线来制作双眼皮，如图 4-84。

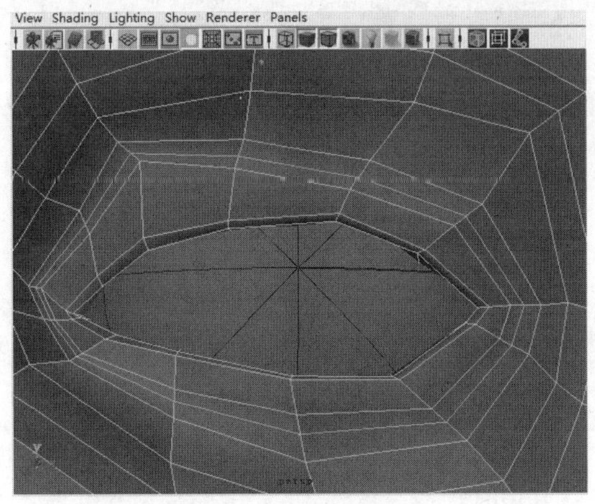

图 4-84　眼部加线

将褶皱较深的地方布线调密并向里推，褶皱不明显的部位将布线均匀分散开，如图 4-85 、图 4-86。

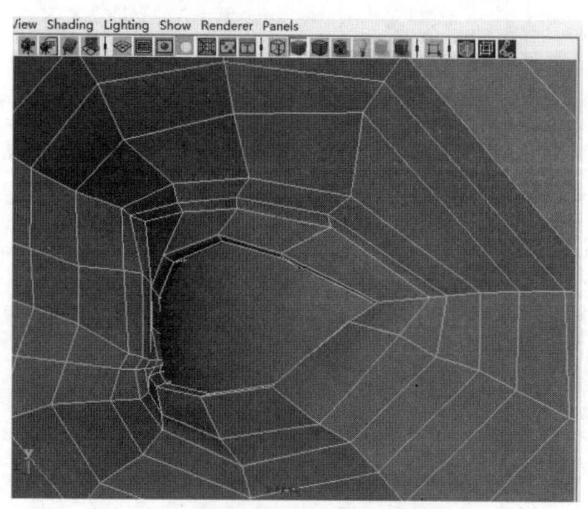

图 4-85 Persp 视窗调整

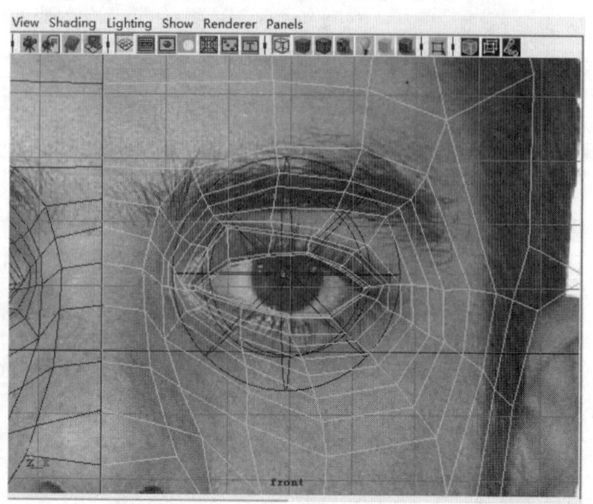

图 4-86 Front 视窗调整使用

（4）使用 Normals → Soft Edge 命令软化边缘，看整体效果再次调整，如图 4-87。

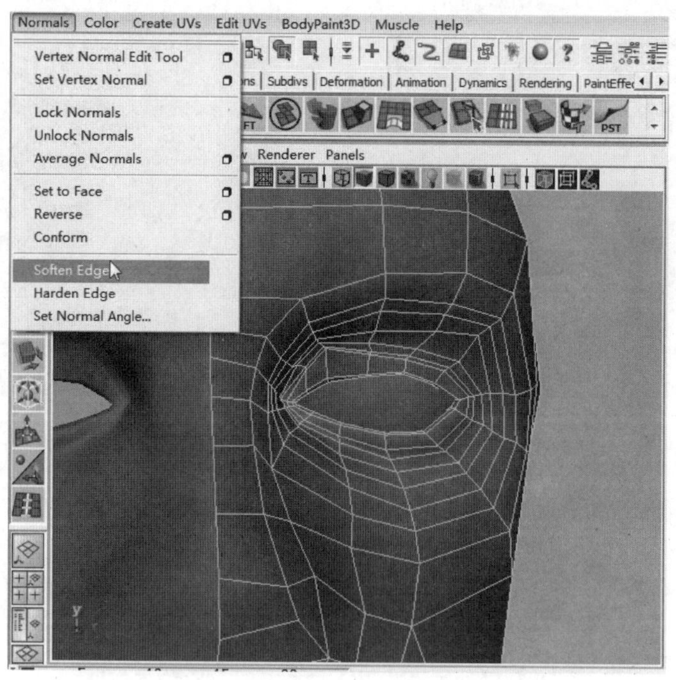

图 4-87 软化边缘

4.3.4 鼻子的刻画

（1）选中鼻底的面，如图 4-88。

使用 Edit Mesh → Extrude 缩小向上推，做出鼻孔。如图 4-89、图 4-90。

（2）用 Edit Mesh → Split Polygons tool 命令在鼻子部位新加 2 条线，如图 4-91。

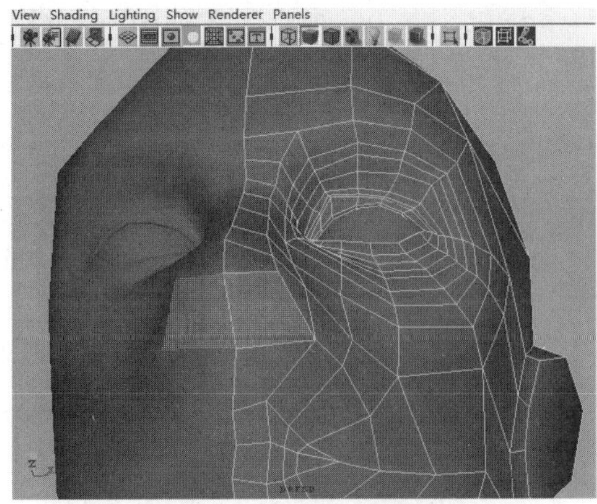

图 4-88　选中鼻底的面

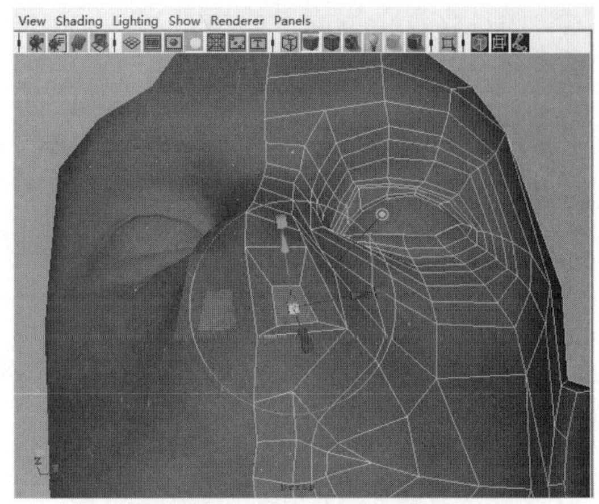

图 4-89　Extrude 后缩小鼻子底部

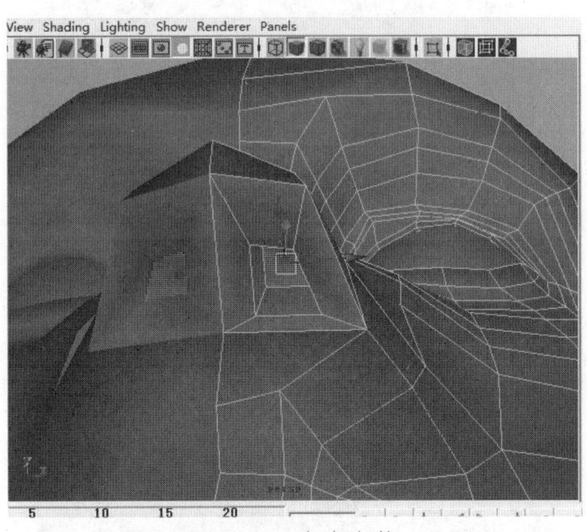

图 4-90　向内上推

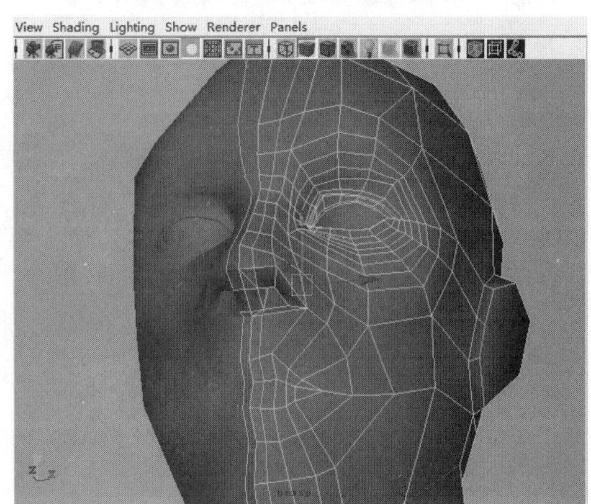

图 4-91　鼻子部位加线

选中多余的线，按 Delete 删除，如图 4-92。

（3）使用 Edit Mesh → Split Polygons tool 命令在鼻底，再加一条线，如图 4-93。

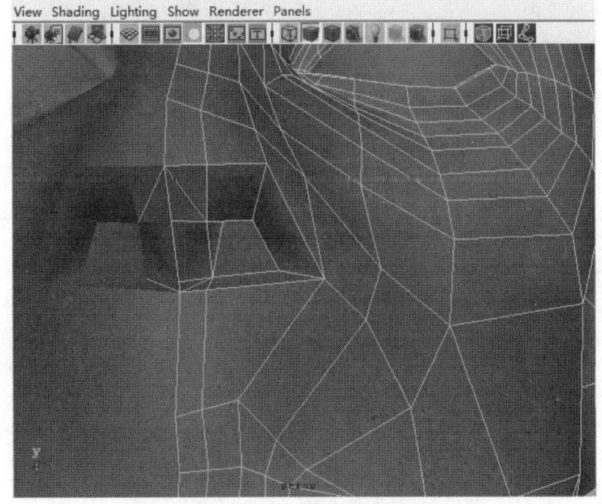

图 4-92　删除选中线

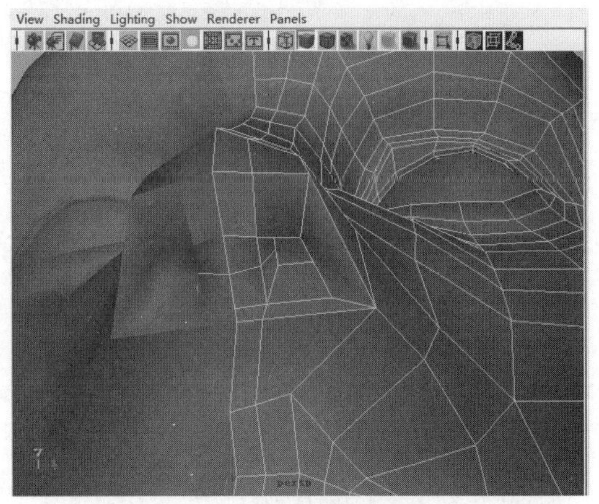

图 4-93　鼻底加线

（4）选鼻子侧面，使用 Edit Mesh → Extrude 缩小向外拉做出鼻翼，如图 4-94、图 4-95。

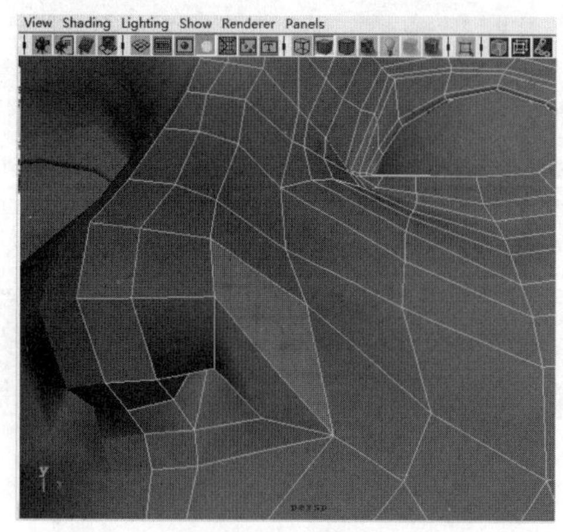

图 4-94　选中面

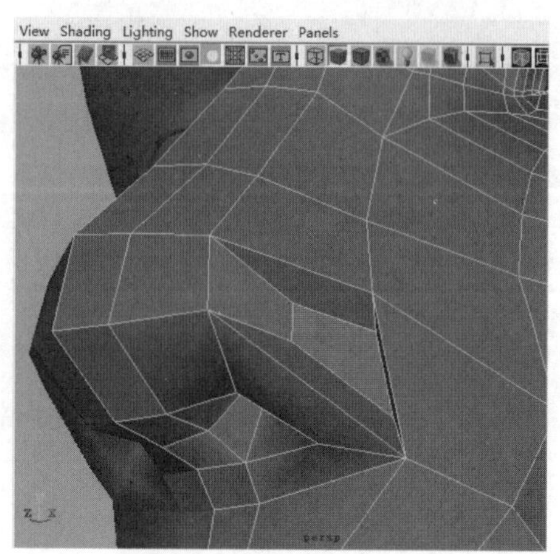

图 4-95　执行 Extrude

使用 Edit Mesh → Split Polygons tool 命令在鼻翼，再加一条线，如图 4-96。

选中多余的线，按 Delete 删除，如图 4-97。

图 4-96　鼻翼加线

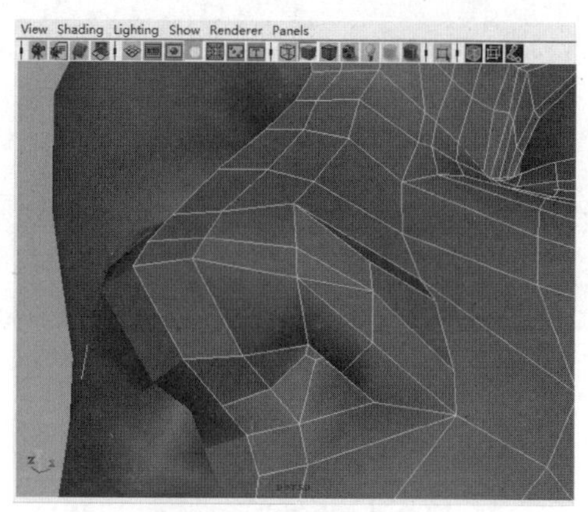

图 4-97　删除多余线

在 Front 和 Persp 视窗中调整点的位置，如图 4-98、图 4-99。

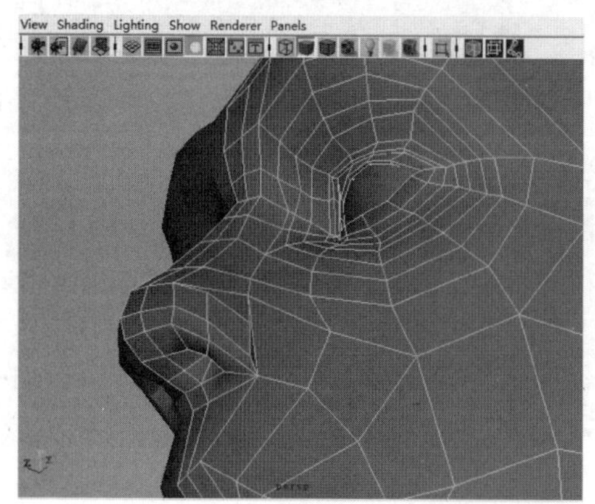

图 4-98　Persp 视窗调整

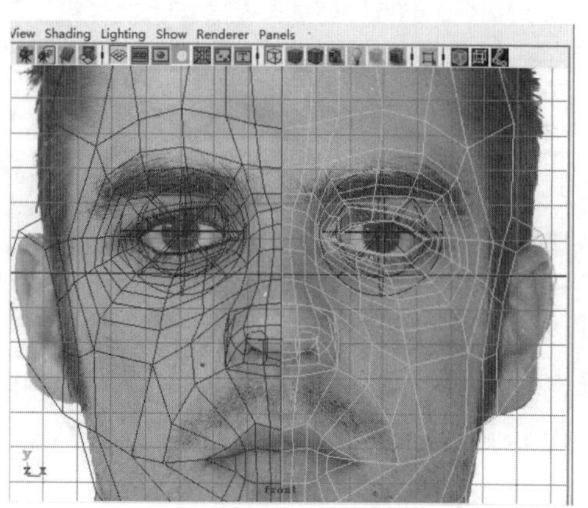

图 4-99　Front 视窗调整

（5）使用 Edit Mesh → Insert Edge Loop tool 命令，在嘴部加一圈环形线，如图 4-100。使用 Normals → Soft Edge 命令软化边缘，看整体效果再次调整，如图 4-101。

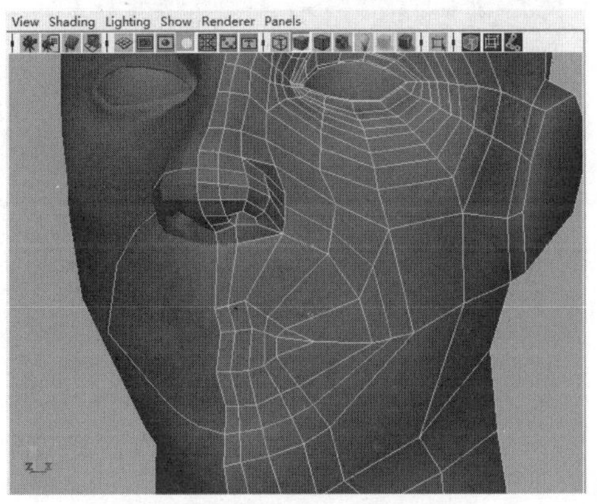

图 4-100　嘴部加线

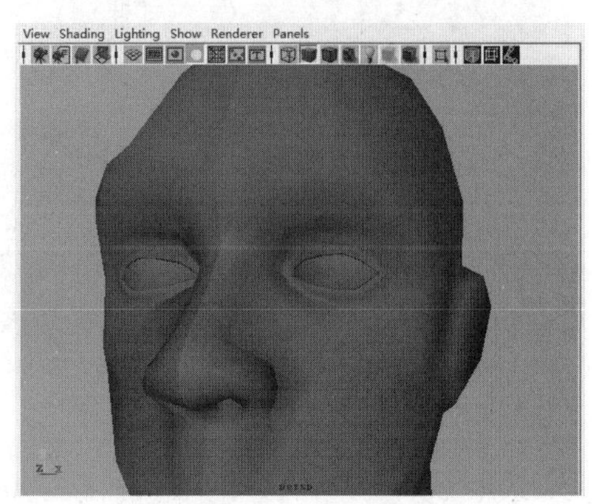

图 4-101　软化边缘

（6）使用 Edit Mesh → Split Polygons tool 命令在鼻底，再加三条线，如图 4-102。选中多余的线，按 Delete 删除，如图 4-103。

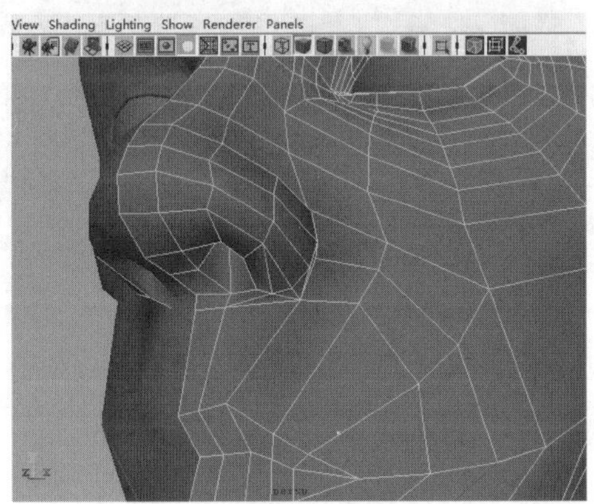

图 4-102　鼻底加线

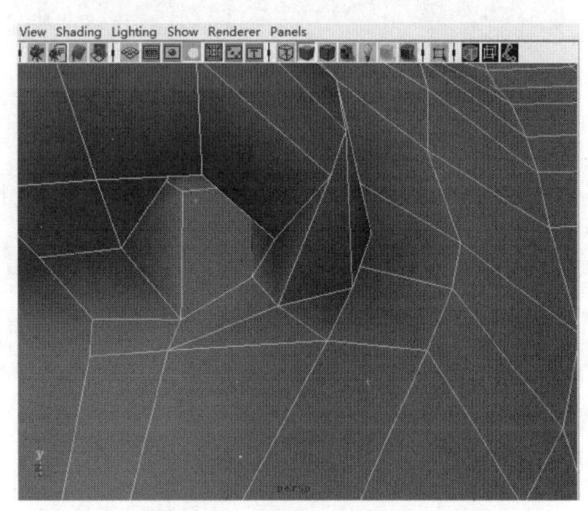

图 4-103　删除多余线

（7）使用 Edit Mesh → Split Polygons tool 命令在鼻底，再加几条线，如图 4-104 ～图 4-107。

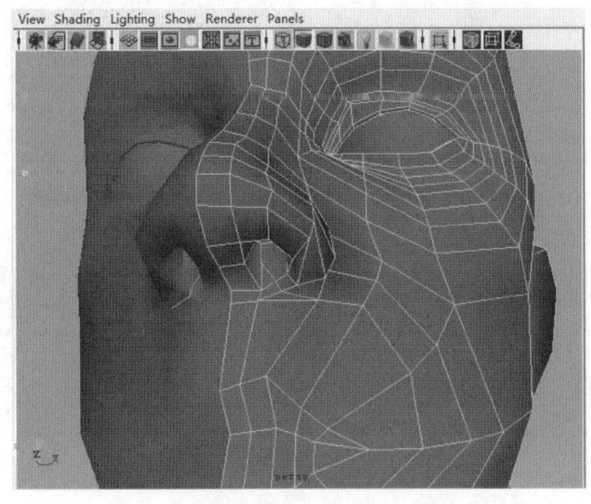

图 4-104　加线 1

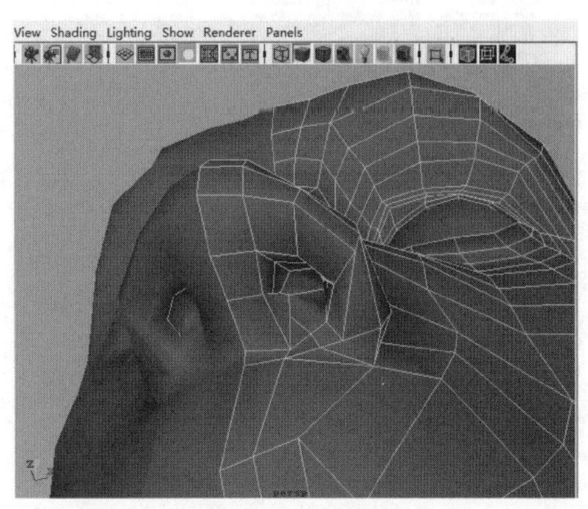

图 4-105　加线 2

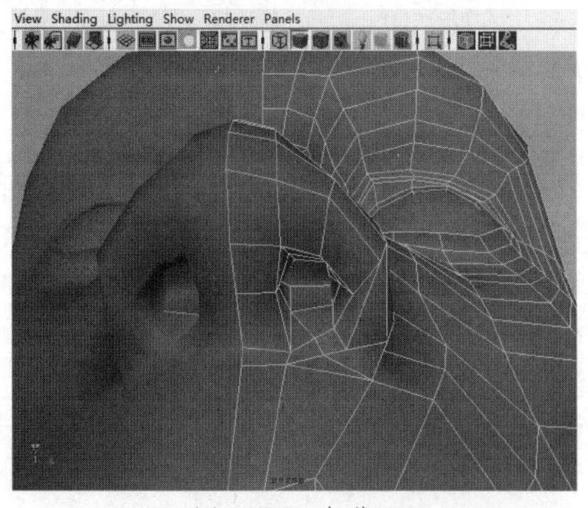

图 4-106　加线 3

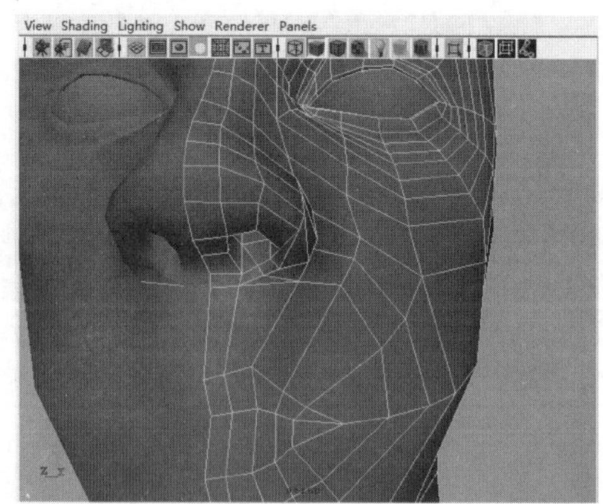

图 4-107　加线 4

选中多余的线，按 Delete 删除，如图 4-108、图 4-109。

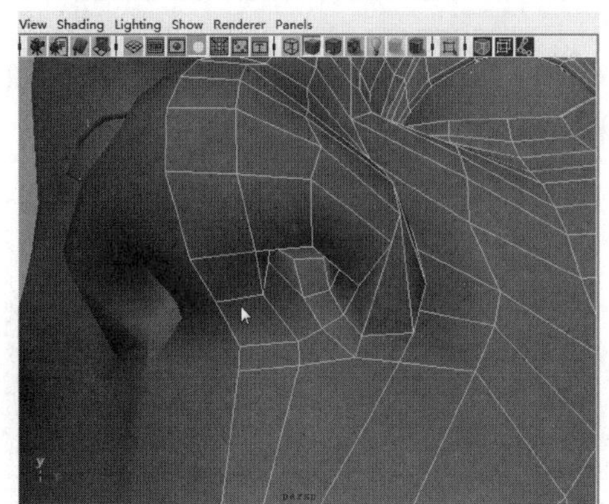

图 4-108　删除多余线 1

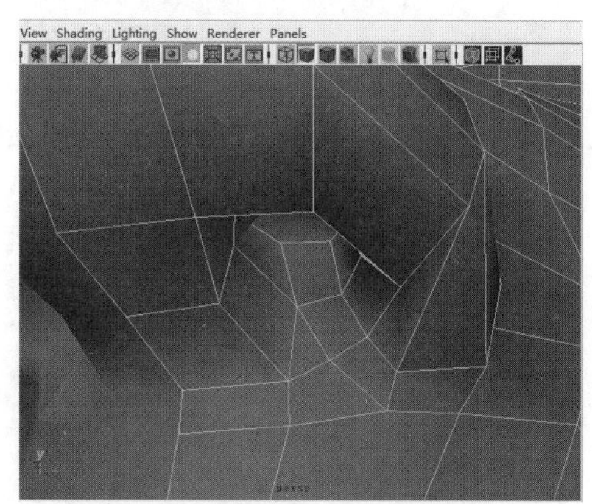

图 4-109　删除多余线 2

4.3.5　嘴部的刻画

（1）选中嘴缝的中心线，使用 Edit Mesh → Bevel 工具，如图 4-110、图 4-111。

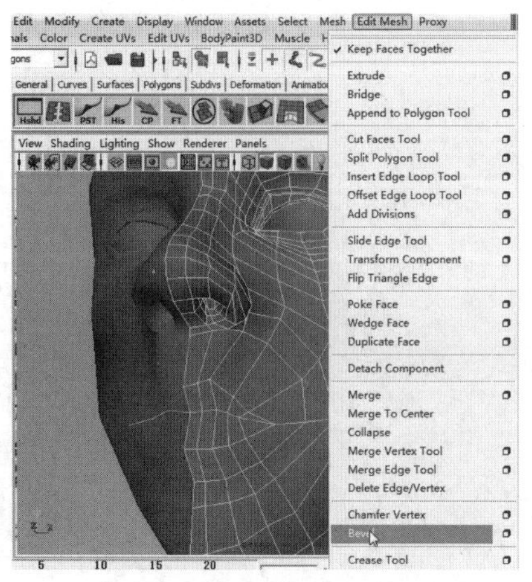

图 4-110　Bevel 工具

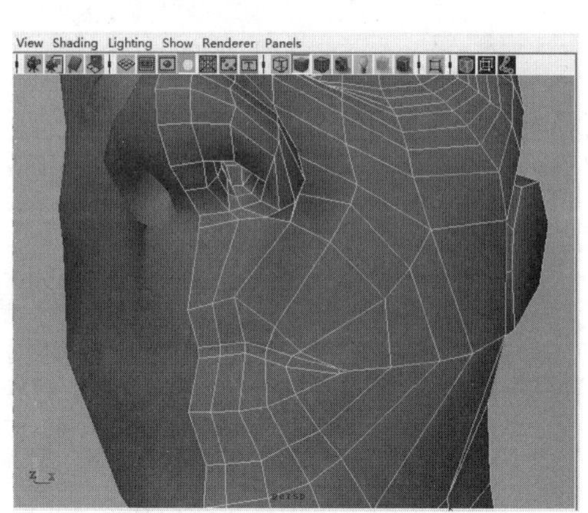

图 4-111　选中线执行斜角命令

调节倒角参数，如图 4-112。

（2）使用 Edit Mesh → Split Polygons tool 命令在嘴角，再加三条线，如图 4-113。

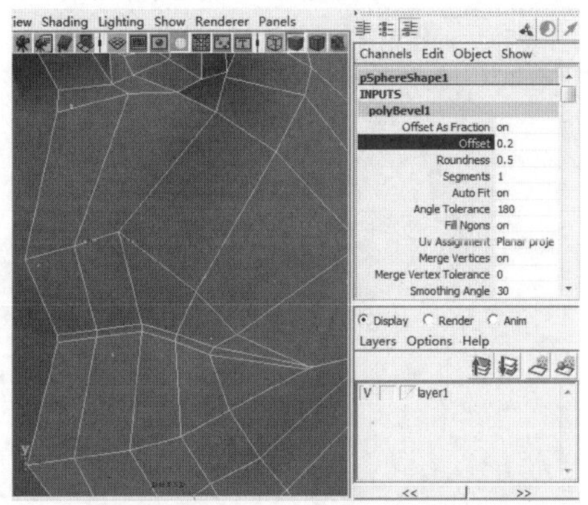

图 4-112　斜角参数

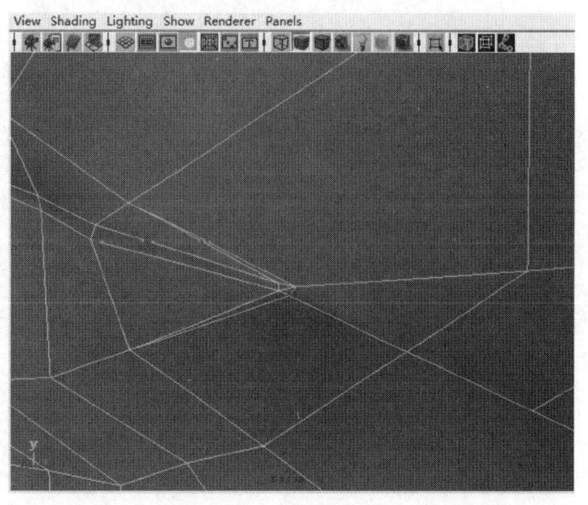

图 4-113　嘴角加线

选中多余的线，按 Delete 删除，如图 4-114、图 4-115。

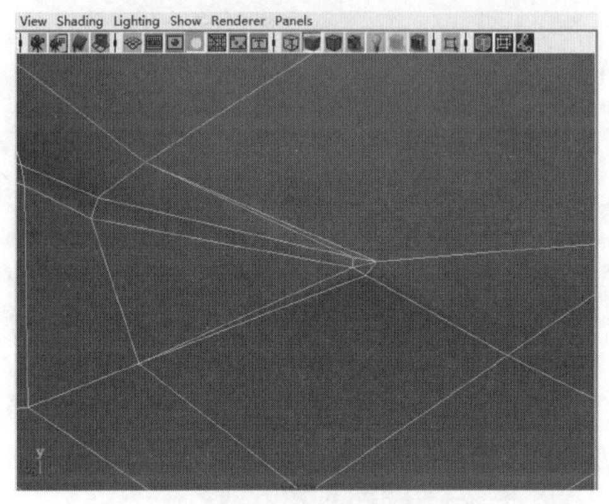

图 4-114　删除多余线

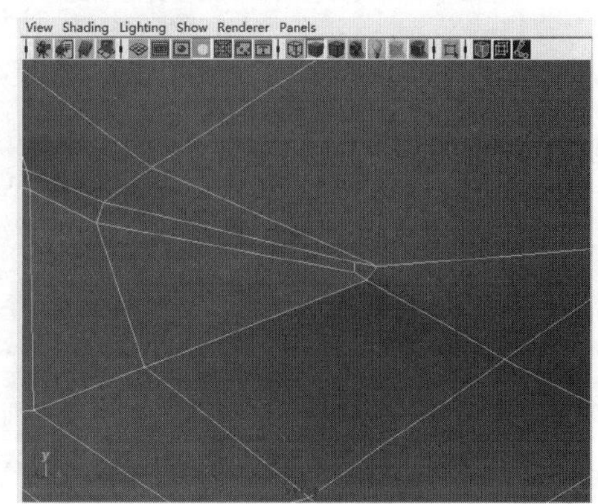

图 4-115　删除后

（3）选中嘴缝的面，稍稍向内推，如图 4-116。

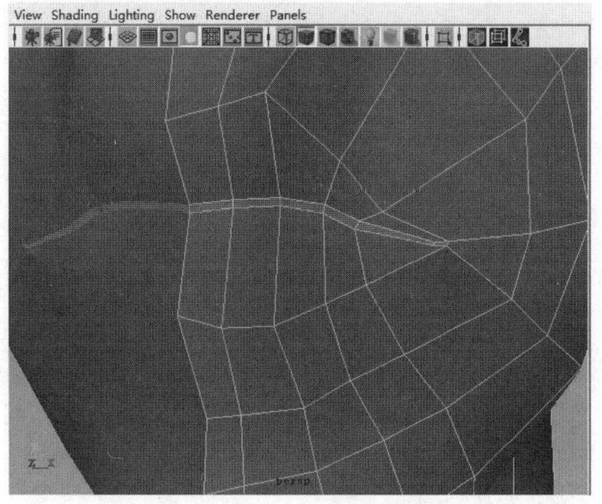

图 4-116　选中唇缝夹面

使用 Edit Mesh → Extrude 向内推，如图 4-117。

再次使用 Edit Mesh → Extrude 向里挤压，如图 4-118。

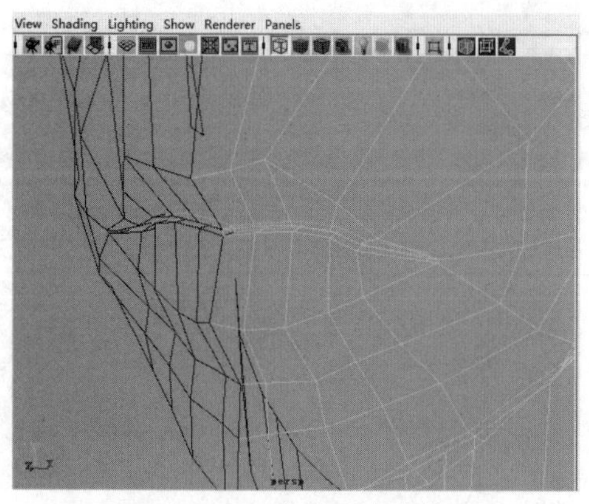

图 4-117　将夹面向内推

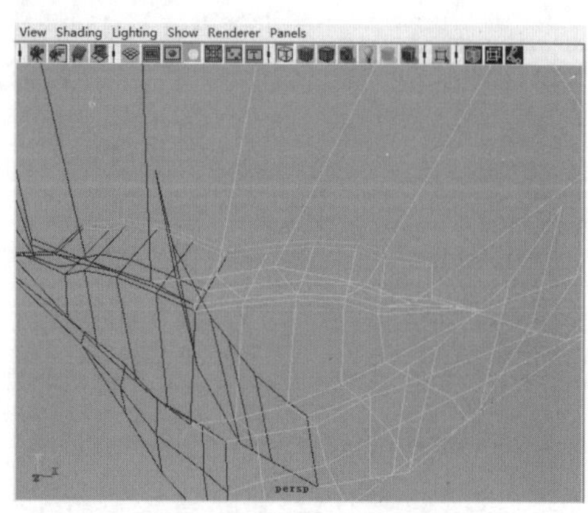

图 4-118　继续向内推

调整口挤压面上下端点的位置，如图 4-119、图 4-120。

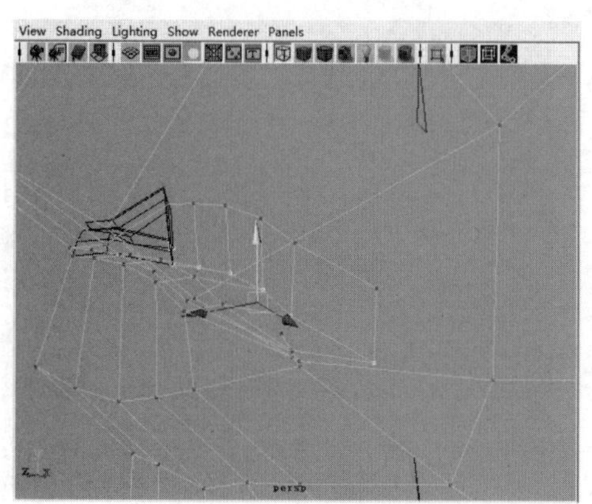

图 4-119　调整点 1

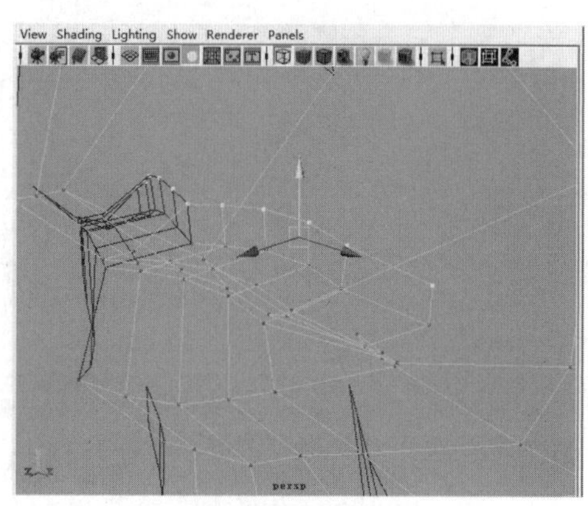

图 4-120　调整点 2

（4）单独显示所选模型，Isolate Select → View Selected，如图 4-121。

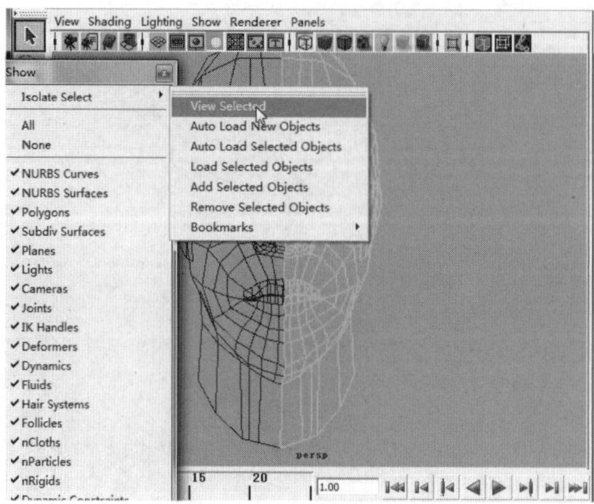

图 4-121　单独显示所选模型

选择模型。执行 Display → Polygons → Backface Culling 命令，取消只显示法线正方向的部分，这样模型内部调节起来更方便，如图 4-122。

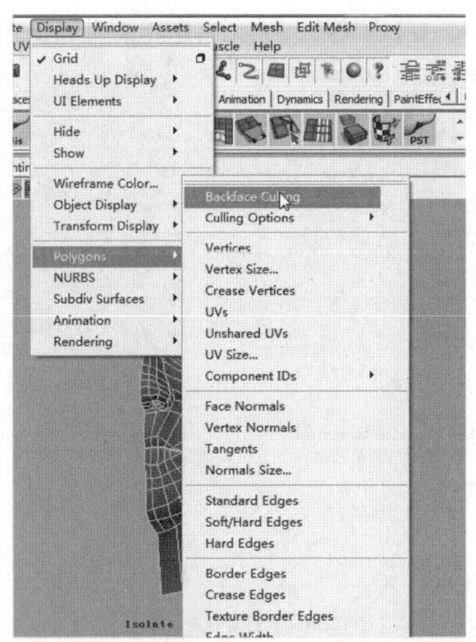

图 4-122　执行 Backface Culling 命令

（5）选中口腔内部的面，使用 Edit Mesh → Extrude 继续向里挤压，如图 4-123 ~ 图 4-126。

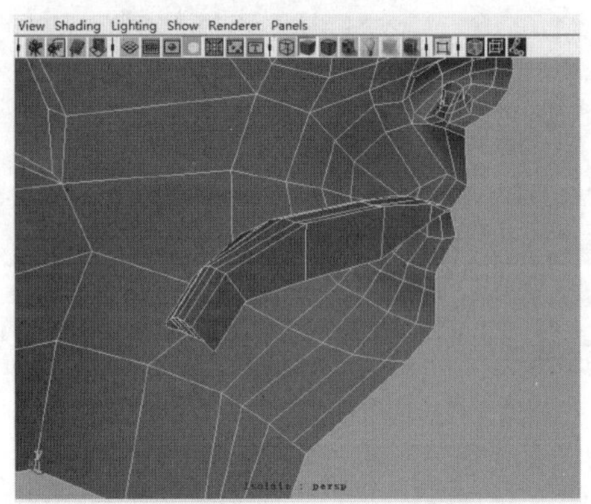

图 4-123　挤压口腔内部的面 1

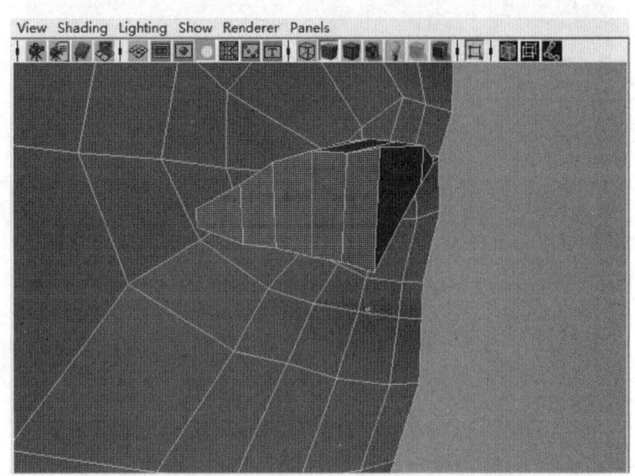

图 4-124　挤压口腔内部的面 2

图 4-125　挤压口腔内部的面 3

图 4-126　挤压口腔内部的面 4

选中重合的面，按 Delete 删除，如图 4-127、图 4-128。

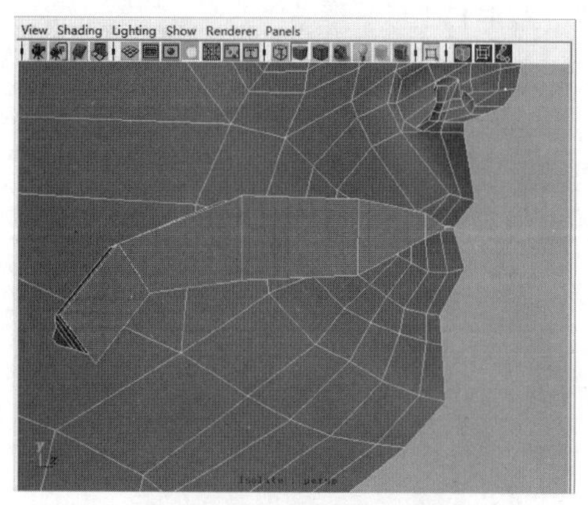

图 4-127 删除重合的面

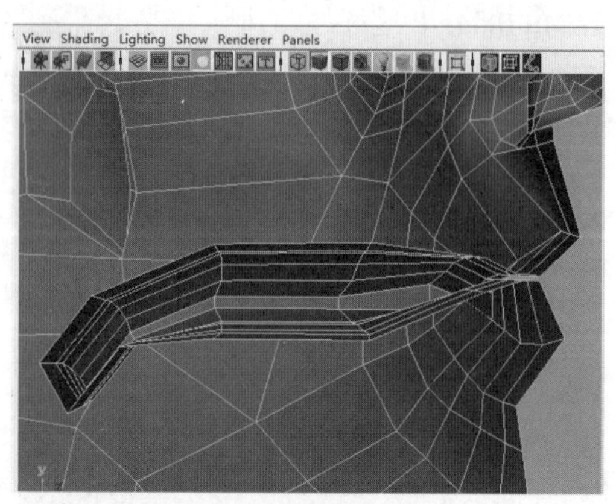

图 4-128 删除后

调节口腔内点的位置，如图 4-129。

（6）使用 Edit Mesh → Split Polygons tool 命令在口腔内新加一条线，如图 4-130。

图 4-129 调节点的位置

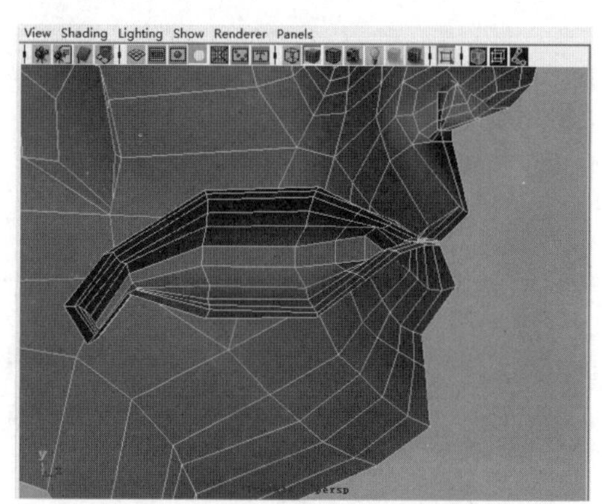

图 4-130 口腔内加一条线

再次使用 Edit Mesh → Split Polygons tool 命令在嘴唇上新加两条线，如图 4-131、图 4-132。

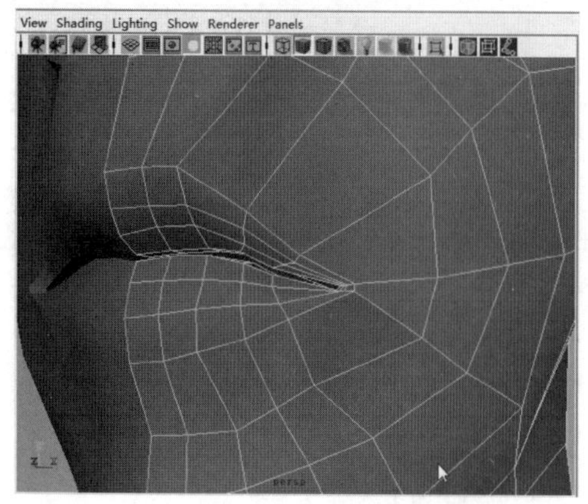

图 4-131 嘴唇上新加两条线

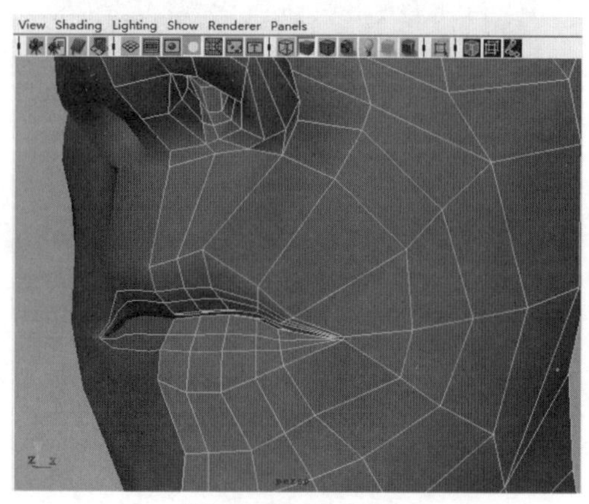

图 4-132 加线后

使用 Edit Mesh → Split Polygons tool 命令在嘴唇上新加一条线，用以制作唇线，如图 4-133。

使用 Edit Mesh → Split Polygons tool 命令在嘴唇上新加两条线，增加嘴唇的布线，如图 4-134。

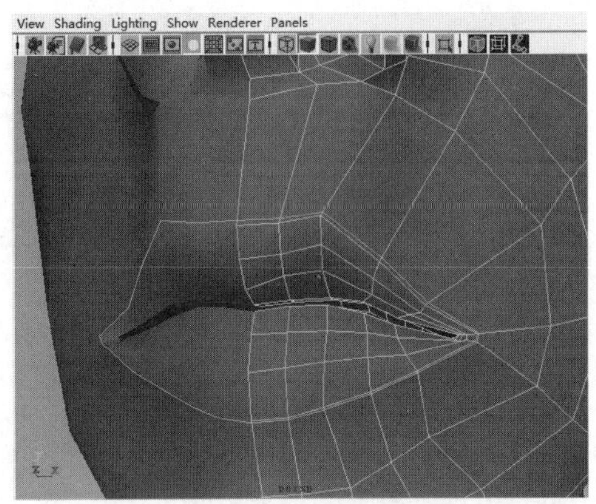

图 4-133　在嘴唇上加一条线

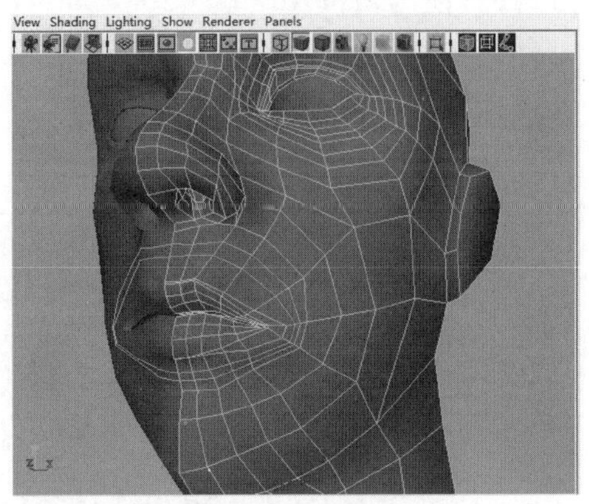

图 4-134　在嘴唇上新加两条线

调整嘴部点的位置，如图 4-135。

（7）使用 Edit Mesh → Split Polygons tool 命令在鼻子和嘴之间新加一条线，如图 4-136。

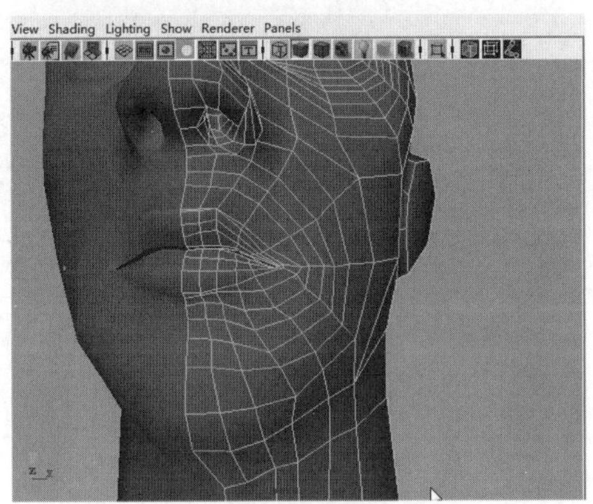

图 4-135　调整嘴部点

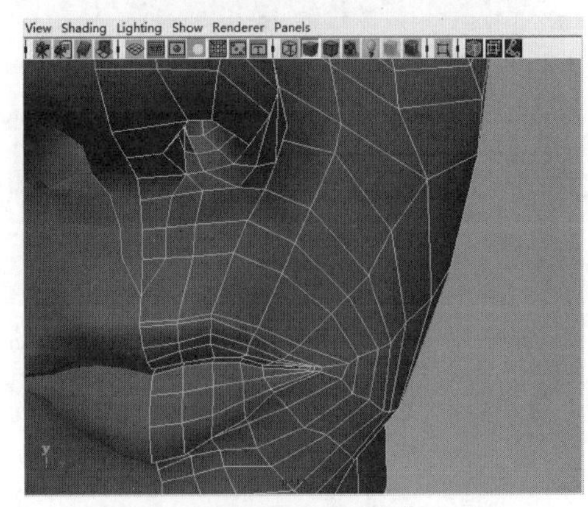

图 4-136　鼻子和嘴之间新加一条线

更改鼻底布线，如图 4-137、图 4-138。

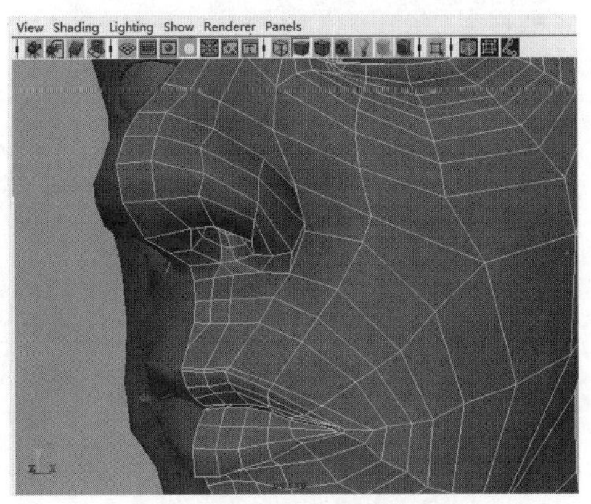

图 4-137　更改鼻底布线

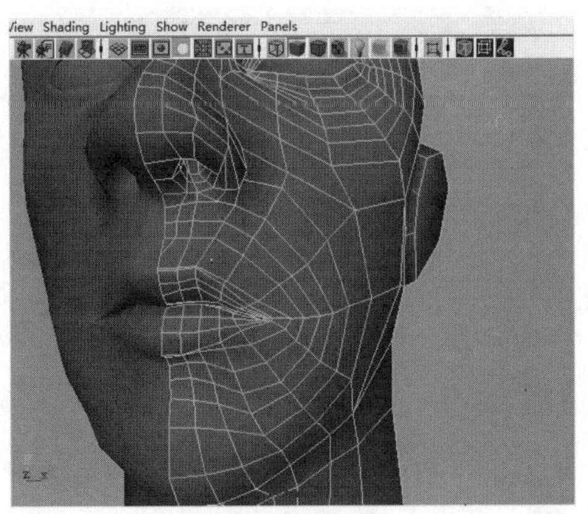

图 4-138　更改后

4.3.6 调整整体布线

（1）选中不需要的线按 Delete 删除，如图 4-139。

（2）使用 Edit Mesh → Split Polygons tool 命令在脖子上新加三条线，如图 4-140。

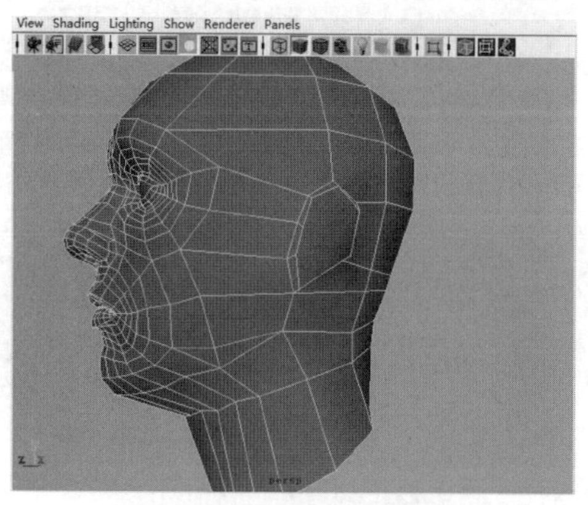

图 4-139 删除不需要的线

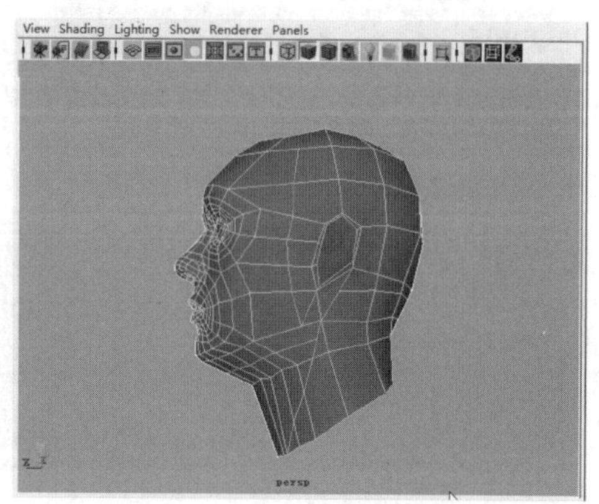

图 4-140 在脖子上新加三条线

选中不需要的线按 Delete 删除，如图 4-141、图 4-142。

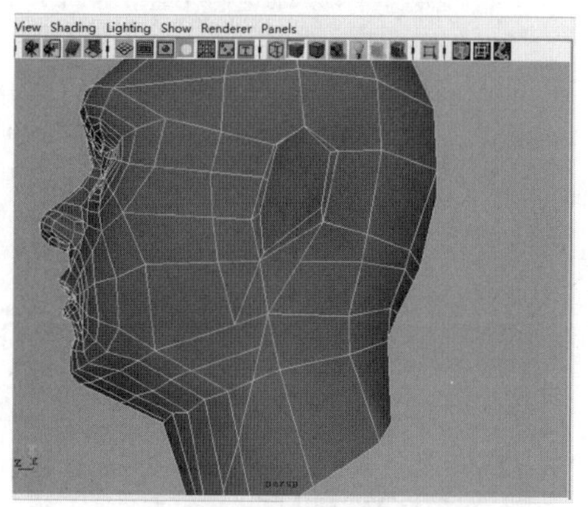

图 4-141 删除不需要的线

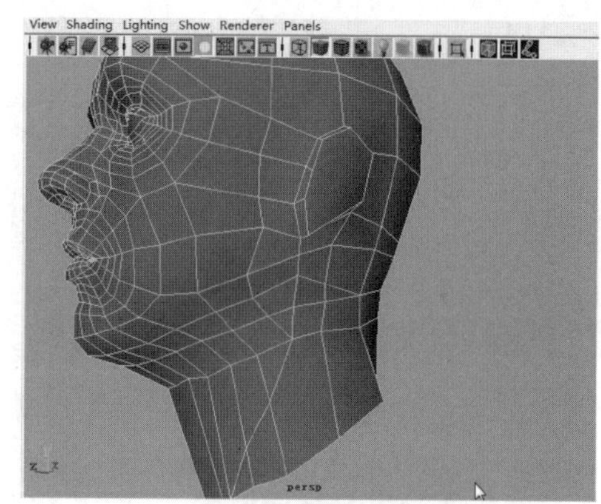

图 4-142 删除不需要的线

（3）使用 Edit Mesh → Split Polygons tool 命令在脖子新加一条线，如图 4-143。选中不需要的线按 Delete 删除，如图 4-144。

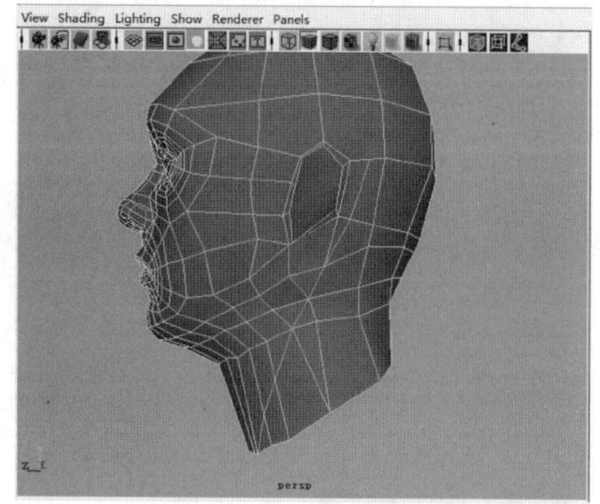

图 4-143 在脖子新加一条线

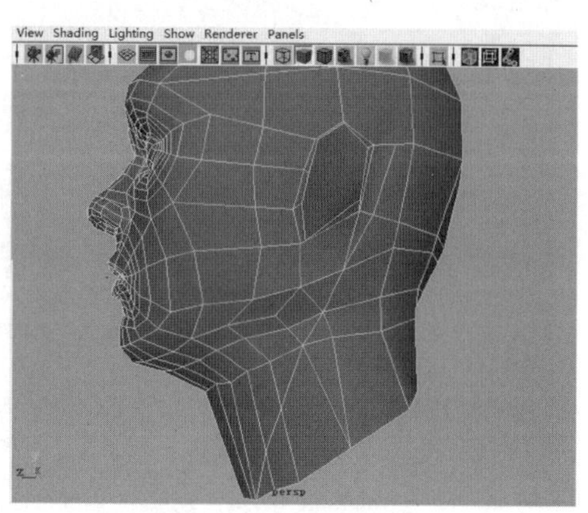

图 4-144 删除不需要的线

使用 Edit Mesh → Split Polygons tool 命令脖子上新加一条线，如图 4-145。

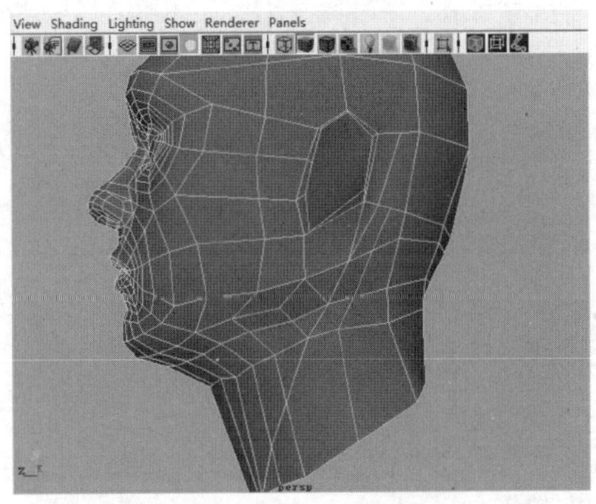

图 4-145　在脖子新加一条线

使用 Edit Mesh → Split Polygons tool 命令在脖子新加两条线，如图 4-146、图 4-147。

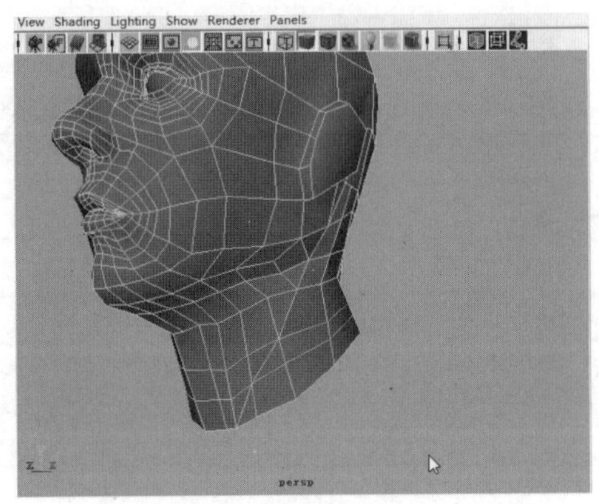

图 4-146　在脖子新加两条线

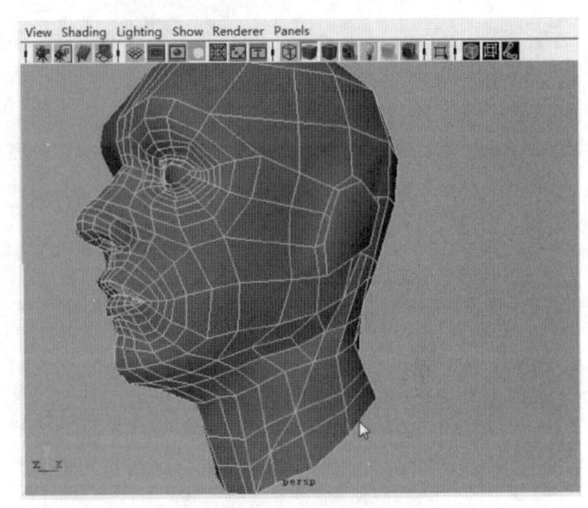

图 4-147　加线后

使用 Edit Mesh → Split Polygons tool 命令在脖子新加一条线，如图 4-148。

选中不需要的线按 Delete 删除，如图 4-149。

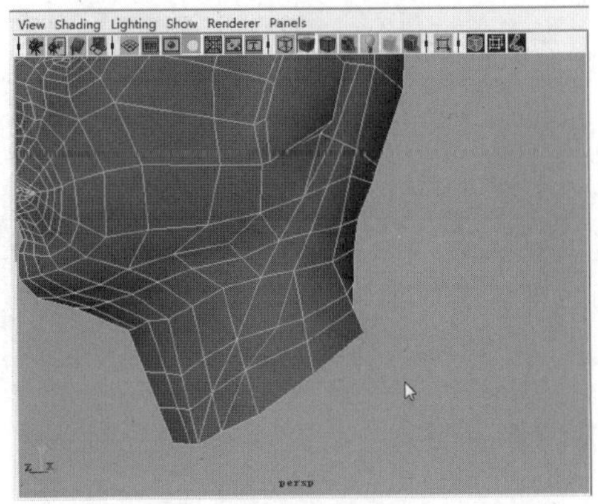

图 4-148　在脖子新加一条线

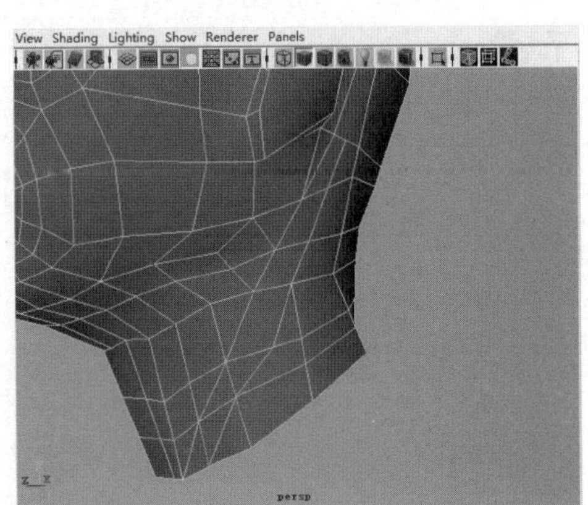

图 4-149　删除不需要的线图

使用 Edit Mesh → Split Polygons tool 命令在脖子新加一条线，如图 4-150。选中不需要的线按 Delete 删除，如图 4-151。

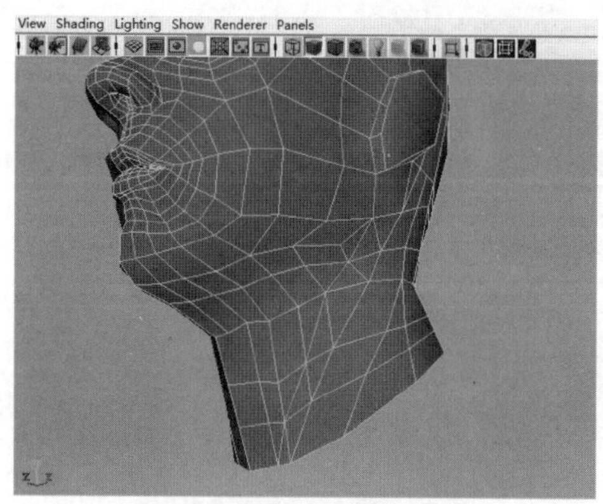

图 4-150　脖子新加一条线

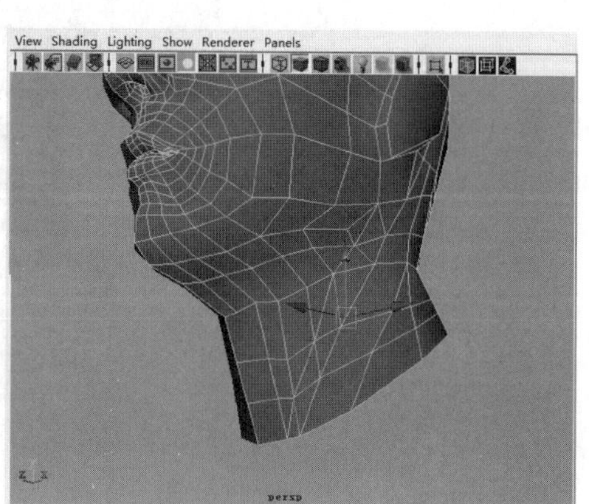

图 4-151　删除不需要的线

修改布线，如图 4-152、图 4-153。

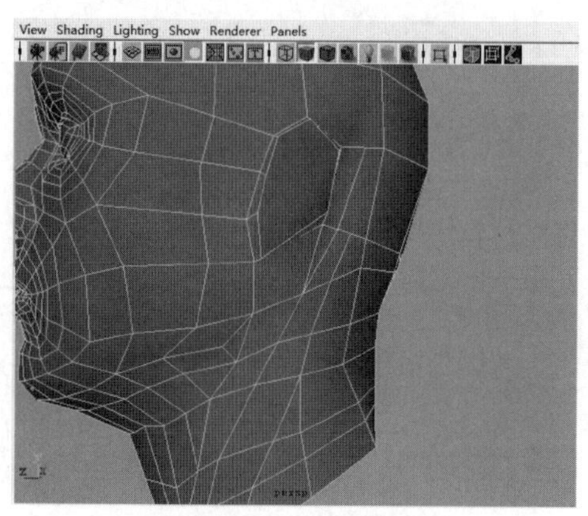

图 4-152　修改布线 1

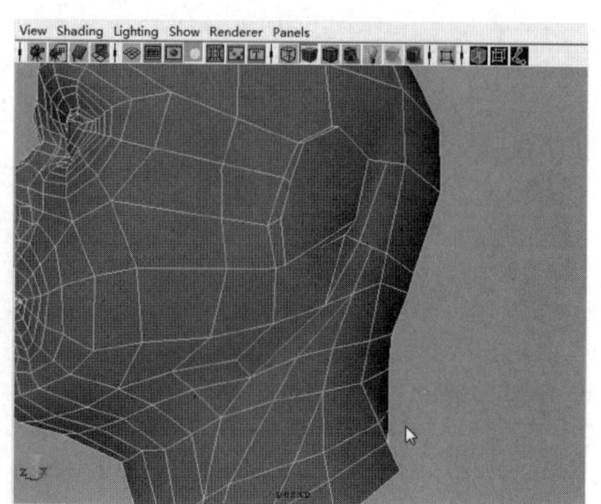

图 4-153　修改布线 2

（4）使用 Edit Mesh → Split Polygons tool 命令在脖子新加一条线，如图 4-154。选中不需要的线按 Delete 删除，如图 4-155。

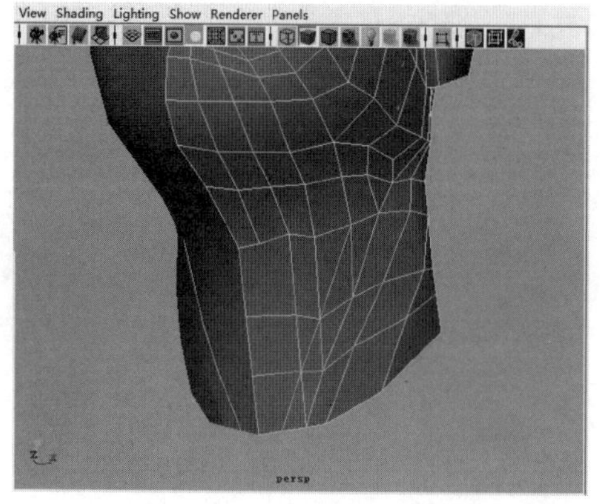

图 4-154　在脖子新加一条线

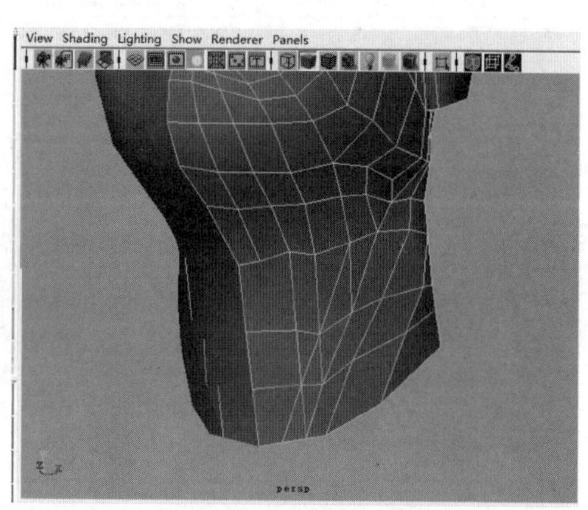

图 4-155　删除不需要的线

使用 Edit Mesh → Split Polygons tool 命令在脖子新加一条线，如图 4-156。

（5）再次使用 Edit Mesh → Split Polygons tool 命令在脖子新加几条线，来做出喉结，如图 4-157。

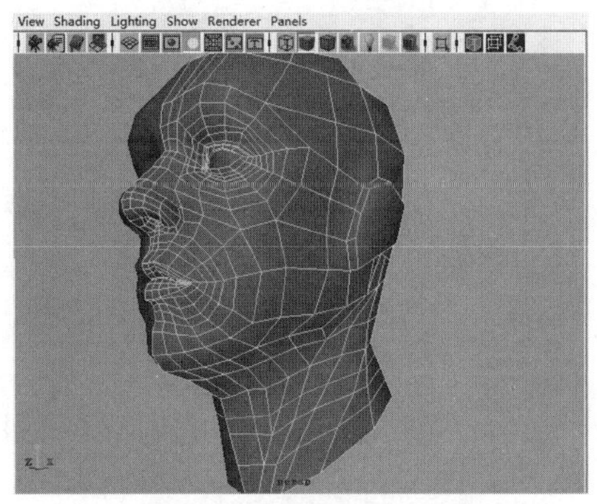

图 4-156　在脖子新加一条线

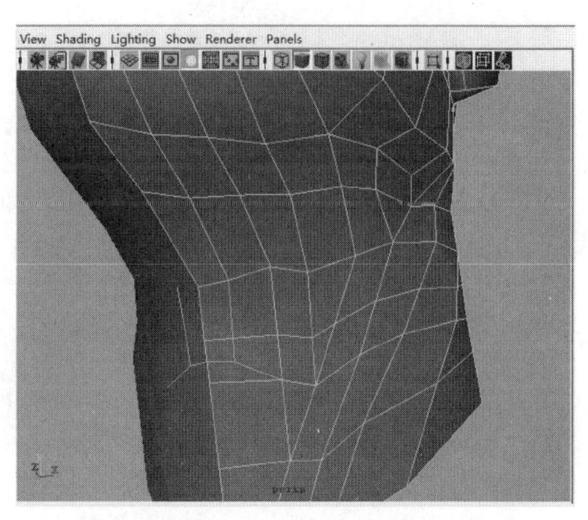

图 4-157　脖子新加几条线

在 front 和 side 视窗中调整点的位置使之更对应喉结轮廓，如图 4-158、图 4-159。

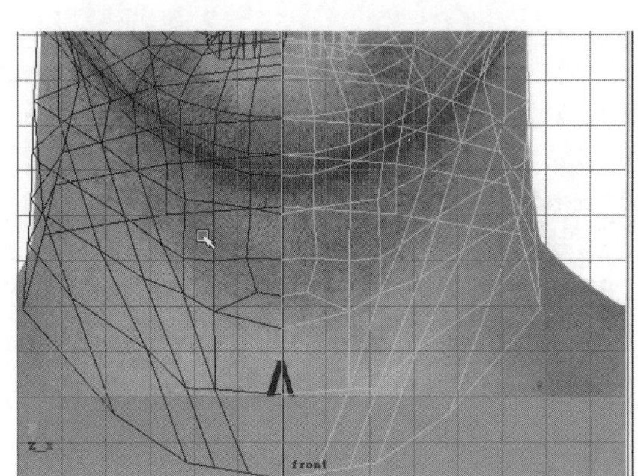

图 4-158　在 Front 视窗中调整点的位置

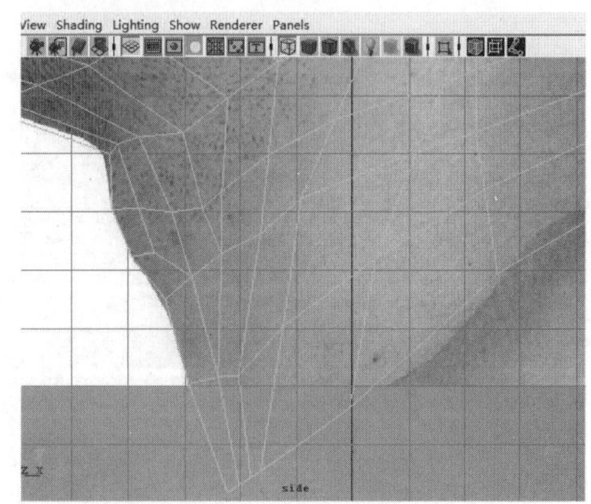

图 4-159　在 Side 视窗中调整点的位置

（6）使用 Edit Mesh → Split Polygons tool 命令在头顶新加四条线，如图 4-160。

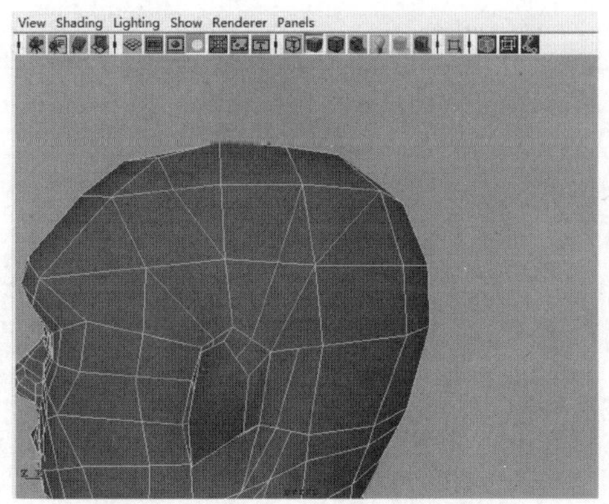

图 4-160　在头顶新加四条线

选中不需要的线按 Delete 删除，如图 4-161。

再次使用 Edit Mesh → Split Polygons tool 命令在后脑新加一条线，如图 4-162。

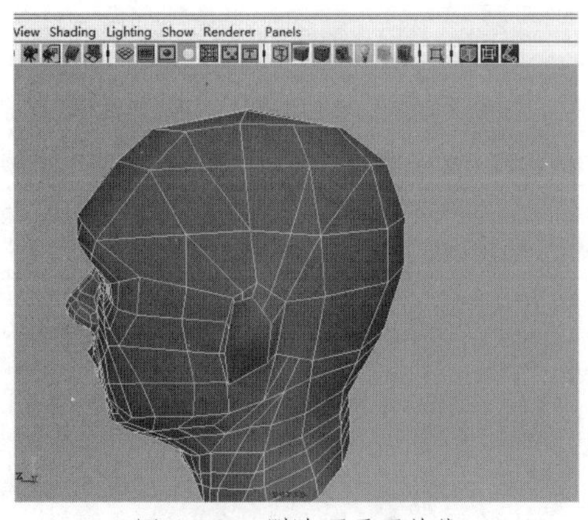

图 4-161 删除不需要的线

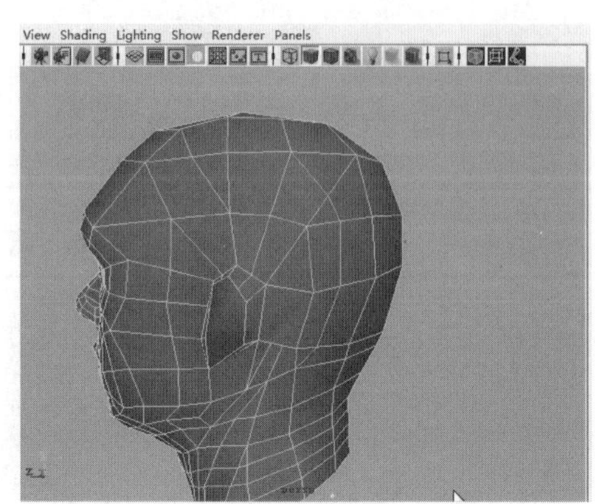

图 4-162 在后脑新加一条线

调整整体布线，如图 4-163。

（7）使用 Edit Mesh → Split Polygons tool 命令在脖子新加一条线，如图 4-164。

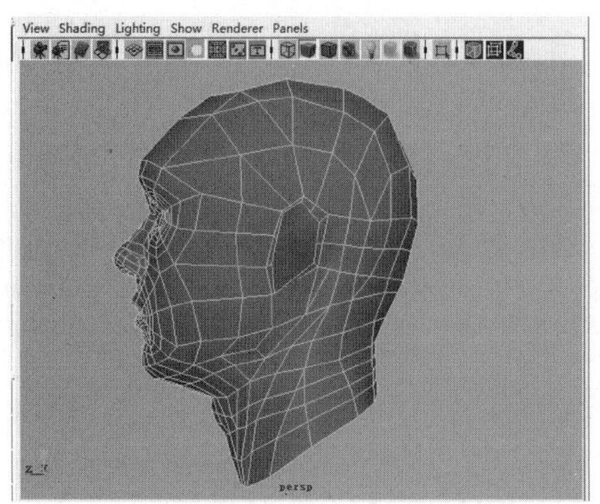

图 4-163 调整整体布线

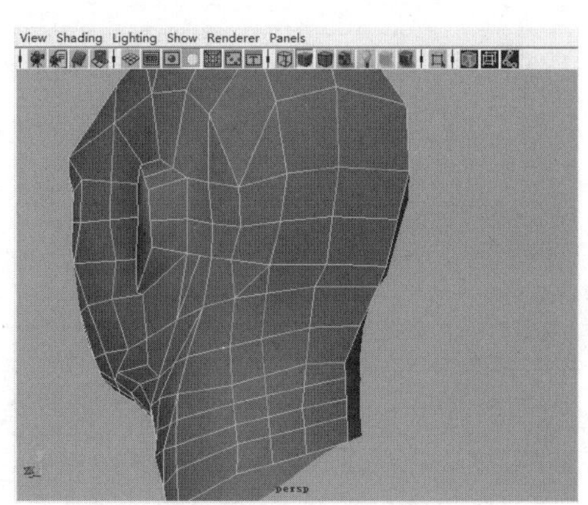

图 4-164 在脖子新加一条线

选中不需要的线按 Delete 删除。如图 4-165、图 4-166。

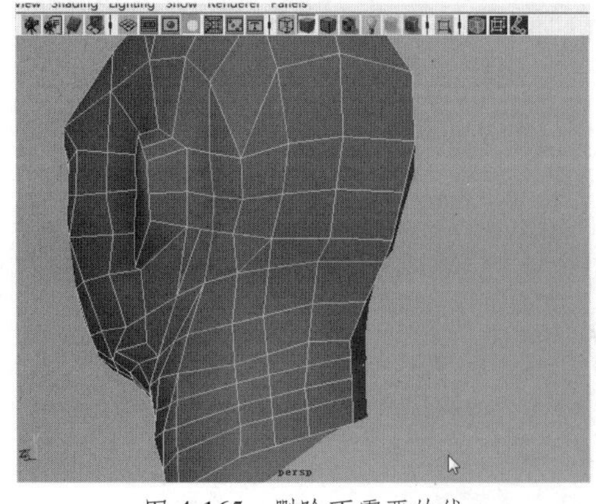

图 4-165 删除不需要的线

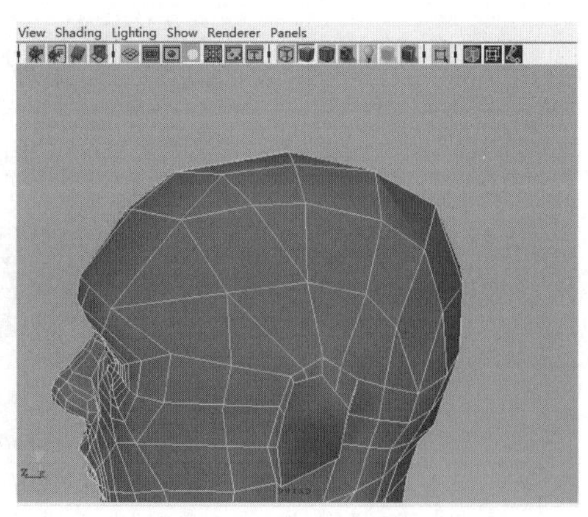

图 4-166 删除不需要的线

（8）使用 Edit Mesh → Split Polygons tool 命令在头顶新加一条线，如图 4-167。调整整体布线，如图 4-168。

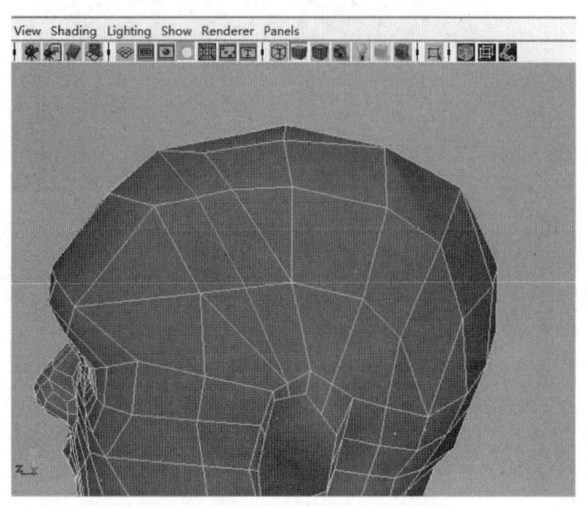

图 4-167　在头顶新加一条线

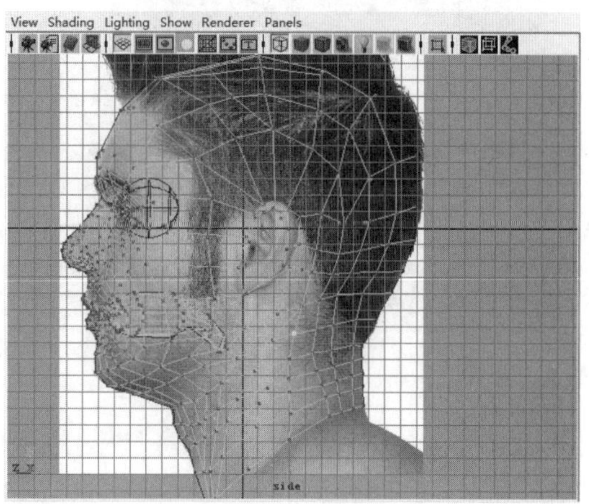

图 4-168　调整整体布线

4.3.7　耳朵的刻画

（1）选中耳朵表面，使用 Edit Mesh → Extrude 命令向外拉，如图 4-169。再次使用 Edit Mesh → Extrude 命令向里收缩，如图 4-170。

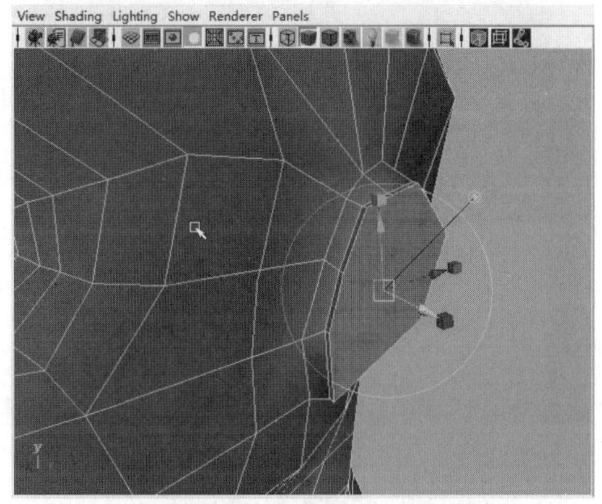

图 4-169　向外挤压耳朵表面

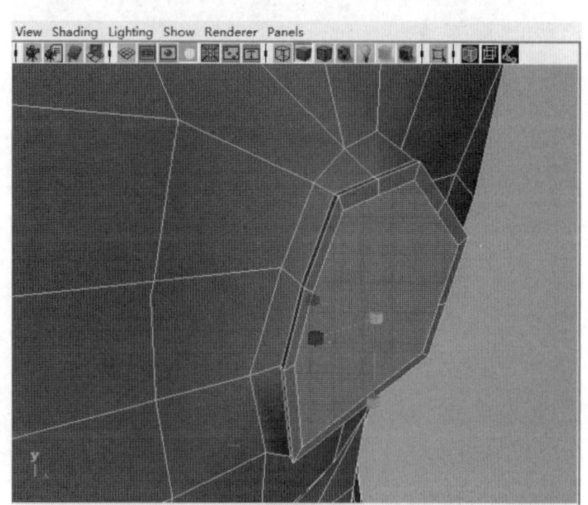

图 4-170　向里挤压耳朵表面

使用 Edit Mesh → Extrude 命令向里挤压，如图 4-171。

（2）使用 Edit Mesh → Split Polygons tool 命令在耳朵部位新加三条线，如图 4-172。

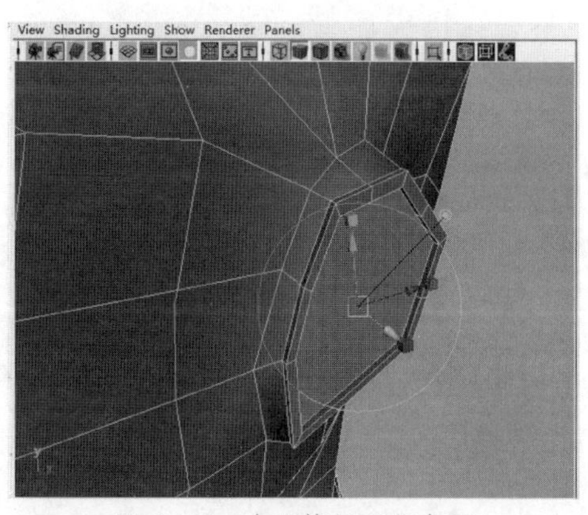

图 4-171 向里挤压耳朵表面

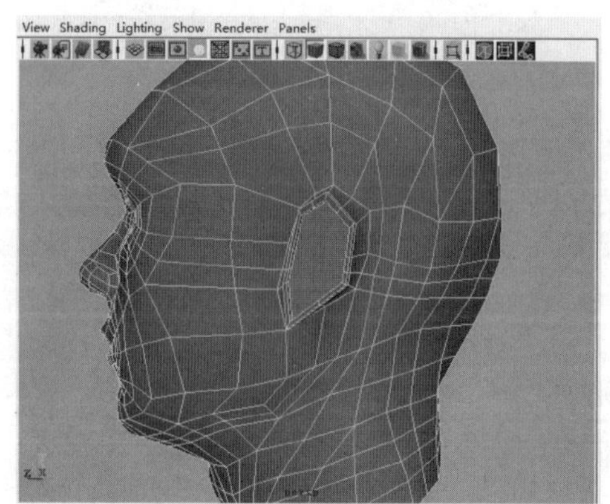

图 4-172 在耳朵部位新加三条线

（3）使用 Edit Mesh → Split Polygons tool 命令在耳朵外侧加一圈环线，如图 4-173。

（4）使用 Edit Mesh → Split Polygons tool 命令在耳朵内画出两条线，如图 4-174。

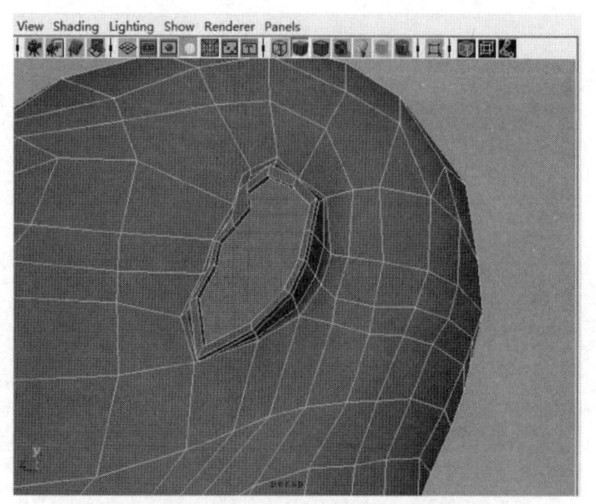

图 4-173 耳朵外侧加一圈环线

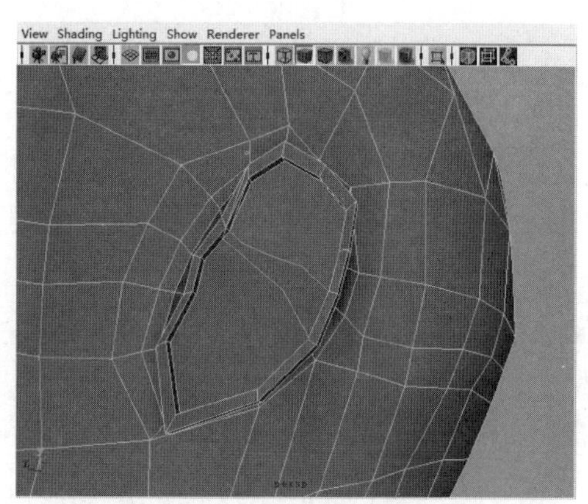

图 4-174 在耳朵内画出两条线

选中不需要的线按 Delete 删除，如图 4-175、图 4-176。

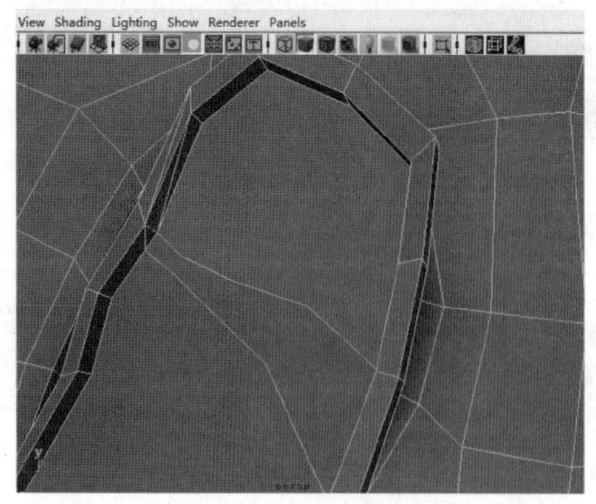

图 4-175 删除不需要的线

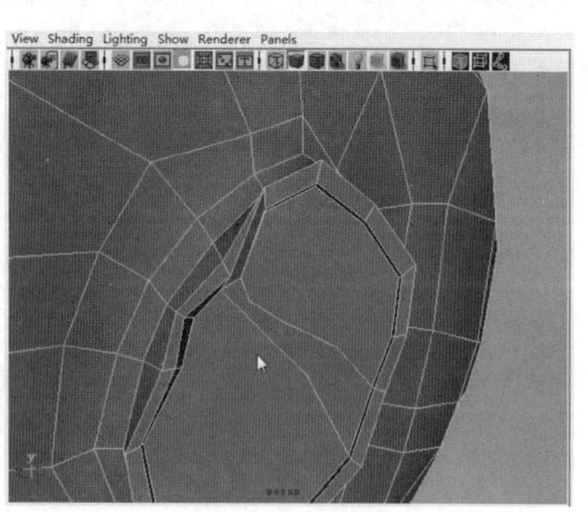

图 4-176 删除后

（5）使用 Edit Mesh → Split Polygons tool 命令连接两条线，如图 4-177。

（6）使用 Edit Mesh → Split Polygons tool 命令在耳朵里在画两条线，如图 4-178。

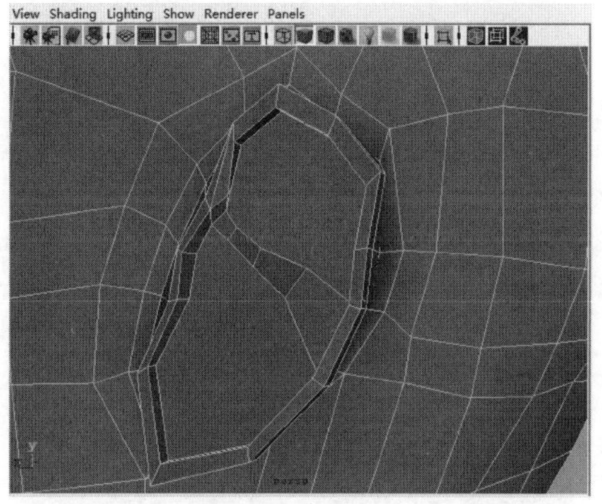

图 4-177　连接两条线

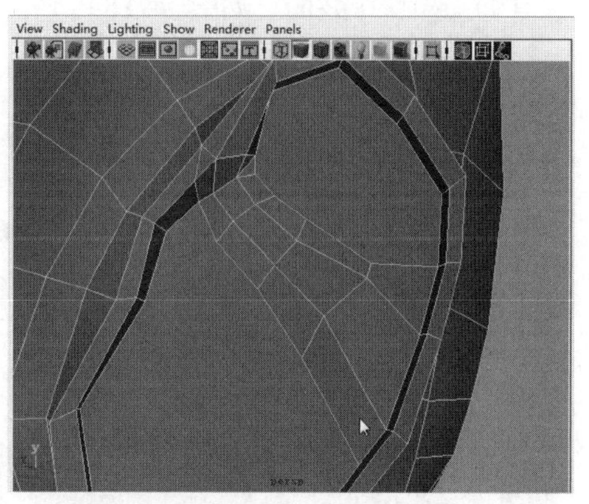

图 4-178　在耳朵里在画两条线

选中不需要的线按 Delete 删除，如图 4-179、图 4-180。

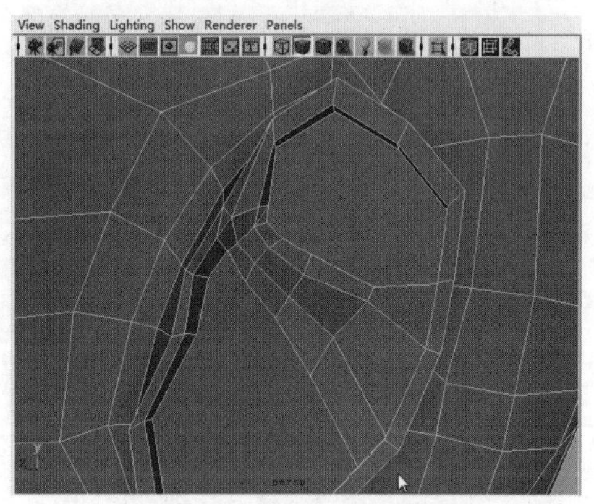

图 4-179　删除不需要的线

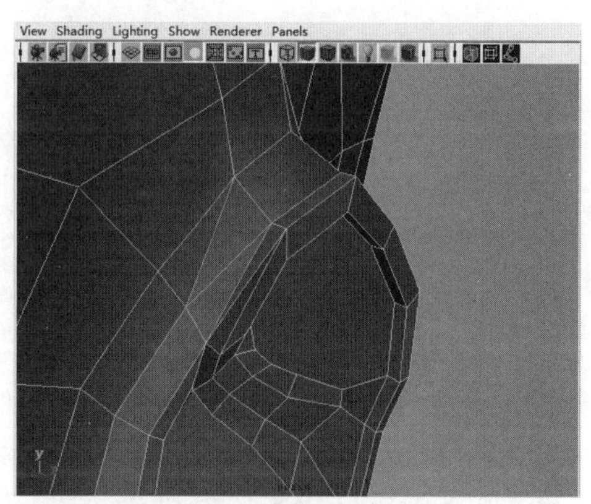

图 4-180　删除不需要的线

（7）使用 Edit Mesh → Split Polygons tool 命令连接线，如图 4-181。

调节点使之更对应耳朵的结构，如图 4-182。

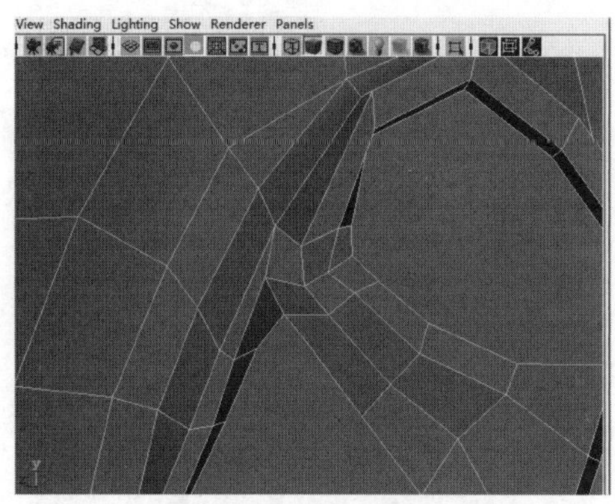

图 4-181　连接线

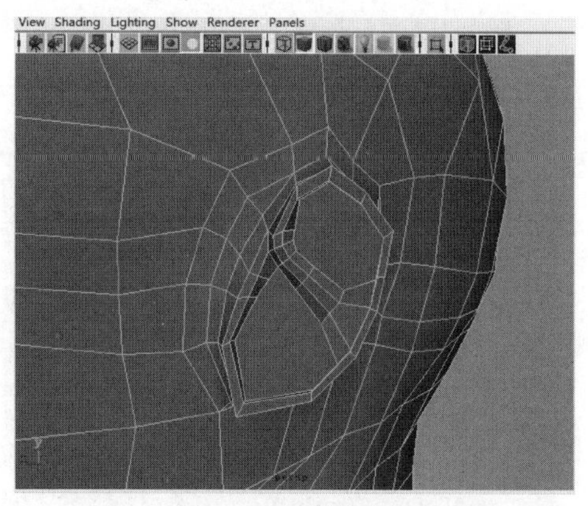

图 4-182　调节点

（8）使用 Edit Mesh → Split Polygons tool 命令在耳朵里画出耳鼓位置的线，如图 4-183。

（9）选中耳鼓面，如图 4-184。

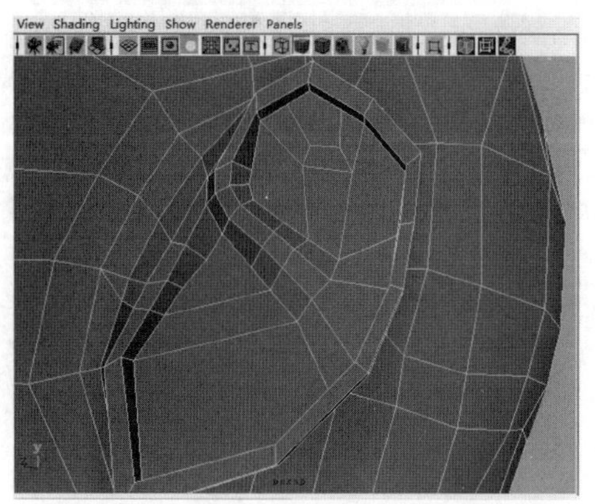

图 4-183　在耳朵里画出耳鼓位置的线

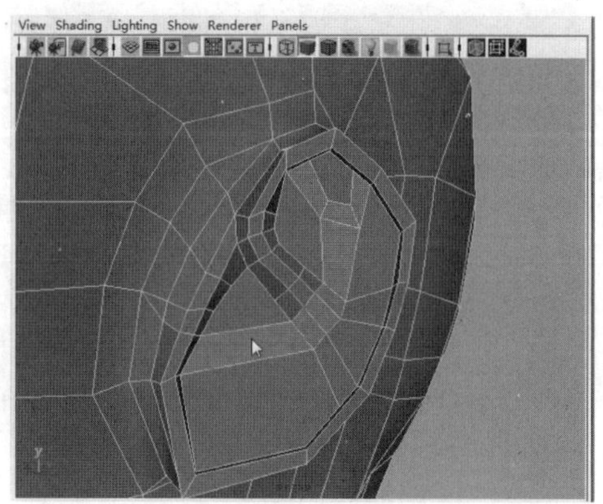

图 4-184　选中耳鼓面

使用 Edit Mesh → Extrude 命令收缩并向外拉，如图 4-185。

选择不需要的线按 Delete 删除，如图 4-186。

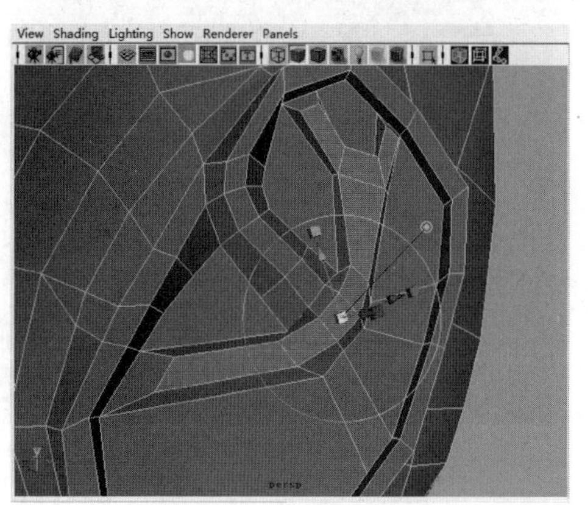

图 4-185　收缩并向外拉

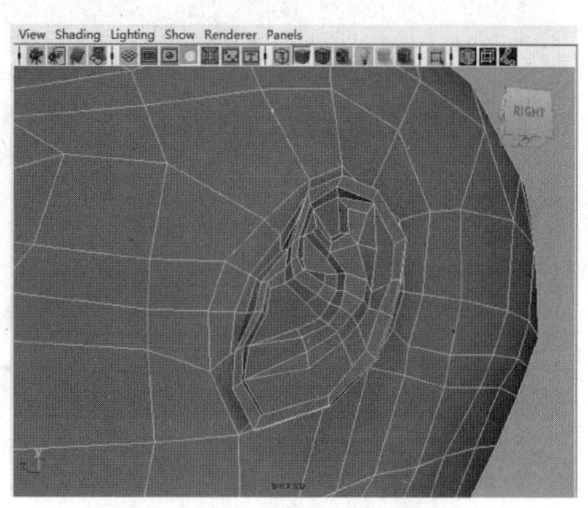

图 4-186　删除不需要的线

（10）使用 Edit Mesh → Split Polygons tool 命令在修改布线，如图 4-187。

选中耳眼的面，如图 4-188。

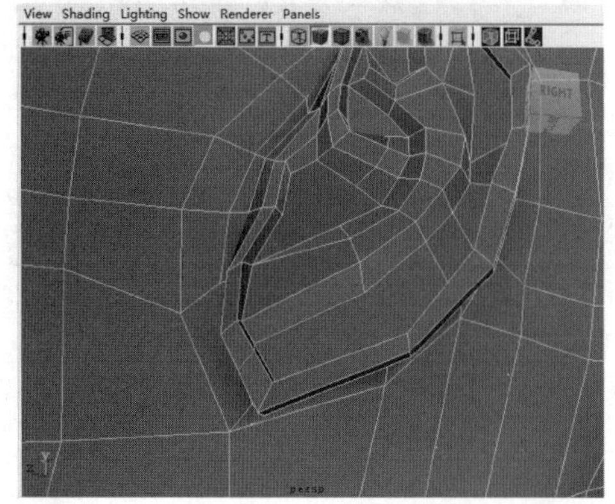

图 4-187　修改布线

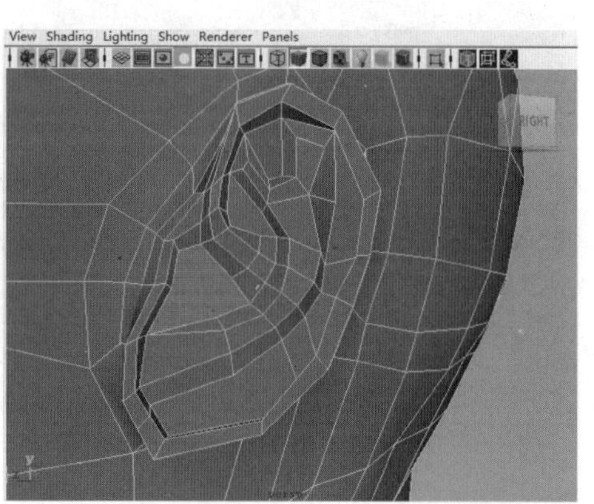

图 4-188　选中耳眼的面

使用 Edit Mesh → Extrude 命令向里收缩并向里推，如图 4-189、图 4-190。

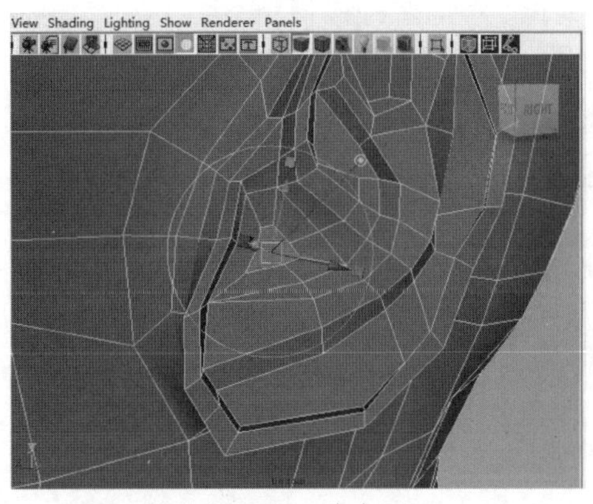

图 4-189　选中面

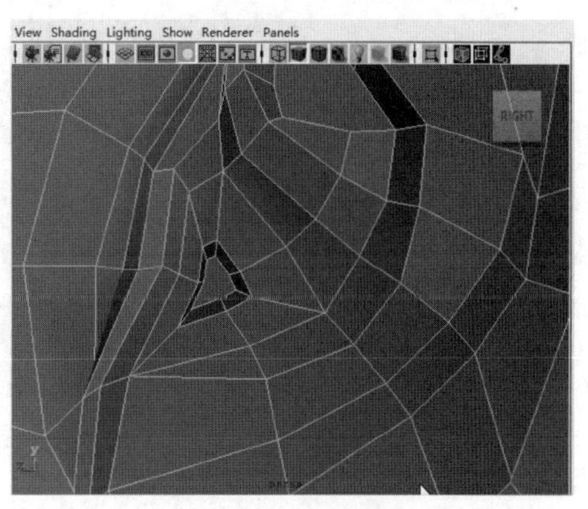

图 4-190　挤压后

在使用 Edit Mesh → Extrude 命令向里收缩并向里推，如图 4-191、图 4-192。

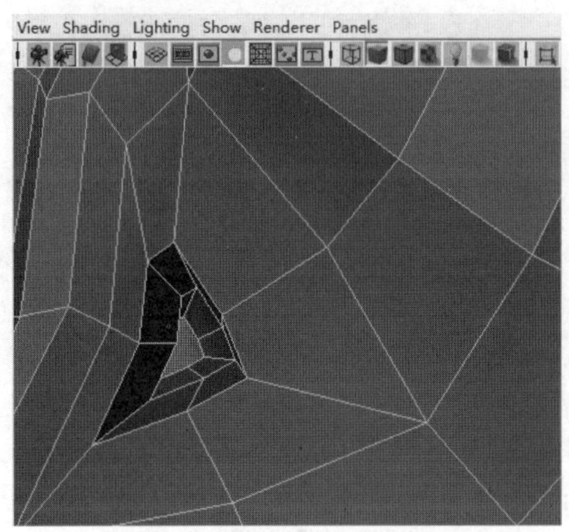

图 4-191　向里收缩并向里推

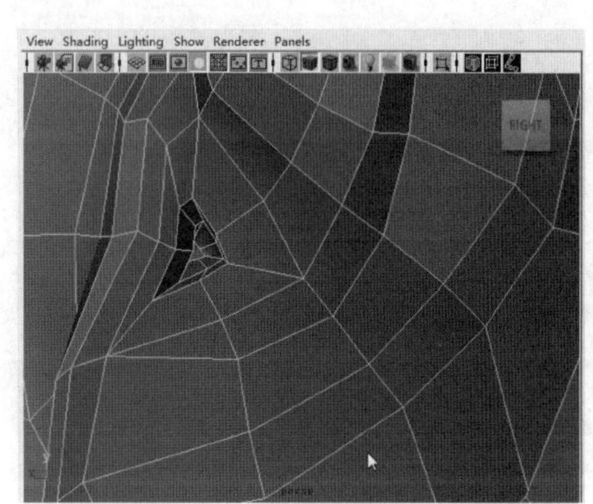

图 4-192　挤压后

使用 Edit Mesh → Split Polygons tool 命令再修改布线，如图 4-193。

（11）选择耳部轮廓的一部分，如图 4-194。

图 4-193　修改布线

图 4-194　选择耳部轮廓的一部分

用 Edit Mesh → Extrude 命令向里收缩并向外拉，如图 4-195。

图 4-195　里收缩并向外拉

调节点如图 4-196、图 4-197。

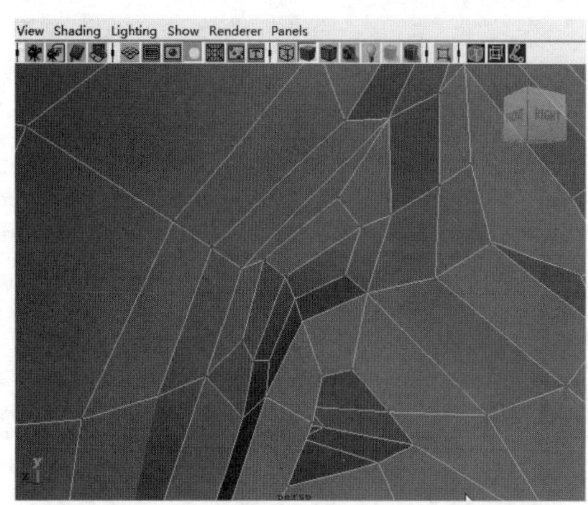

图 4-196　调节点

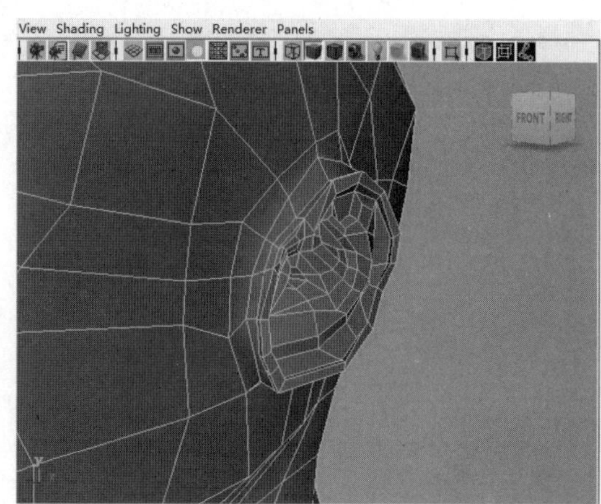

图 4-197　调节后

使用 Edit Mesh → Split Polygons tool 命令再修改布线，如图 4-198。

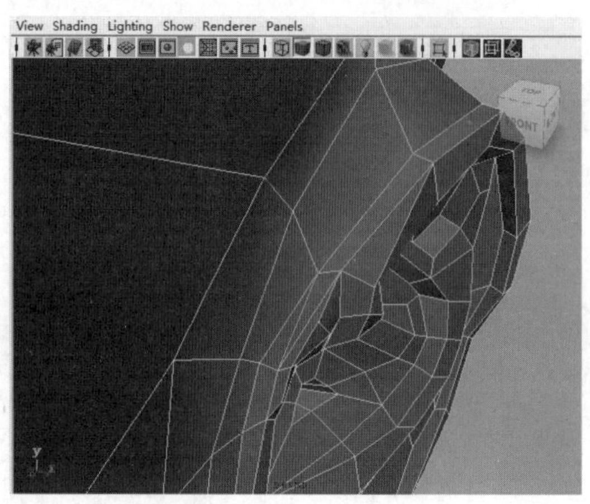

图 4-198　修改布线

选择不需要的线按 Delete 删除，如图 4-199、图 4-200。

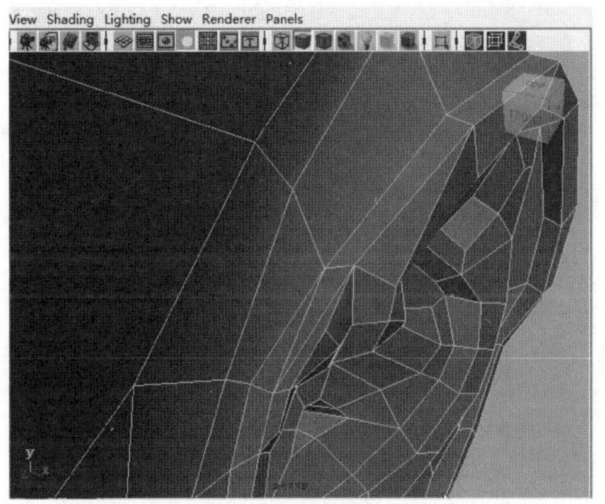

图 4-199　删除不需要的线

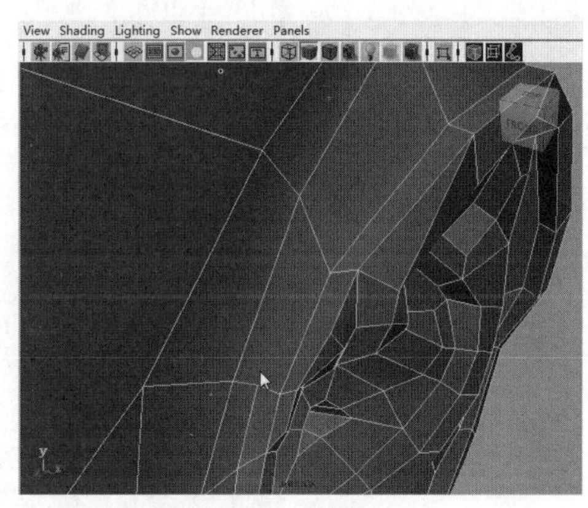

图 4-200　删除后

（12）使用 Edit Mesh → Split Polygons tool 命令在耳朵外侧再加一条线，如图 4-201。调节布线，如图 4-202。

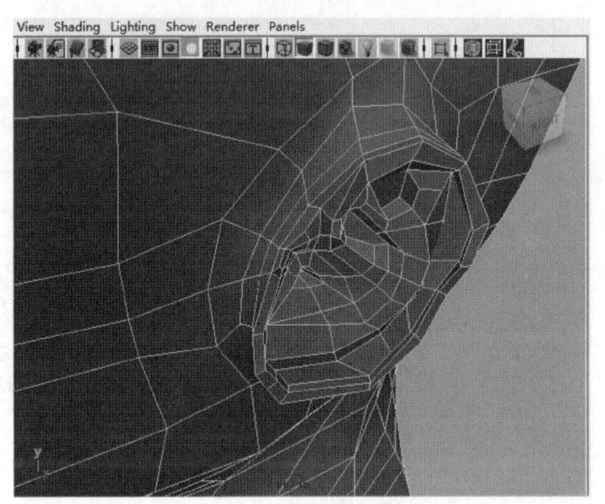

图 4-201　在耳朵外侧在加一条线

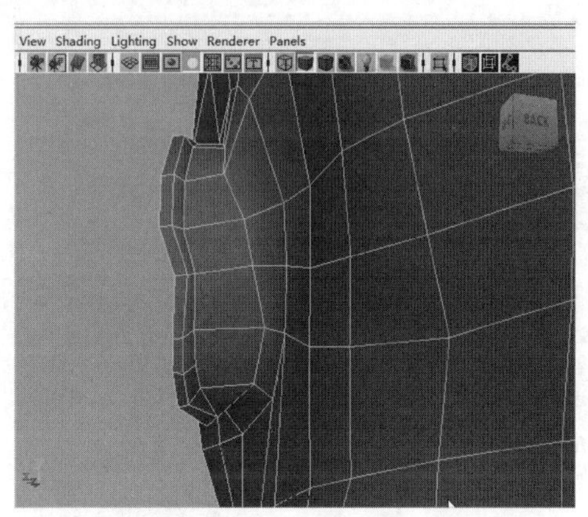

图 4-202　调节布线

使用 Normals → Soft Edge 命令软化边缘，看整体效果再次调整，如图 4-203。

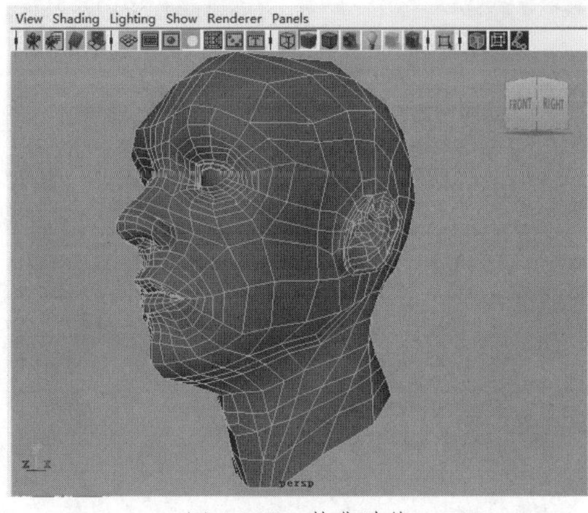

图 4-203　软化边缘

（13）最后使用 Mesh → Sculpt Geometry Tool 命令将不规整的布线稍微梳理，形成比较均匀的布线，如图 4-204。

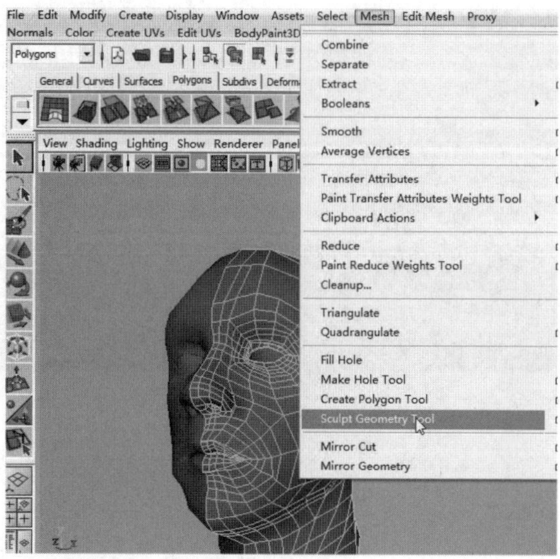

图 4-204　梳理布线

4.4 整理模型

（1）因为之前左侧的头部模型是关联复制出来的，不利于后期的模型合并。需要先删除左侧模型再选中右侧模型执行快捷键 Ctrl+D 复制出新的模型（默认为拷贝复制），并在右侧通道盒里将 Scale X 修改为 -1，选择两个模型，执行 Mesh → Combine 命令将模型合并，如图 4-205。

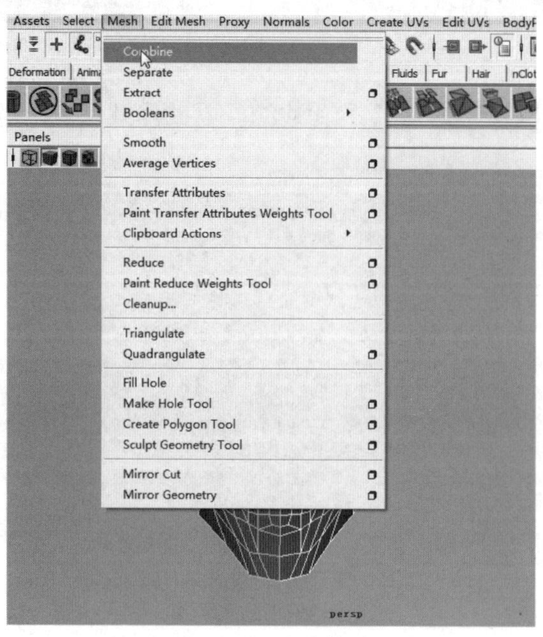

图 4-205　合并模型

（2）虽然两部分模型已经合并为一个整体，但模型的中间接缝位置的点仍然是分开的。选中所有的点，执行 Edit Mesh → Merge 命令的默认参数合并所有分开的点，如图 4-206、图 4-207。

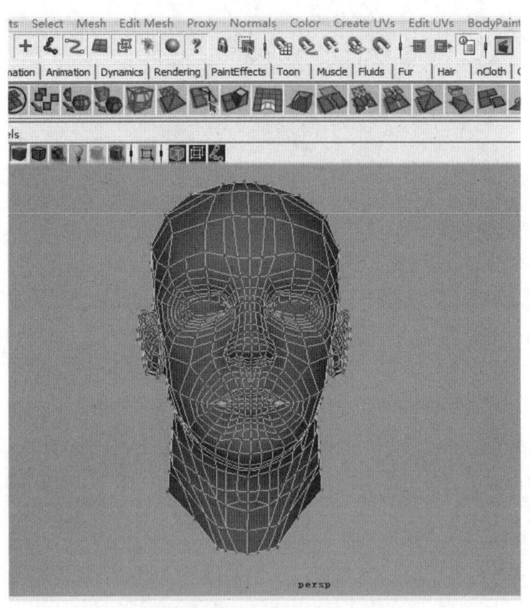

图 4-206　选中所有的点

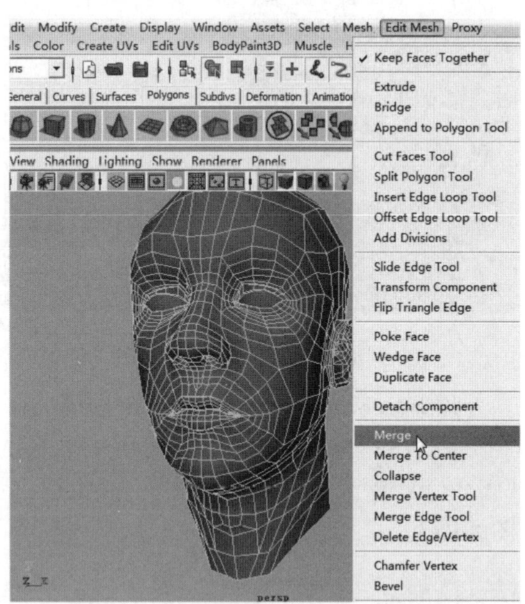

图 4-207　合并所有的点

（3）选中脖子最低边边线，如图 4-208。

用 Edit Mesh → Extrude 命令向里向外扩展，如图 4-209。

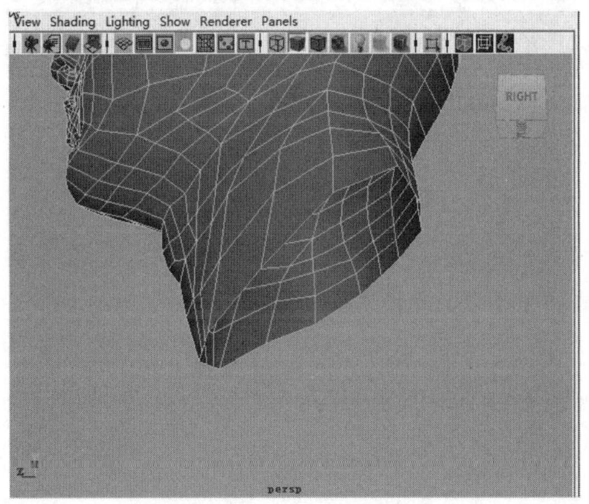

图 4-208　选中脖子最低边边线

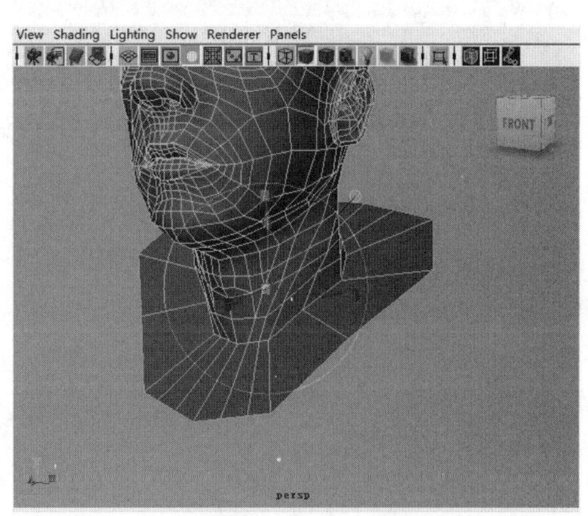

图 4-209　向外扩展边

用 Edit Mesh → Extrude 命令向里、向下拖动，如图 4-210。

用 Edit Mesh → Extrude 命令向里、向内收缩，如图 4-211。

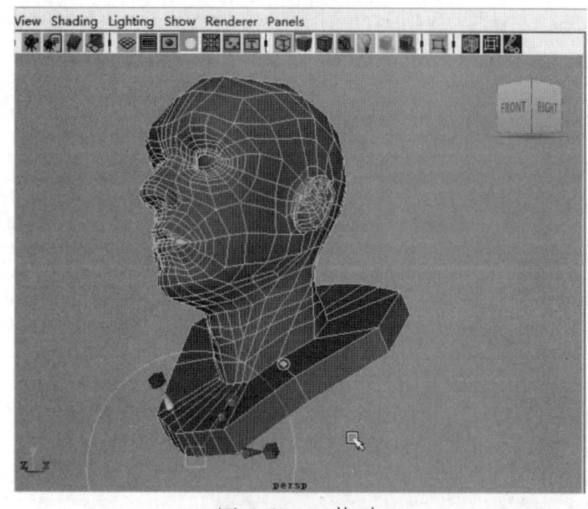

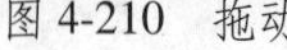
图 4-210 拖动

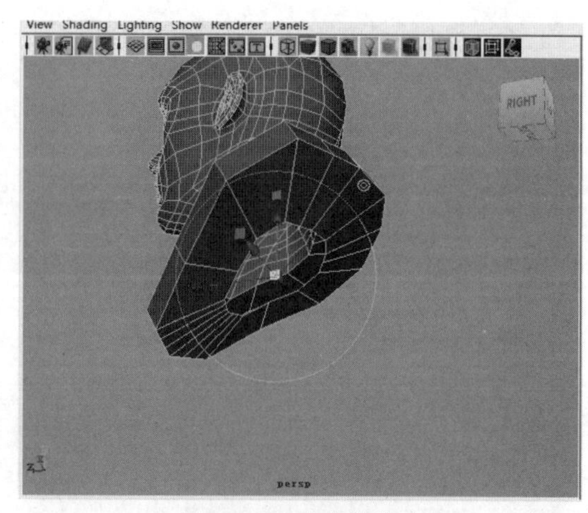

图 4-211 向内收缩边

用 Edit Mesh → Extrude 命令向里向下拖拽并调节点，如图 4-212。

（4）模型在制作过程中使用了大量的命令，生成了一些建造历史，使用 Edit → Delete by Type → History 命令来删除模型的建造历史。至此，本例制作完毕，结果如图 4-213。

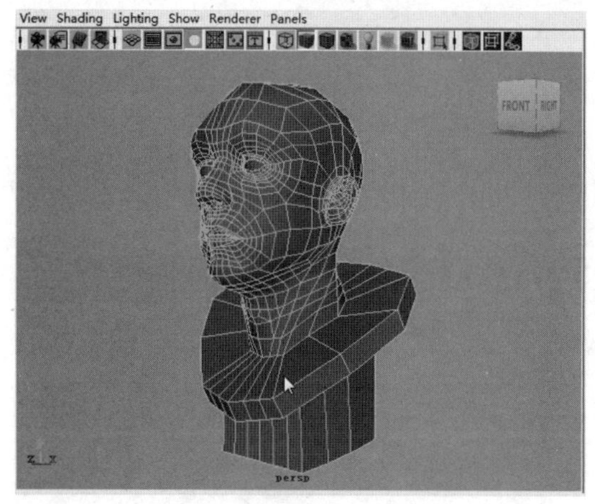

图 4-212 向下拖拽并调节点

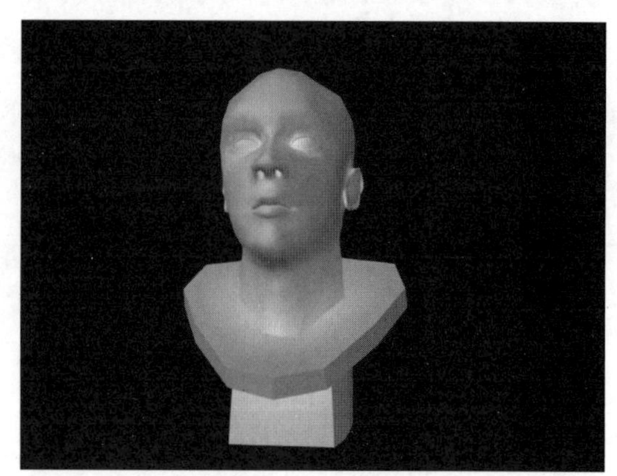

图 4-213 模型结果

4.5 小结

1. 能力要点

（1）掌握 Polygons 模型的创建与编辑方法。

（2）掌握 Polygons 模块中编辑，包括挤压、倒角、布尔运算、合并物体、缝合点、反转法线、雕刻工具等等。

2. 课后练习

根据本章所学知识，参考图 4-214 独立制作完成一个三维头部模型。

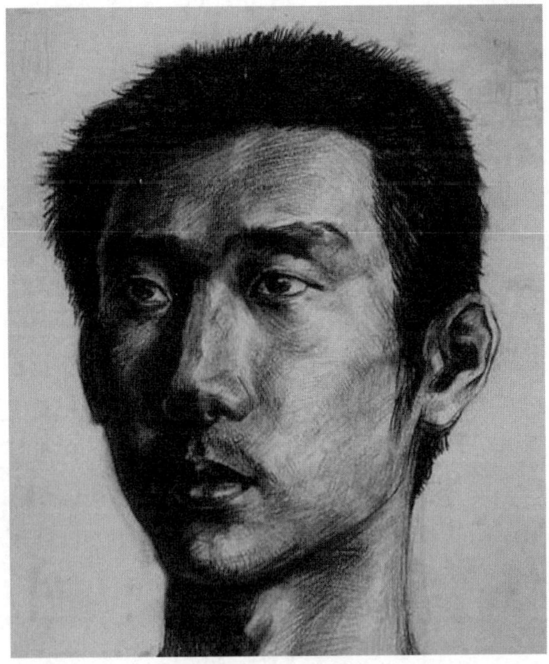

图 4-214　参考图

第5章
动　画

[简述]

Maya 动画包括了关键帧动画、路径动画与驱动动画等。在本章中，将主要学习关键帧动画、路径动画。本章的动画内容主要让初学都能够了解、认识三维动画的基本制作方法。

[实训] 飞舞的纸飞机

本章的内容主要有三个方面：小球动画、路径动画和摄像机动画。其中小球动画是为了让初学者能够对 Maya 工具中动画的制作有一个简单的了解，并由此例掌握三维动画制作的基本方法，如图 5-1。纸飞机动画是稍高级的动画，如图 5-2。需要用到第 2 章所学过的曲线绘制的方法和设置路径动画关键帧。而摄像机动画则是为了让初学者学会基本的动画渲染方法。

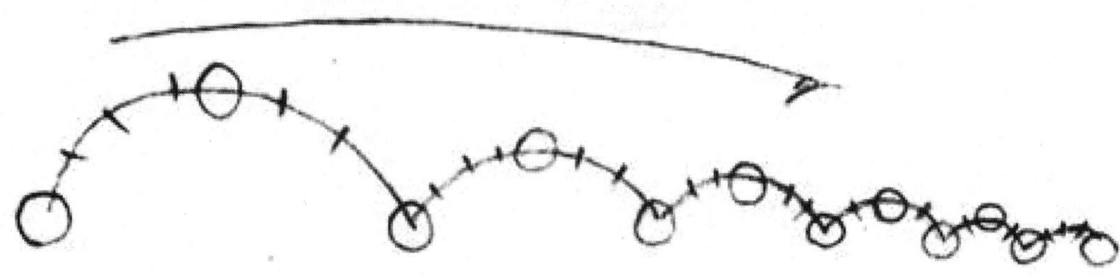

图 5-1　小球弹跳

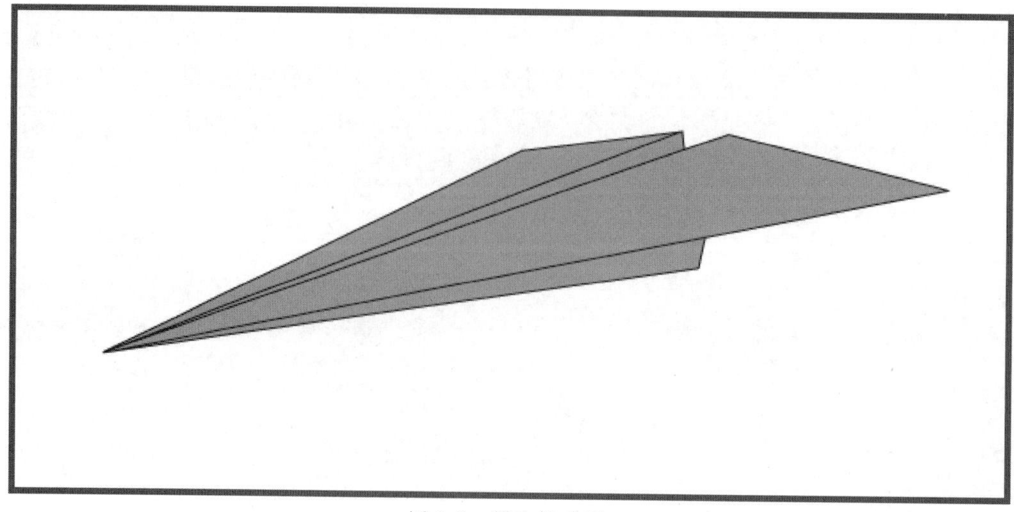

图 5-2　纸飞机动画

小球弹跳动画是初学者在学习三维动画时首先接触到的动画范例。因为小球动画相对来说简单易学，并且动画变化类型非常丰富，适合学习动画并进行各种尝试。

由于 Maya 动画是在一个模拟三维空间中进行制作，初学者有必要分清楚三维空间中的轴向：X 轴代表横向，Y 轴代表高度，Z 轴代表纵深轴向。小球弹跳动画一般是在 X 轴或 Z 轴上有一个位移，并在 Y 轴高度上有一个明显的变化。

纸飞机动画的基本思路是，先用曲线工具绘制一条飞机将要飞行经过的路线，再用设置路径动画关键帧的方法将飞机模型结合到飞行路线上。

摄像机动画则是将摄像机的目标点进行动画设置，达到摇镜头的效果。

5.1 小球动画的制作

5.1.1 创建关键帧动画

（1）首先，修改一下动画的播放速度，以方便对动画进行控制。执行菜单命令 Windows → Settings Preferences → Preferences, 修改 Time Slider 的 Playback Speed 参数为 Real Time[24FPS]，如图 5-3。

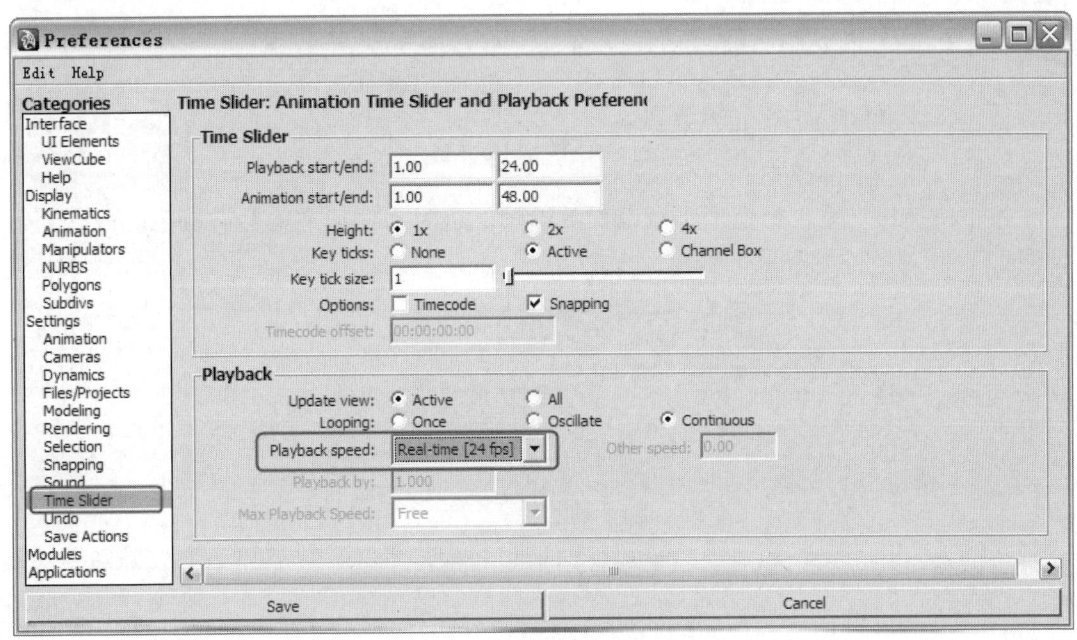

图 5-3 修改参数

（2）在 Persp 视窗中创建出一个 Polygon 小球，并将其位置参数调整为 0，如图 5-4。

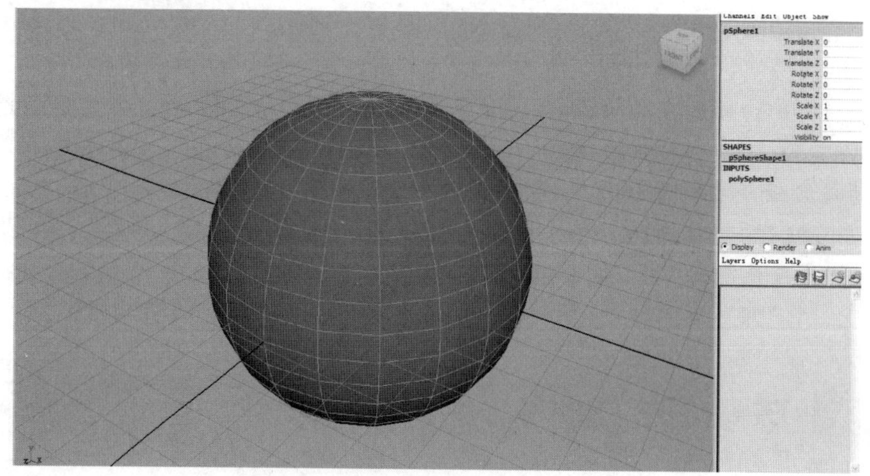

图 5-4　创建模型

在模型右侧的通道盒里可以看到，当前的参数均为 0 或 1 。如果参数不同，为了制作上的方便统一，可以先将参数 Translate、Rotate 修改为 0, Scale 修改为 1。

（3）观察动画栏，动画范围栏为 24 帧，并将当前时间位置确定在第 1 帧，如图 5-5。

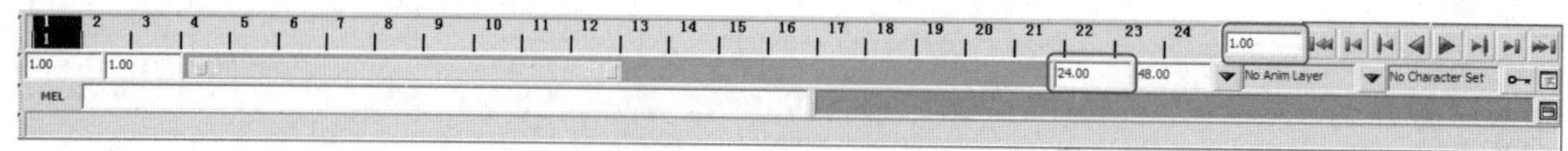

图 5-5　修改时间范围

按下快捷键 “s”，为模型小球设置关键帧。这时右侧通道盒会有颜色的改变 , 如图 5-6。

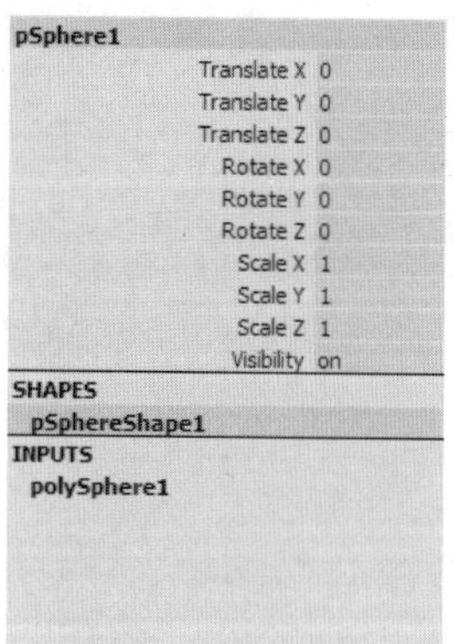

图 5-6　打关键帧

（4）将当前时间位置调整为第 12 帧 , 如图 5-7。

图 5-7　修改时间线

调整 Translate X 为 20, Translate Y 为 -18, 并按下 s 键打下关键帧。将当前时间位置调整为第 24 帧，调整 Translate X 为 40, Translate Y 为 -5, 并按下 s 键打下关键帧。小球的基本动画已经制作完成。单击正向动画播放按钮▶来观察视窗，发现小球已经能够“弹跳”了，如图 5-8。

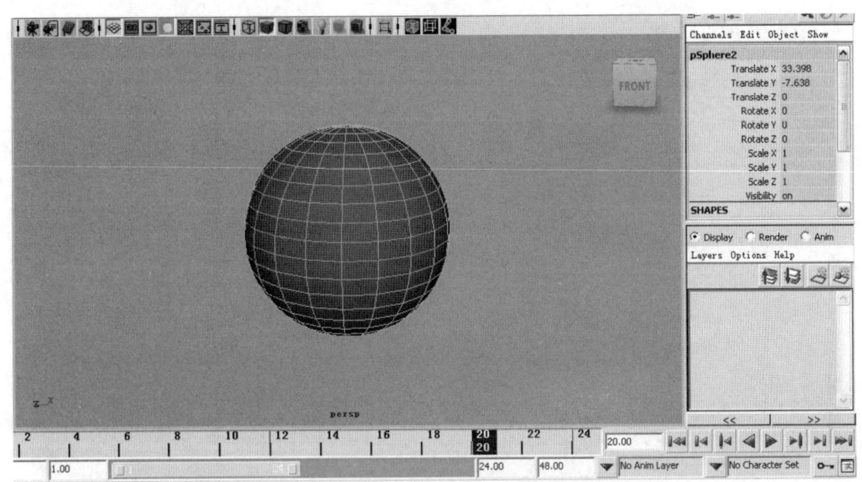

图 5-8　播放动画

5.1.2　修改关键帧动画

应该明确的是，能动起来的不一定就是“动画”。只有当运动符合常理、符合人们的视觉习惯时才能称之为“动画”。

刚刚完成的小球动画略显僵硬，没有下坠的速度感和弹起时的跳跃感。这是因为小球在做匀速运动，还不符合运动规律。

（1）选中小球模型，执行菜单命令 Window-Animation Editors-Graph Editor。在 Graph Editor（曲线编辑器）中能够找到小球模型在通道盒中的参数，如图 5-9。

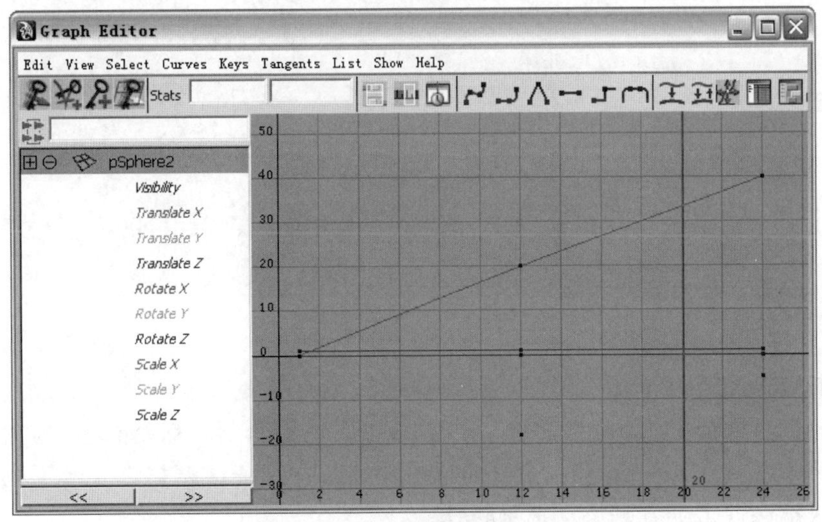

图 5-9　曲线编辑器

每个参数都会在右侧对应一条曲线，曲线上的点则是关键帧所在的位置。

（2）因为小球的下坠感和跳跃感主要是靠高度上的变化来体现的，所以选中 Translate Y 参数，按下快捷键 f 最大化显示。选中第 2 个关键帧，并执行 Linear tangents 命令，将曲线在第 2 帧的位置上“折断”，如图 5-10。

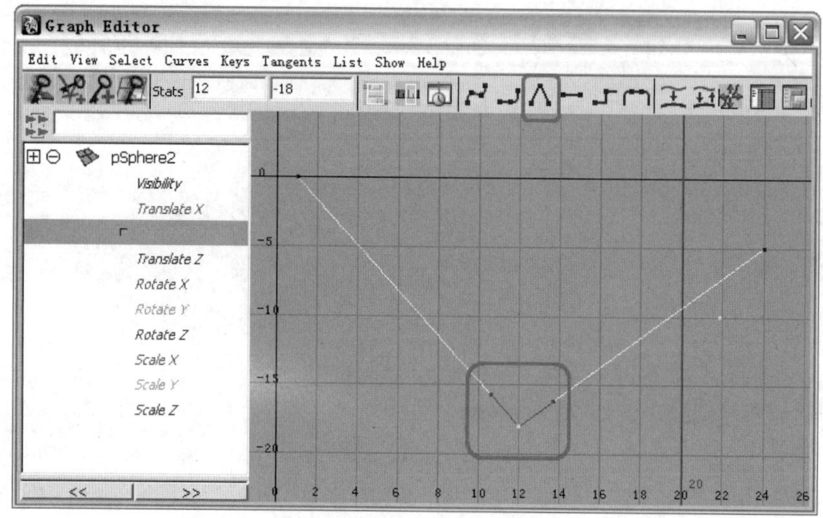

图 5-10　修改曲线关键帧

（3）选中第 1 个关键帧，使用移动工具并用鼠标中键移动第 1 帧两侧的手柄来调整曲线的形状。对第 3 个关键帧作同样处理，结果如图 5-11。

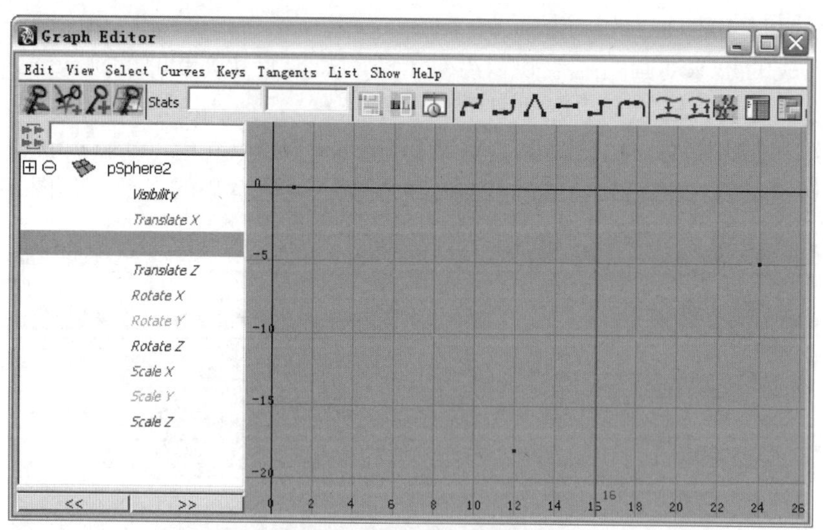

图 5-11　调整曲线形状

再次播放动画可以发现，现在小球的弹跳已经像模像样了。

通过此例可以得知，Graph Editor（曲线编辑器）可以快速调整动画使之符合运动的一般规律，并且在 Graph Editor（曲线编辑器）中，曲线越接近于水平则运动速度越慢，曲线越接近于垂直则运动速度越快。

5.2 纸飞机动画的制作

5.2.1 创建纸飞机模型

（1）按下快捷键 F2，切换到 Animation（动画）模块。执行 File → New Sence 命令新建一个场景，并创建出一个 Polygon 平面，并使用（Split Polygon Tool 分割多边形工具）为 Polygon 平面添加线，如图 5-12。

（2）进入到多边形的 Vertex（点）级别，使用移动工具将图 5-13 中所示的“1、2”两个点向下移动，“3、4”两个点向中间移动，“5、6”两个点向后移动。

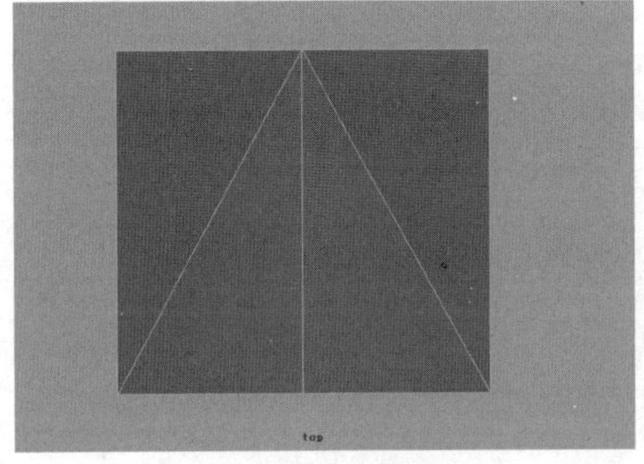

图 5-12 创建模型

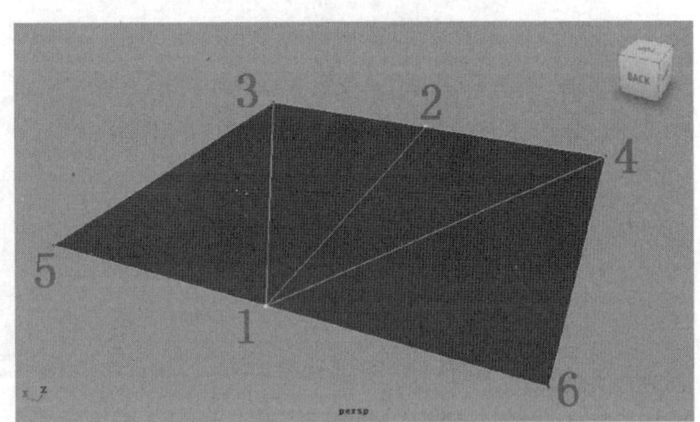

图 5-13 移动模型上的点

最终形成图 5-14 所示的纸飞机模型。

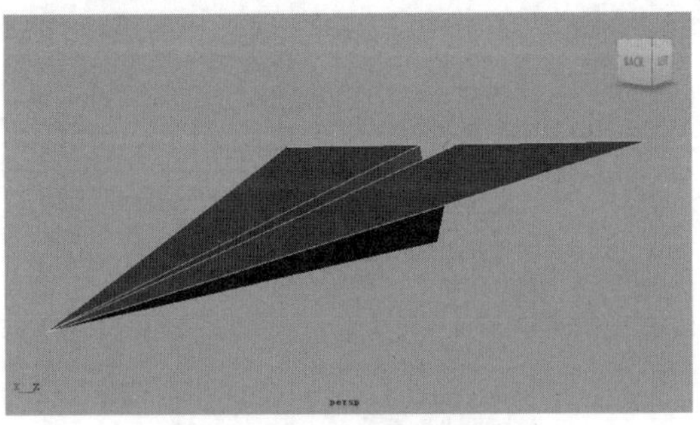

图 5-14 模型形态

5.2.2 创建路径动画

通过小球动画的范例已知，先确定时间再确定模型的位置再打下关键帧，这是一般动画的制作步骤。路径动画则不能通过 s 键来完成关键帧的设置。

（1）将时间线延长为 48 帧，如图 5-15。

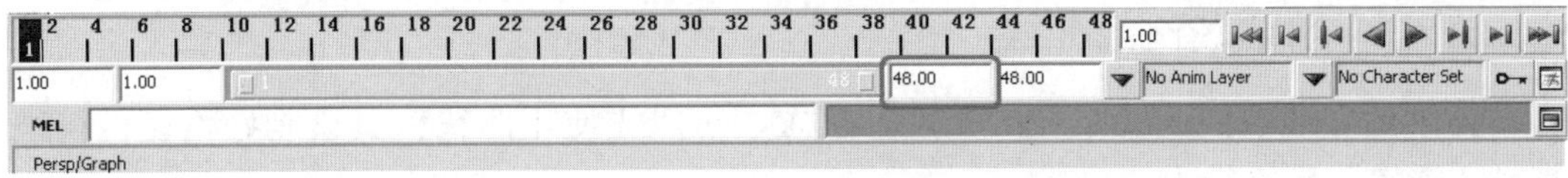

图 5-15 修改时间范围

（2）在第 1 帧的位置上，选中纸飞机模型并执行菜单命令 Animate → Motion Paths → Set Motion Path Key（设置运动路径关键帧），将当前纸飞机所在位置设置为第 1 个关键帧。在第 24 帧的位置上使用移动工具将纸飞机模型进行移动并执行 Set Motion Path Key 命令。在第 48 帧的位置上再次使用移动工具将纸飞机进行移动并使用 Set Motion Path Key 命令。两次移动应在位置上体现出明显的差别。

可以看出在纸飞机模型的 3 个关键帧之间形成了一条曲线，如图 5-16。

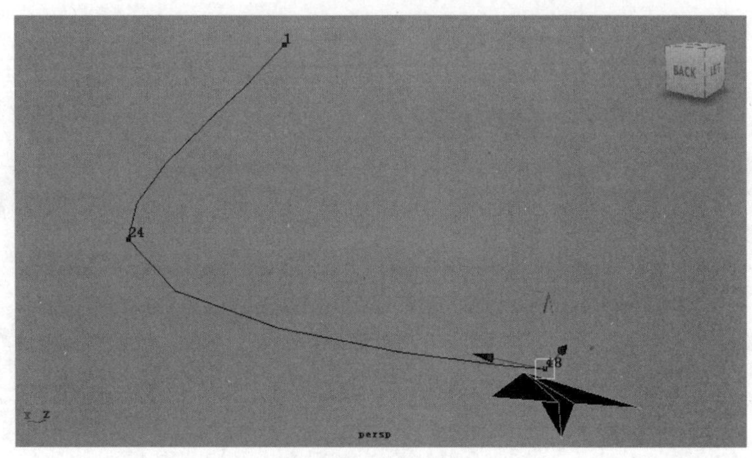

图 5-16　创建动画

5.2.3　修改路径动画

播放动画进行观察。从图 5-16 中可以看出纸飞机模型的前进方向并不正确，而是在横向“飞行”。

（1）选中模型，在右侧的通道盒中找到历史记录 motionPath1，如图 5-17。

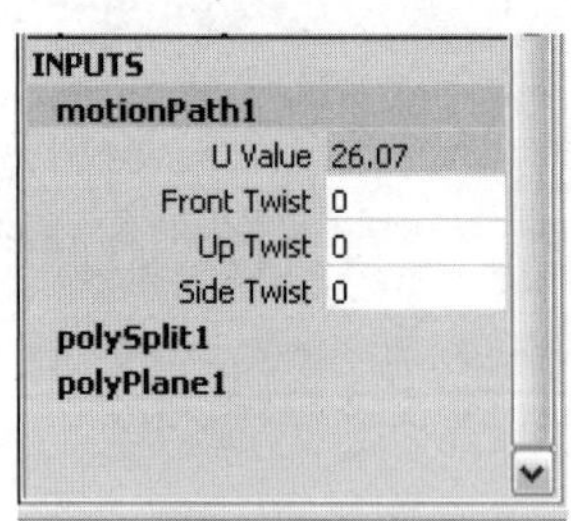

图 5-17　参数

（2）在 motionPath1 历史下共有 4 个参数。U Value 表示在当前帧的速度，而 Front Twist、Up Twist、Side Twist 则表示模型的 3 个方向。在本例中将 Up Twist 修改为 -90, 纸飞机的方向就正确了。

5.2.4　创建路径曲线

为了更好地掌握运动路径的角度、位置，可以先使用曲线工具绘制好路径，再把模型“连接”到路径上。

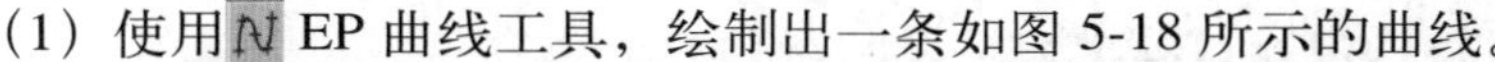

（1）使用 EP 曲线工具，绘制出一条如图 5-18 所示的曲线。

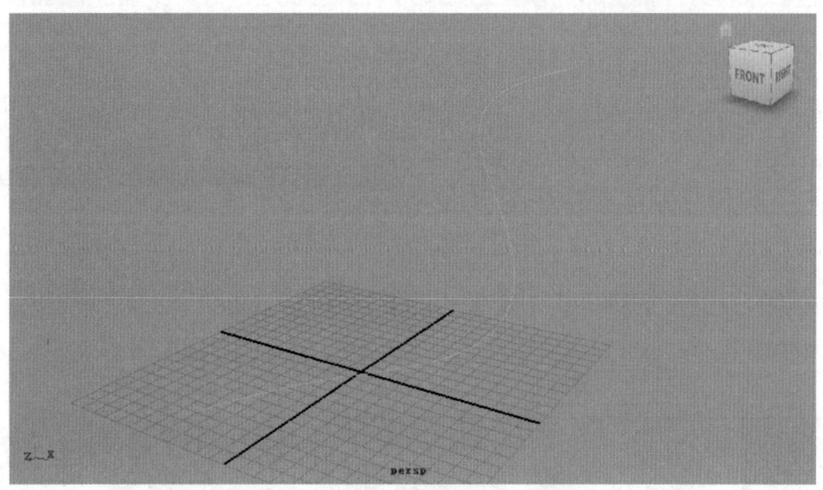

图 5-18　绘制曲线

曲线的绘制可以先画好再调整，也可以在绘制的过程中用鼠标中键对新建的点进行即时调整。

（2）选中纸飞机模型和曲线，执行菜单命令 Animate → Motion Paths → Attach to Motion Path，并打开命令设置，将参数修改如图 5-19 所示。

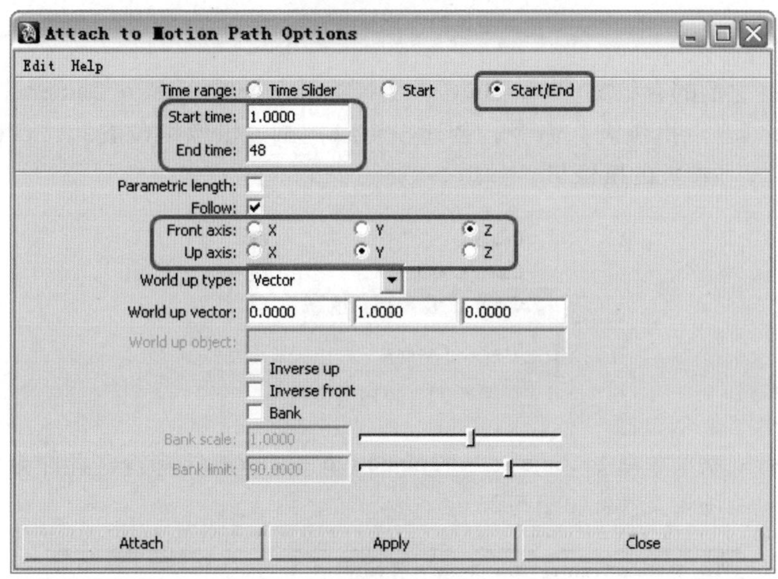

图 5-19　修改参数

选中 Start/End 选项可以在 Start time 和 End time 中手动输入路径动画起始的时间范围；Front axis 和 Up asix 则分别代表模型的前进方向和模型的“上”方向，可以选中模型来进行判断。执行菜单命令 File → Save 进行保存。

路径动画制作完毕，一起来放飞纸飞机吧！

5.3 摄像机动画的制作

将时间范围修改为 1 至 240 帧，如图 5-20。

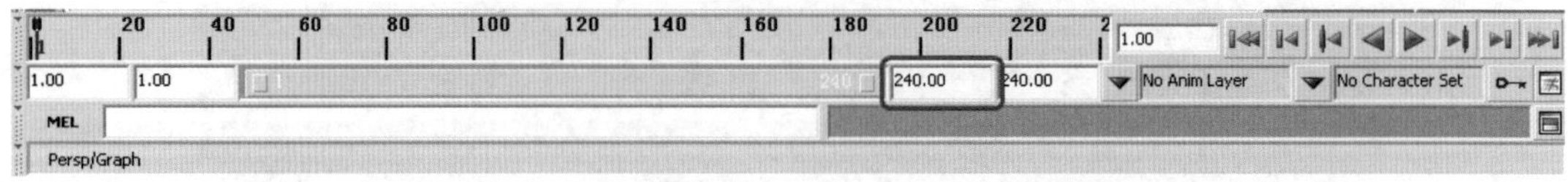

图 5-20 修改时间范围

根据前期的分镜头来做一个节奏较慢的长镜头展示动画。

分镜头如图 5-21。

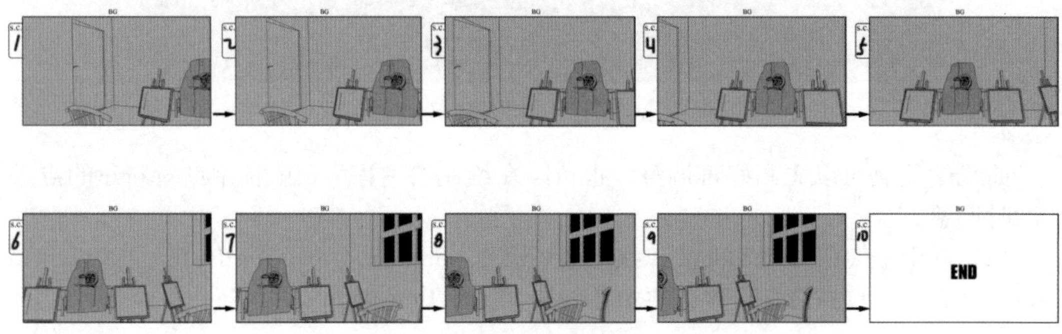

图 5-21 动画分镜头

（1）打开之前的存档文件 “atelier”。执行菜单命令 Create → Cameras → Camera, Aim and Up（三点摄像机）命令，创建出可以控制“摄像机位置”、“目标点位置”、“摄像机顶”三项参数的摄像机，如图 5-22。

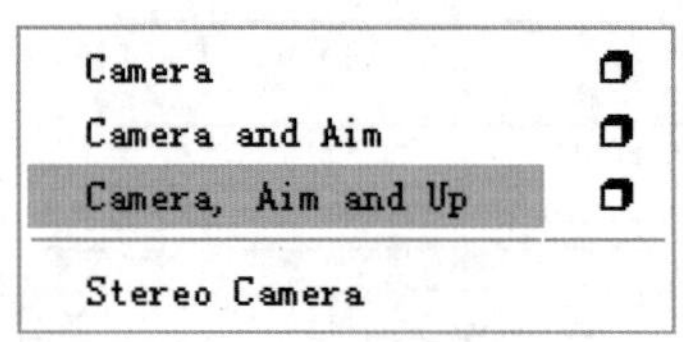

图 5-22 创建摄像机

（2）执行视察菜单命令 Panels → Perspective → camera1 命令。此命令将通过新建的摄像机来观察场景文件，如图 5-23。

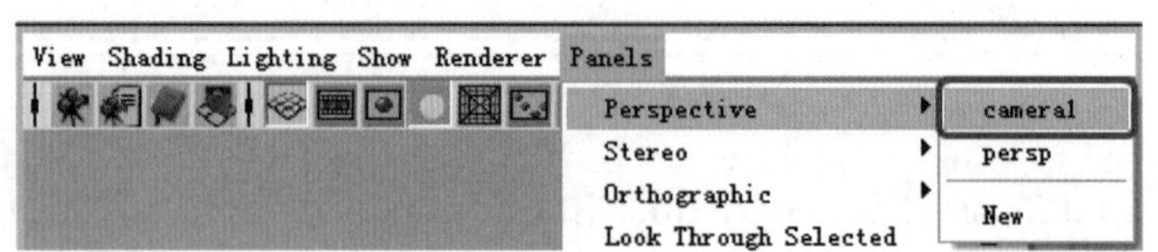

图 5-23 选取摄像机视角

在右侧的通道盒里将摄像机的 Focal Length 值改为 25。在第 1 帧的位置上使用移动工具将摄像机和目标点分别调整至如顶视图 5-24、前视图 5-25 所示的位置上。

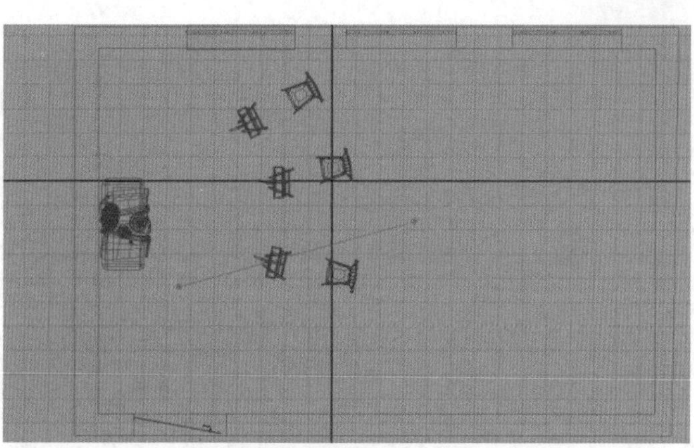

图 5-24 调整目标点位置

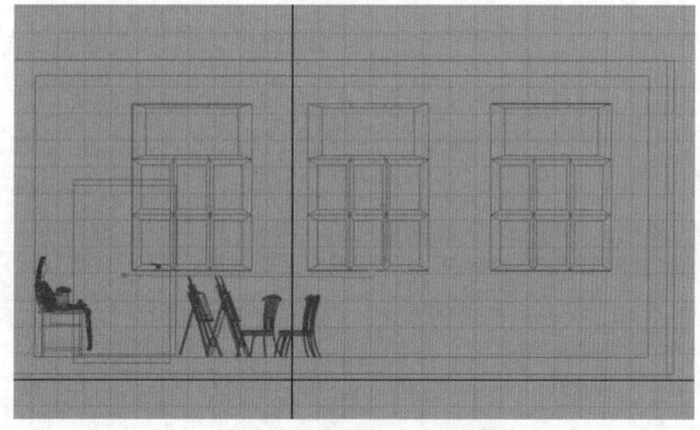

图 5-25 调整目标点位置

注意“摄像机顶”控制器在要摄像机本身的正上方，避免摄像机产生倾斜的效果，如图 5-26。

图 5-26 错误的镜头

（3）在第 110 帧的位置上使用移动工具将摄像机的目标点调整至如顶视图 5-27 所示的位置上。

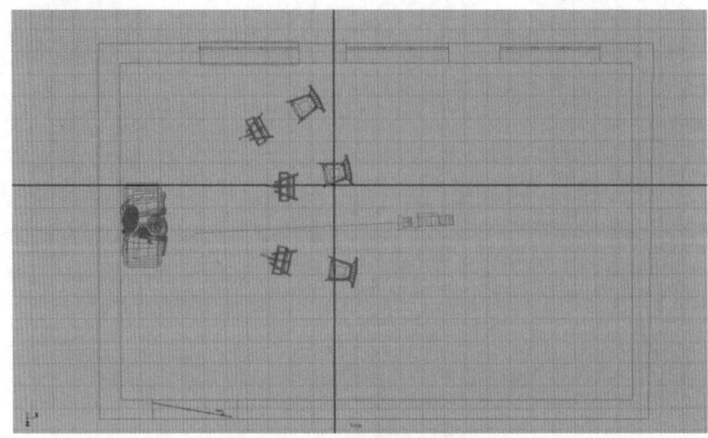

图 5-27　调整目标点位置

（4）在第 220 帧的位置上使用移动工具将摄像机的目标点调整至如顶视图 5-28 所示的位置上。

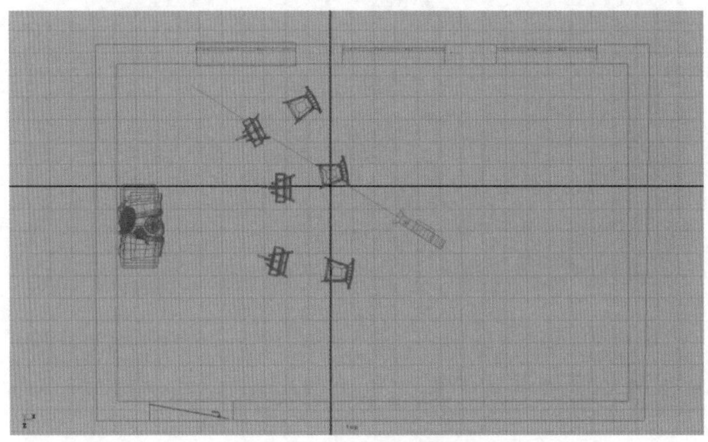

图 5-28　调整目标点位置

摄像机摇镜头的动画调整完毕，如图 5-29、图 5-30 所示。

图 5-29　完成动画

图 5-30　完成动画

（5）导入之前做好的纸飞机路径动画文件。如果路径曲线与场景文件位置上有冲突的地方，可以通过调整路径曲线的 Control Vertex（控制点）的方法来改变路径。

5.4 小结

1. 能力要点

（1）掌握小球动画的制作与修改方法。

（2）掌握路径动画的制作方法，包括修改路径动画的速度、物体方向等。

2. 课后练习

根据本章所学知识，独立思考并完成一段皮球滚动的动画，如图 5-31。

图 5-31　皮球滚动动画

第6章

灯光、材质与渲染

[简述]

在创建完三维模型与动画后，还不能直接渲染输出，为了让最终渲染的画面更加生动漂亮，还需要对三维场景进行灯光与材质纹理的制作。灯光与材质纹理是相辅相成、密不可分的。在本章中，将通过制作一张三维静物静帧作品来讲解在 Maya 中进行灯光设置、材质纹理制作、最终渲染等操作过程。

[实训] 三维静物模型的渲染

相同的灯光参数设置对于不同大小的场景文件，最终渲染出来的结果可能是不大一样的。因此，在本章的范例中使用统一的静物文件，以保证读者能够根据书中所提供的参数制作出相同的渲染效果。读者可根据在本章学习到的知识技能，来完成前面几个章制作出来的模型在灯光、材质、渲染方面的工作。

本章的案例是制作一张三维静物静帧作品，最终效果如图 6-1 所示。

图 6-1　最终渲染效果

好的静物静帧作品除了要制作造型准确，细节丰富的模型外，还需要有好的光影效果，质感准确的材质，绘画细致的纹理贴图以及好的渲染器。在本章的实训案例中，将参考上图中的静物场景，制作出一幅静物静帧作品。

在制作作品前，先不要急着做，首先要分析一下作品的组成元素。在图 6-1 中，可以看到场景中包含了玻璃瓶、衬布、水果和展台四种物品，首先要将场景模型搭建完成。在本章中主要讲解渲染的制作过程，对于模型的制作请参考前面章节的知识。

在模型与动画制作完成后，开始进入渲染制作阶段。该阶段包括对场景模型进行灯光布置、材质与纹理制作以及最终的渲染输出。灯光与材质纹理是相辅相成、密不可分的。举个例子来说，在现实世界中之所以能看到物体，是因为有光反射到眼睛里，而光线的强弱直接影响了物体的明暗。如果在一个漆黑的夜晚是很难看到物体的，但是如果类似于电灯这样的物体能够自身发光，也可以看清物体。

明白了这些原理之后开始来制作。首先为场景模型制作基本的光影效果。这点类似于画素描，首先要画出整体的明暗关系。

在本章中主要采用了三点照明的方法进行灯光设置。三点照明包括主光、辅光和背光。使用三点灯光照明只是照明场景的开始，并不能达到完全令人满意的效果，但它是一种快捷、实用的方法。

6.1 三点照明

使用“三点照明”法进行场景布光，最终效果如图 6-2。

图 6-2　光三个光源，或在此基础上添加的更多个光源。

- **主光**：场景中起主要作用的光源，用来照亮整个场景，而且阴影一般均由主光产生。
- **辅光**：又称补光，通常用来照亮物体的暗部或是阴影区域，模拟环境光线对物体的贡献，增强细节表现力。它可以控制场景中阴影区域的色调。
- **背光**：用来将主角与其周围的场景元素区别开来，并且衬托出物体的轮廓。

三点照明是通过三盏灯光的相互作用将场景中的物体照亮，能够使用光影将物体从背景中烘托出来。使用三点灯光照明只是照明场景的开始，并不能达到完全令人满意的效果，但它是一种快捷、实用的方法。

该案例是为场景进行布光，一般来说，主光的亮度最大，能够产生阴影，其余灯光亮度较弱，不产生阴影。

6.1.1 创建主光

（1）打开一组静物场景模型，将摄像机调整到一个构图合适的视角，然后执行窗口菜单 View → Bookmarks → Edit Bookmarks，创建一个摄像机书签，如图 6-3。

（2）执行菜单命令 Create → Lights → Spot light，创建一盏聚光灯，命名为 zhuguang，将灯光设置在场景的左上方。选择主光，按键盘的 Ctrl+A 键，打开灯光属性，设置灯光颜色为暖黄色，亮度为 2，展开 shadows 选项组，勾选 Use Ray trace Shadows，打开光线追踪阴影，设置如图 6-4。

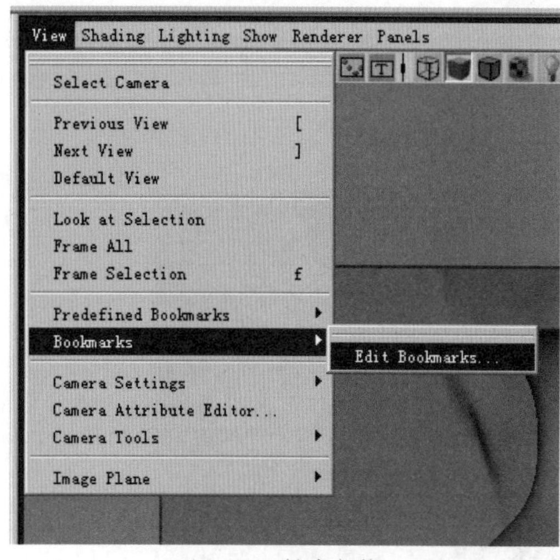

图 6-3 创建书签

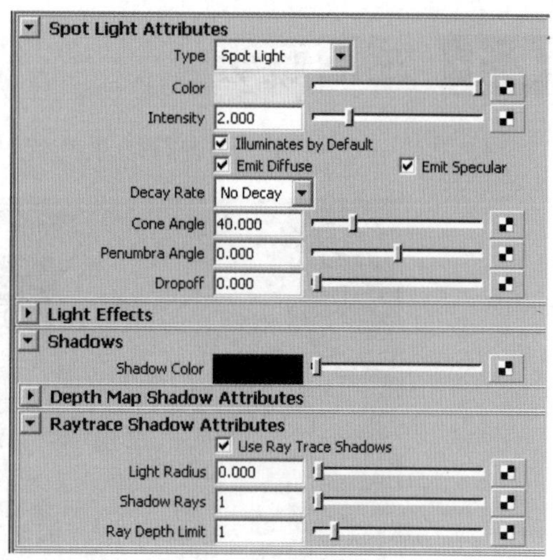

图 6-4 主光源设置

在视图中按下键盘上的 7 键，切换到灯光效果显示模式，效果如图 6-5。

（3）点击状态栏上的按钮，打开渲染设置窗口，在 Maya software 菜单栏中，勾选 Raytracing。点击按钮进行渲染，效果如图 6-6。

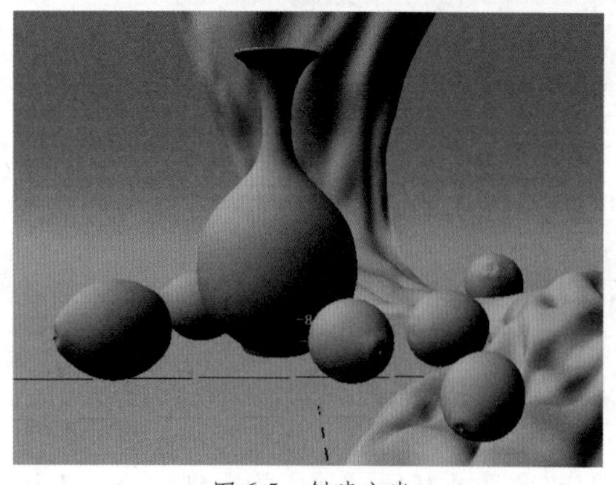

图 6-5 创建主光

图 6-6 打开阴影

6.1.2 创建辅光

（1）创建一盏聚光灯，命名为 fuguang，将灯光放置在场景的左上方，调整灯光的照射角度，如图 6-7。

（2）打开灯光属性，修改灯光的 Color 为浅蓝色，亮度为 0.6，如图 6-8。

图 6-7 创建辅光

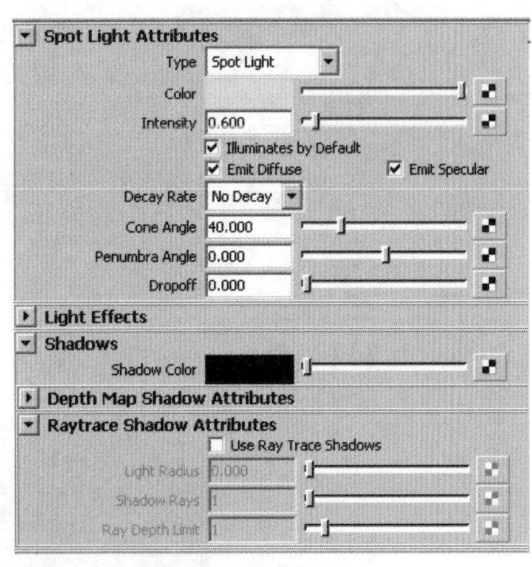

图 6-8 辅光设置

（3）点击■按钮进行渲染，效果如图 6-9。

图 6-9 渲染效果

6.1.3 创建背光

（1）创建一盏聚光灯，命名为 beiguang，将灯光放置在场景的后上方，调整灯光的照射角度，如图 6-10。

（2）打开灯光属性，修改灯光的 Color 为浅蓝色，亮度为 0.7，如图 6-11。

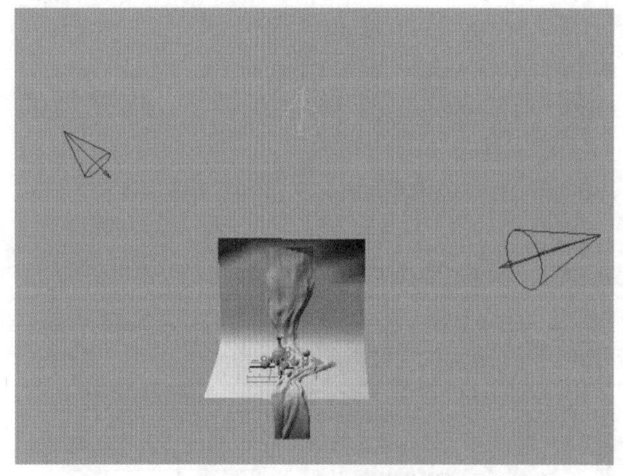

图 6-10 创建背光

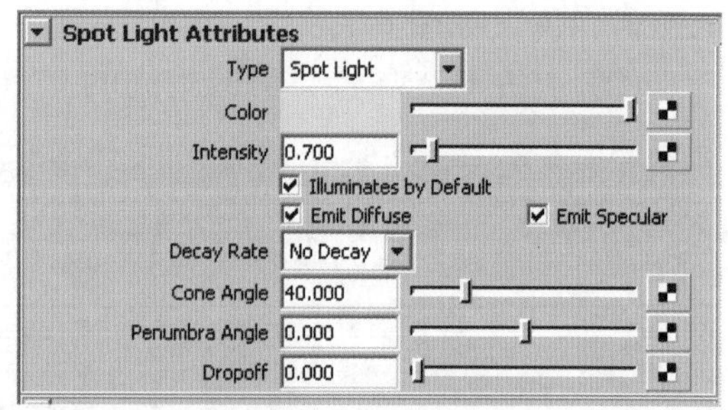

图 6-11 背光设置

（3）点击按钮进行渲染，最终效果如图 6-12。

图 6-12 渲染效果

通过本节的学习，请利用三点照明的布光方法为第 3 章的场景文件布光。

6.2 材质纹理制作

为场景模型制作材质纹理，最终效果如图 6-13。

图 6-13 最终渲染效果

在给模型赋材质时，可以使用鼠标中键，直接将材质编辑器中的材质（注意：不是纹理贴图）拖动到场景中的模型上，或者先选中场景模型，然后在材质编辑器中的材质上点击并按住鼠标右键，然后移动鼠标右键至 Assign Material To Selection 属性上。

在该场景中需要制作的材质包括玻璃、橙子、衬布、桌面。纹理贴图的效果跟模型 UV 息息相关，要想使物体有一个好的贴图效果，需要为模型划分 UV。

6.2.1 制作桌面材质

（1）执行菜单命令 Window → Rendering Editors → Hypershade 打开材质编辑器，在 Maya 材质节点面板中点击 Lambert 材质，创建一个新的材质，命名为 zhuomian_material，赋予场景中的桌面模型，如图 6-14。

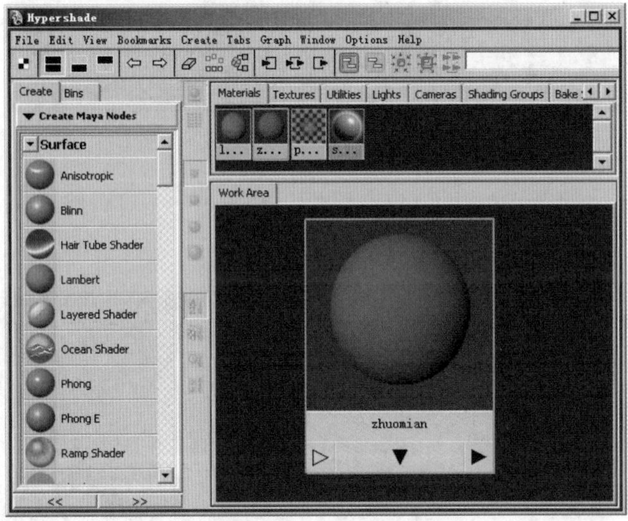

图 6-14　创建 zhuomian_material

（2）按 Ctrl+A 键打开材质属性，修改材质颜色（H 38.00，S 0.260，V 0.480），渲染效果如图 6-15。

图 6-15　渲染效果

6.2.2 制作衬布材质

（1）打开材质编辑器，创建一个 Lambert 材质，命名为 chenbu_material，赋予场景中的衬布模型。创建一个 File 纹理节点，打开节点属性，为节点添加一张纹理贴图，然后在材质编辑器中，按住鼠标中键，将 File 纹理节点拖动到 chenbu_material 材质球上，在弹出的属性栏中选择 Color，节点连接如图 6-16。

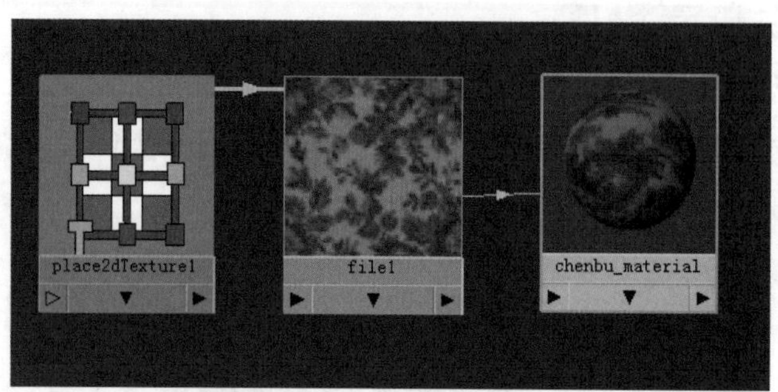

图 6-16 chenbu_material 材质连接

（2）调整 File 纹理节点的坐标节点属性，将 Repeat UV 修改为 15、2，修改前后的效果对比如图 6-17。

图 6-17 调整坐标属性前后效果对比

（3）下面为衬布添加凹凸效果。打开材质编辑器，用鼠标中键将 File 纹理节点拖动到 chenbu_material 材质球上，在弹出的属性栏中选择 Bump map，则在原来的材质连接网络上会产生一个新的凹凸节点，如图 6-18。

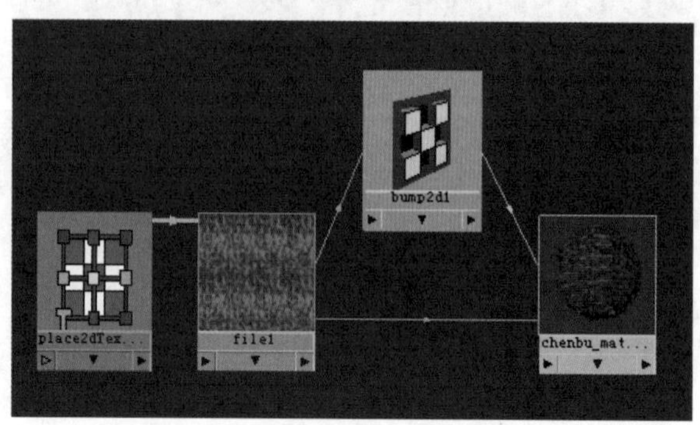

图 6-18 chenbu_material 节点连接

双击凹凸节点打开属性面板，修改 Bump Depth 属性的值为 -0.15（正、负数值表示凹凸的方向，数值为 0 表示无凹凸效果）。渲染效果如图 6-19。

图 6-19　渲染效果

6.2.3　制作橙子材质

（1）为橙子划分 UV。在场景中选择一个橙子模型，执行菜单命令 Window → UV Texture Editor 打开 UV 编辑器，则模型的 UV 信息会在 UV 编辑器中显示出来。在橙子模型上单击鼠标右键，选择 Edge 模式，选择模型下边的一条边，如图 6-20。

然后打开材质编辑器窗口，执行窗口菜单命令 Polygons → Cut UV Edges，将 UV 切开，或者点击 UV 编辑器上方的按钮。

（2）在 UV 编辑器中点击鼠标右键，选择 UV 模式，然后框选所有 UV，执行窗口菜单命令 Tool → Smooth UV Tool，或者单击 UV 编辑器上方的按钮，则在 UV 编辑器中会出现两个操作属性，如图 6-21。

- Unfold：展开 UV。
- Relax：松弛 UV。

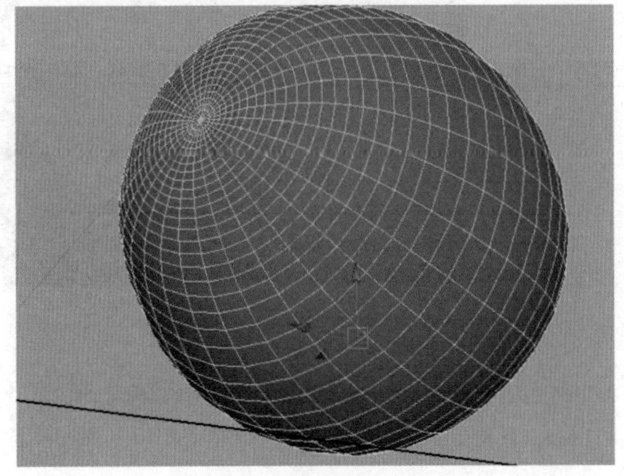

图 6-20　选中要切割 UV 的边

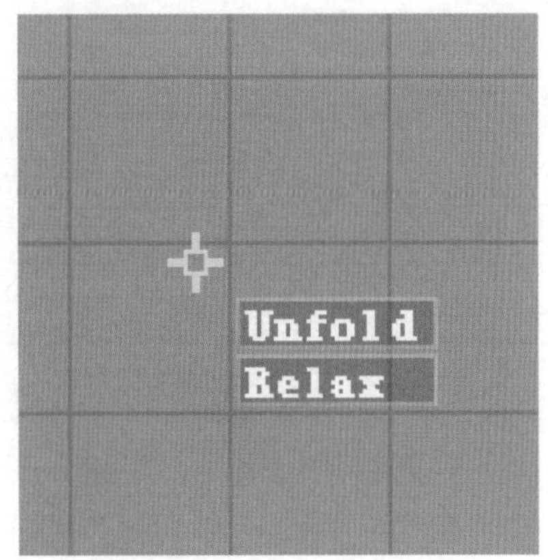

图 6-21　Smooth UV Tool

将光标放置在 Unfold 属性上，然后拖动鼠标左键，则 UV 会自动展开，配合 Relax 属性，最终修改橙子模型的 UV 如图 6-22。

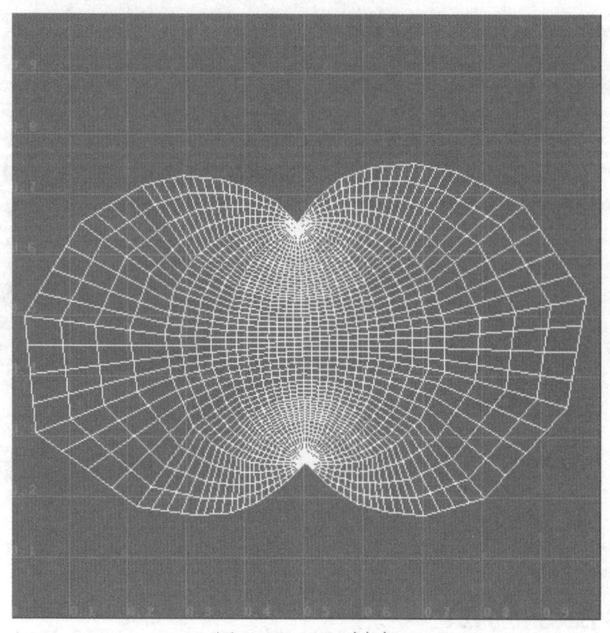

图 6-22　UV 划分

（3）输出 UV 快照。打开 UV 编辑器，选择橙子模型的 UV，执行窗口菜单命令 Polygons → UV Snapshot，打开 UV 快照设置窗口，点击 OK 按钮输出 UV 快照。参数设置如图 6-23。

（4）为橙子绘制纹理贴图。打开 Photoshop 软件，导入刚才输出的 UV 快照作为参考，为橙子绘制贴图。最终绘制的贴图效果如图 6-24。

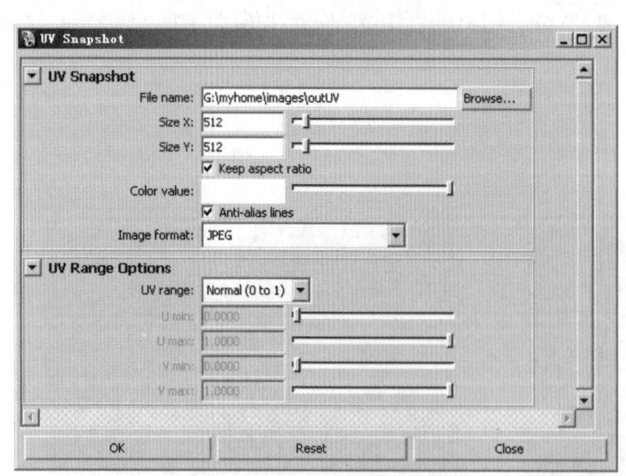

图 6-23　UV 快照

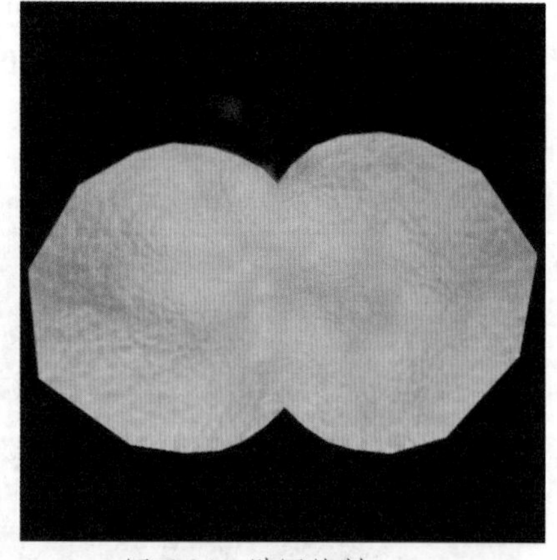

图 6-24　贴图绘制

（5）打开材质编辑器，新建一个 Blinn 材质，命名为 chengzi_material，赋予场景中的橙子模型。创建一个 File 纹理节点，导入上面绘制好的橙子纹理贴图，然后将其连接到 chengzi_material 材质球的 Color 属性上，如图 6-25。

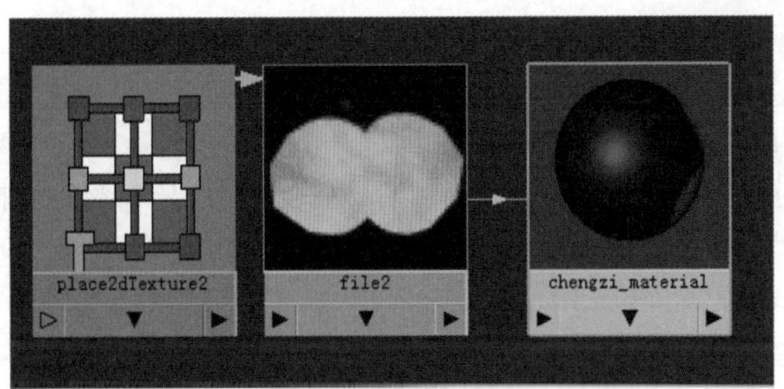

图 6-25　chengzi_material 节点连接

（6）双击 chengzi_material 材质打开属性面板，修改材质属性，如图 6-26。

（7）为橙子添加凹凸效果。打开材质编辑器，将 File 纹理节点拖动到 chengzi_material 材质的 Bump map 属性上，并调节凹凸深度属性，最终渲染效果如图 6-27。

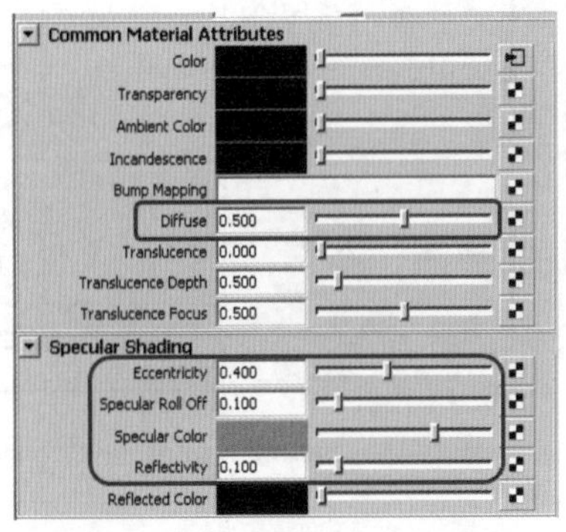

图 6-26　chengzi_material 设置

图 6-27　渲染效果

6.2.4　制作玻璃材质

（1）打开材质编辑器，新建一个 Phong 材质（Blinn 材质也可以），命令为 boli_material，赋予场景中的玻璃模型。双击 boli_material 材质球打开其属性面板，修改属性值如图 6-28。

渲染效果如图 6-29。

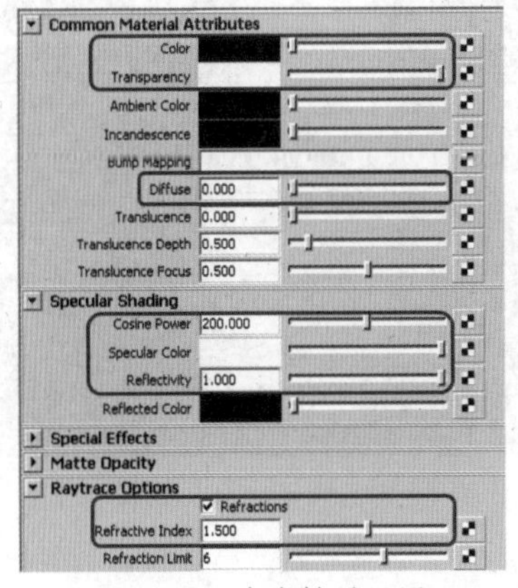

图 6-28　玻璃材质设置

图 6-29　渲染效果

（2）现在玻璃效果看上去不够真实，这主要是由透明属性和反射属性造成的。打开材质编辑器窗口，新建一个 SamplerInfo 节点（信息采样节点）和一个 Ramp 纹理节点（贴图坐标可以删除），将 Ramp 纹理节点命名为 touming_ramp。用鼠标中键将 SamplerInfo 节点拖动到 touming_ramp 节点上，在弹出的属性栏中选择 Other 属性，打开 Connection Edit 窗口。将 SamplerInfo 节点的 FacingRatio 与 touming_ramp 节点的 vCoord 属性连接起来，如图 6-30。

（3）用鼠标中键将 touming_ramp 节点拖动到 boli_material 材质上，在弹出的属性栏中选择 Transparency 属性。打开 touming_ramp 节点的属性面板，调节其属性如图 6-31。

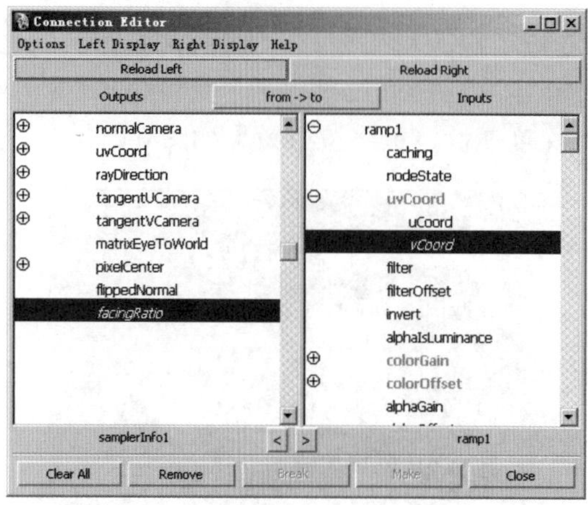

图 6-30 属性连接

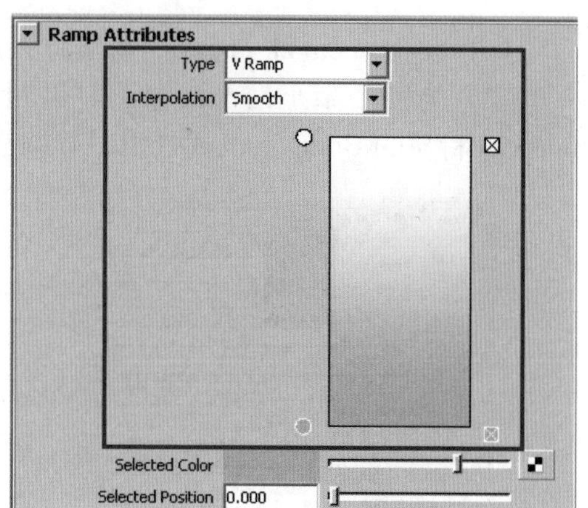

图 6-31 touming_ramp 设置

（4）新建一个 Ramp 纹理节点，命令为 fanshe_ramp，用来控制 boli_material 材质的反射属性。用鼠标中键将 SamplerInfo 节点拖动到 fanshe_ramp 节点上，在弹出的属性栏中选择 Other 属性，打开 Connection Edit 窗口。将 SamplerInfo 节点的 FacingRatio 与 fanshe_ramp 节点的 vCoord 属性连接起来。修改 fanshe_ramp 节点属性如图 6-32。

（5）双击 boli_material 材质，打开属性面板，用鼠标中键将 fanshe_ramp 节点拖动到属性面板中的 Special Shading → Reflectivity 属性上。材质节点连接如图 6-33。

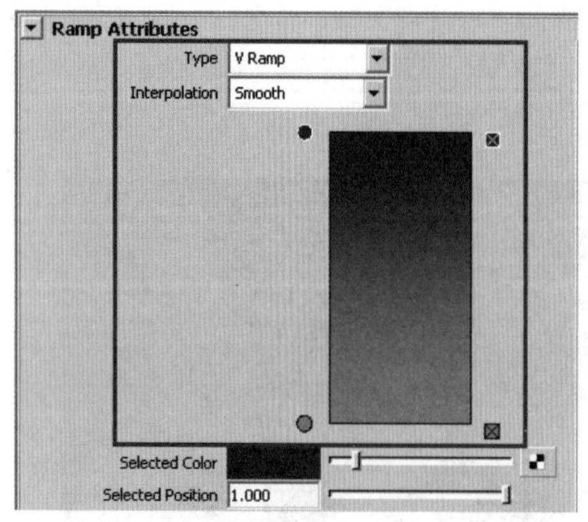

图 6-32 fanshe_ramp 设置

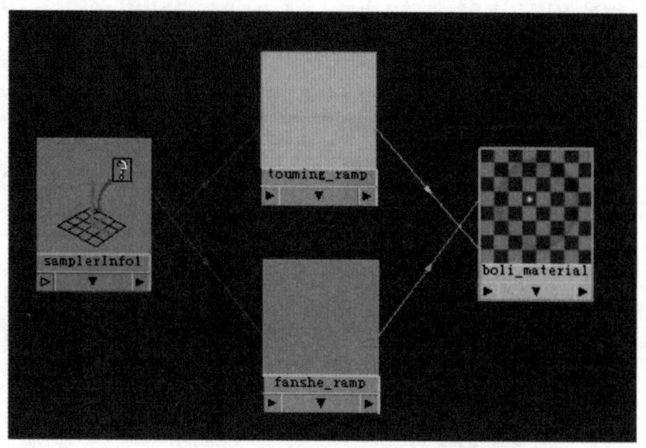

图 6-33 玻璃材质节点连接

渲染效果如图 6-34。

图 6-34　渲染效果

6.2.5　整体效果调整

(1) 根据制作需要最后对光影与材质进行调节。在此，修改了玻璃材质的高光与反射属性。物体的影子显得太硬，可以修改一下主光源的阴影属性，如图 6-35。

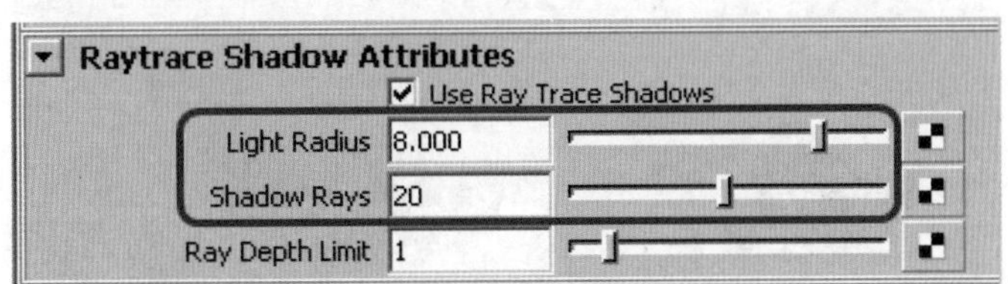

图 6-35　主光源阴影属性

渲染效果如图 6-36。

图 6-36　渲染效果

（2）玻璃瓶的高光点太多，显得有点儿乱。在此可以将除主光源以外的其他光源的产生高光属性去掉，如图 6-37。

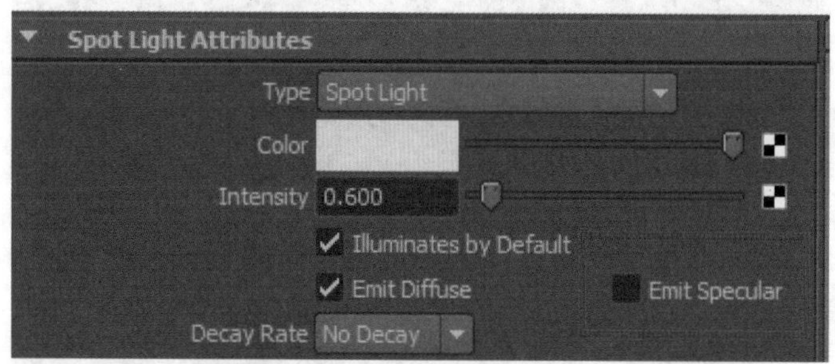

图 6-37　去掉产生高光属性

渲染效果如图 6-38。

图 6-38　渲染效果

6.3 渲染设置

输出一张尺寸为 800×600 像素，画面质量为产品级的静帧作品。

渲染输出时应先了解一下渲染器与输出文件的格式。

渲染器：在 Maya 软件中提供了四种渲染器，包括软件渲染、硬件渲染、卡通渲染以及 MentalRay 渲染。

输出文件的格式：在 Maya 中可以直接输出动画和序列图片，并且输出文件的格式是多种多样的，但为了便于后期编辑，一般输出序列图片，图片的格式常选用 Targa（Tga），该格式是一种无损压缩格式，并且包含 Alpha 通道，便于进行后期编辑。

输出设置是在最终输出图像时进行的设置，这一制作环节直接影响了最终输出图像的质量能否达到制作要求，因此，需要对 Maya 渲染的输出设置有一个比较深的了解。输出环节通常需要对输出的图像名称、保存路径、输出格式、输出动画范围、输出相机、画面尺寸、画面质量等属性进行设置。其实渲染就是一个反复调整、反复渲染测试的过程，但是在最终决定输出画面之前，最好将画面的尺寸设置为较小的数值，画面质量设置为预览级别，这样可以大大节省渲染时间，提高工作效率。

6.3.1 设置公共菜单属性

（1）打开 Maya 软件，并载入前面制作的场景文件，执行 Window → Rendering Editors → Render Settings 菜单命令，或者在状态栏中点击按钮，打开渲染输出设置窗口，如图 6-39。

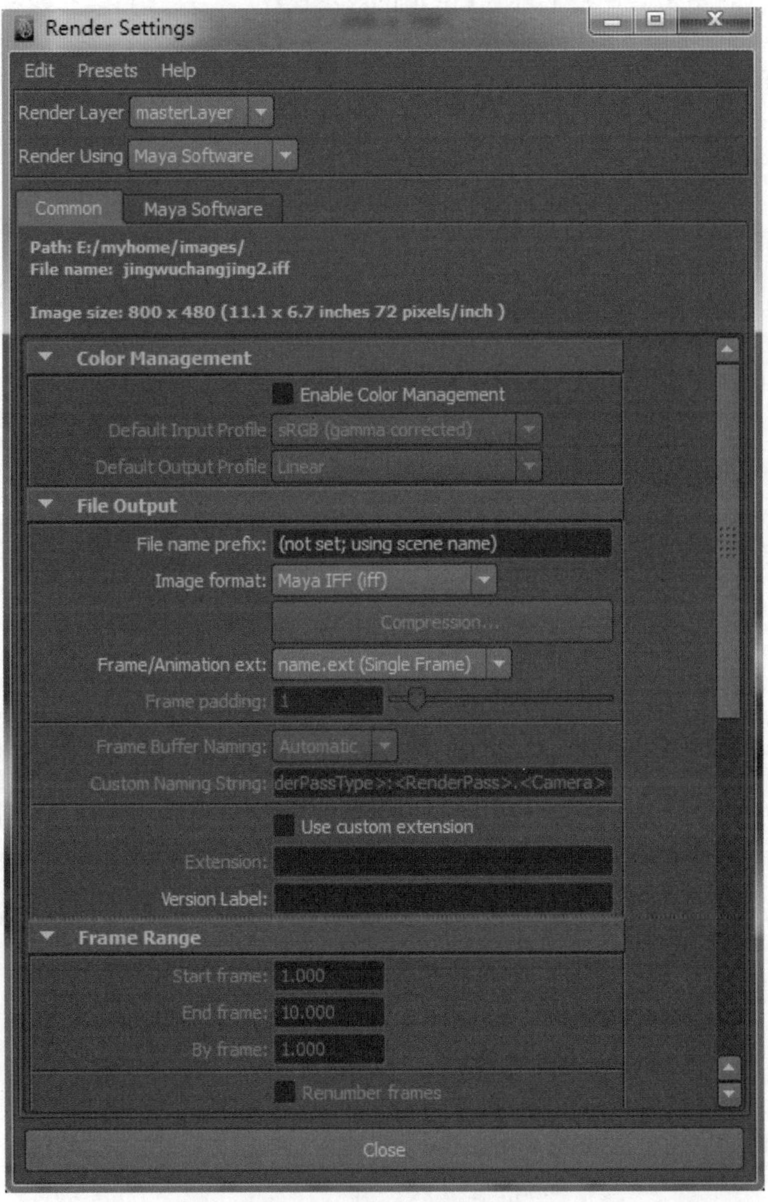

图 6-39　渲染输出设置窗口

（2）在设置窗口中可以看到，最上面可以选择渲染图层和渲染器，此处使用软件渲染（Maya Software），这也是 Maya 的默认渲染器。设置好后，看到下面包含菜单，公共菜单（Common）和软件渲染菜单。公共菜单主要设置输出图像的名称、路径、输出范围、输出相机、输出尺寸等。

（3）下面介绍一下常用的几个属性设置。

- File name prefix：设置输出文件的名称。
- Image format：设置输出文件的格式。
- Frame/Animation ext：设置文件名称的命名模式。
- Frame padding：本选项只有在 Frame/Animation ext 选项选择带有#的格式时才能激活，用来设置文件名称中数值的表示模式。
- Start frame：设置渲染输出的开始帧。
- End frame：设置渲染输出的结束帧。
- By frame：设置每多少帧渲染一次。
- Renderable Camera：设置渲染输出的摄像机。
- Image Size：设置输出的画面尺寸。

（4）在此将输出的画面尺寸设置为 800×600 像素，如图 6-40。

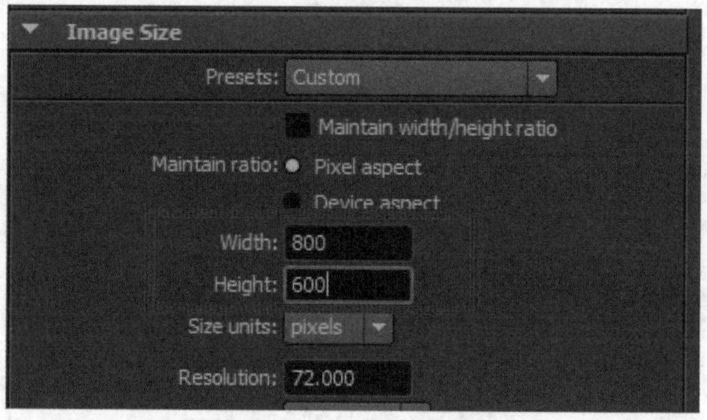

图 6-40 设置输出画面尺寸

6.3.2 设置软件渲染菜单属性

本菜单主要设置与渲染质量相关的属性。下面介绍一下常用的几个属性设置。

- Quality：设置输出文件的画面质量。
- Edge anti-aliasing：边缘抗锯齿质量。
- Raytracing Quality：设置光线追踪质量。
- Reflections：设置反射追踪次数。
- Refractions：设置折射追踪次数。
- Shadows：设置阴影追踪次数。
- Motion Blur：设置运动模糊。

在此，将渲染质量设置为 Production quality（产品级质量），渲染场景。最终效果如图 6-41。

图 6-41　最终渲染效果

6.3.3　画室展示动画的渲染菜单设置

（1）参数设置如图 6-42、图 6-43。

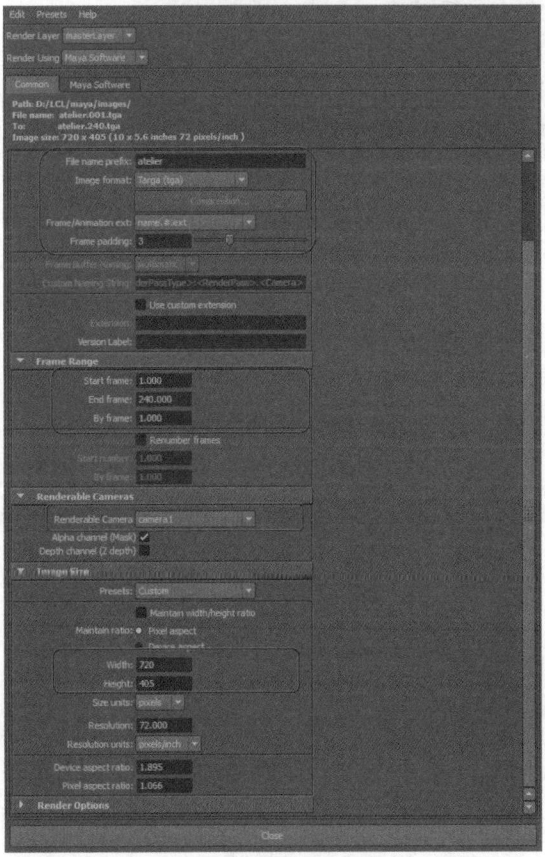

图 6-42　公共菜单设置

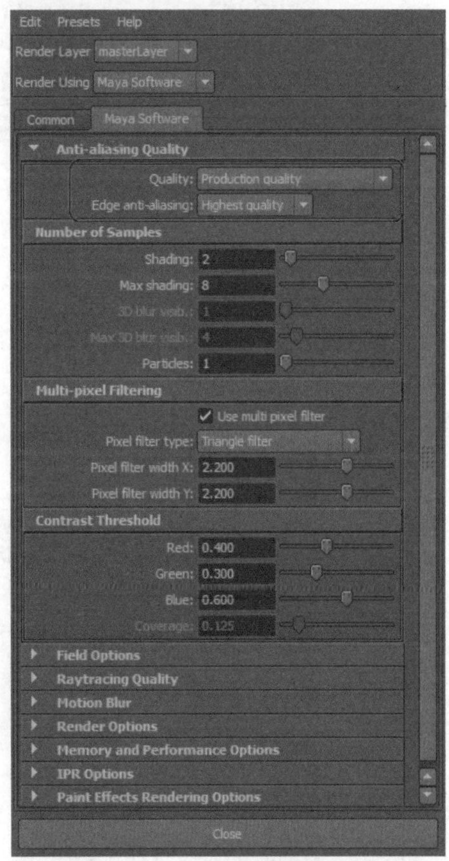

图 6-43　软件渲染器菜单设置

File name prefix 是渲染动画序列的名字，这里为 atelier（画室）；Image format 图片格式为 targa，targa 是一种带有通道的图片格式，可以方便后期合成；Frame padding 为 3，表示渲染图片的序列将是三位数，如 001 至 240；Start frame 设置渲染输出的开始帧为 1；End frame：设置渲染输出的结束帧为 240；By frame 设置为 1，每 1 帧渲染一次；Renderable Camera 为 camera1，即前面创建的三点摄像机；Width 为 720 、Height 为 405，这将渲染出一个 16 ： 9 的宽屏幕画面；Quality 为 Production quality，即产品品质；Edge anti-aliasing 为 Highest quality，即最高品质。

（2）按下快捷键 F6 切换到 Rendering（渲染）模块，执行 Render 菜单下的 Batch Render（批渲染）命令，等待渲染完成。

在渲染过程中可以点击 Script Editor 按钮来察看批渲染的进度，如图 6-44。

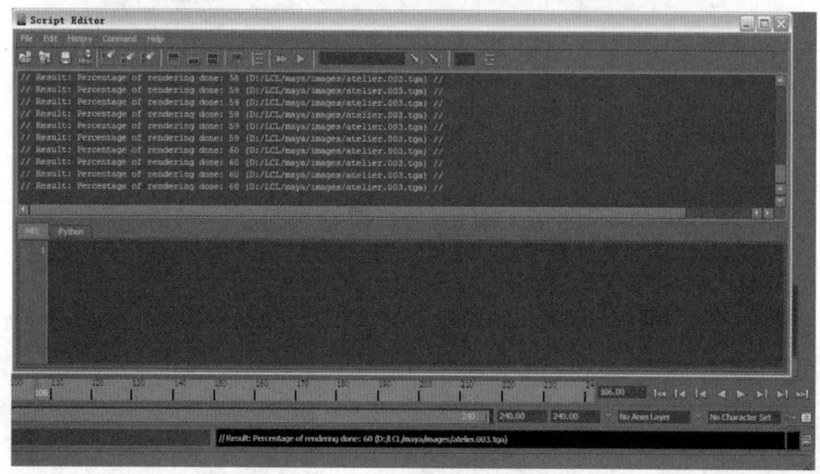

图 6-44　察看脚本编辑器

在批渲染过程中可执行 Render 菜单下的 Cancel Batch Render（退出批渲染）命令，退出当前渲染任务。

如有需要，读者可根据本章内容自行制作更多的镜头来使用。

本案例最终部分镜头效果如图 6-45、图 6-46。

图 6-45　最终效果

图 6-46　最终效果

6.4 小结

1. 能力要点

（1）掌握材质球、灯光的创建与编辑方法。

（2）掌握渲染器的参数设置等。

2. 课后练习

根据本章所学知识，结合第 2 章所做静物模型与第 5 章所学动画制作技巧，独立设计灯光并进行高品质渲染，如图 6-47。

图 6-47

后　记

我从事3D CG方面的工作已经有十年了，这期间一直想写一本根据自己的工作经历与经验，将相关案例较为系统完整的制作过程展现出来的教材。恰好前段时间有一个CG展示动画项目，内容涵盖了构思、设计、制作等方面，较为完整的体现了设计、建模、动画、渲染等制作流程，遂将这一项目的创作过程进行分类、整理，终于形成了一份还看得过去的文档。在海洋出版社赵武编辑的大力帮助之下，这份文档才有了一本书的模样。这本书汇集了几位作者的心血，事实上一个完整的项目或者动画作品确实也是需要由一个团队分工协作才能完成的。同时还要感谢杨浩婕、于众、王玥秀、陈爱玲、吕超等人的支持与帮助，才能让我们有时间与精力来完成这本书的撰写，在此再次表示感谢！

从事3D CG方面的工作任重而道远，要想做好一个作品需要具备多方面的知识，我们几位作者也只是这个行业里的一线工作人员，如果读者能够在这本书中得到一点点的帮助，我们就甚感欣慰了！

杨涛